航空发动机基础与教学丛书

U0170415

航空发动机总体性能
数值模拟及优化

张晓博　王占学　朱大明　叶一帆　著

科学出版社

北　京

内 容 简 介

本书系统介绍了航空发动机总体性能整机及部件模型、稳态/过渡态性能计算方法、安装性能计算方法、飞机/发动机一体化性能计算方法等建模方法,适用于航空发动机总体性能优化的启发式优化方法、基于代理模型的优化方法和多学科设计优化方法等先进算法。在此基础上,介绍了航空发动机总体性能仿真系统设计及开发的一般流程,并给出了仿真系统设计示例,并在所发展的仿真系统中给出了航空发动机设计点性能优化、非设计点性能优化、过渡态性能优化及多工作点性能优化等多个设计范例,涵盖了发动机总体性能优化的多个方面。

本书深入的介绍和讨论有助于航空发动机总体性能数值模拟及优化方法的进一步发展,为我国先进航空发动机总体设计提供技术支撑。本书可作为从事航空发动机总体性能设计方向研究生、研究人员的参考用书。

图书在版编目(CIP)数据

航空发动机总体性能数值模拟及优化 / 张晓博等著
. —北京:科学出版社,2023.12
(航空发动机基础与教学丛书)
ISBN 978 - 7 - 03 - 076700 - 4

Ⅰ. ①航… Ⅱ. ①张… Ⅲ. ①航空发动机-性能-数值模拟 Ⅳ. ①V23

中国国家版本馆 CIP 数据核字(2023)第 199625 号

责任编辑:胡文治 / 责任校对:谭宏宇
责任印制:黄晓鸣 / 封面设计:殷 靓

科 学 出 版 社 出版
北京东黄城根北街 16 号
邮政编码:100717
http://www.sciencep.com

南京展望文化发展有限公司排版
上海锦佳印刷有限公司印刷
科学出版社发行 各地新华书店经销
*
2023 年 12 月第 一 版 开本:B5(720×1000)
2023 年 12 月第一次印刷 印张:18 1/2
字数:363 000
定价:150.00 元
(如有印装质量问题,我社负责调换)

丛 书 序

航空发动机是"飞机的心脏",被誉为现代工业"皇冠上的明珠"。航空发动机技术涉及现代科技和工程的许多专业领域,集流体力学、固体力学、热力学、燃烧学、材料学、控制理论、电子技术、计算机技术等学科最新成果的应用为一体,对促进一国装备制造业发展和提升综合国力起着引领作用。

喷气式航空发动机诞生以来的 80 多年时间里,航空发动机技术经历了多次更新换代,航空发动机的技术指标实现了很大幅度的提高。随着航空发动机各种参数趋于当前所掌握技术的能力极限,为满足推力或功率更大、体积更小、质量更轻、寿命更长、排放更低、经济性更好等诸多严酷的要求,对现代航空发动机发展所需的基础理论及新兴技术又提出了更高的要求。

目前,航空发动机技术正在从传统的依赖经验较多、试后修改较多、学科分离较明显向仿真试验互补、多学科综合优化、智能化引领"三化融合"的方向转变,我们应当敢于面对由此带来的挑战,充分利用这一创新超越的机遇。航空发动机领域的学生、工程师及研究人员都必须具备更坚实的理论基础,并将其与航空发动机的工程实践紧密结合。

西北工业大学动力与能源学院设有"航空宇航科学与技术"(一级学科)和"航空宇航推进理论与工程"(二级学科)国家级重点学科,长期致力于我国航空发动机专业人才培养工作,以及航空发动机基础理论和工程技术的研究工作。这些年来,通过国家自然科学基金重点项目、国家重大研究计划项目和国家航空发动机领域重大专项等相关基础研究计划支持,并与国内外研究机构开展深入广泛合作研究,在航空发动机的基础理论和工程技术等方面取得了一系列重要研究成果。

正是在这种背景下,学院整合师资力量、凝练航空发动机教学经验和科学研究成果,组织编写了这套"航空发动机基础与教学丛书"。丛书的组织和撰写是一项具有挑战性的系统工程,需要创新和传承的辩证统一,研究与教学的有机结合,发展趋势同科研进展的协调论述。按此原则,该丛书围绕现代高性能航空发动机所涉及的空气动力学、固体力学、热力学、传热学、燃烧学、控制理论等诸多学科,系统介绍航空发动机基础理论、专业知识和前沿技术,以期更好地服务于航空发动机领域的关键技术攻关和创新超越。

　　丛书包括专著和教材两部分,前者主要面向航空发动机领域的科技工作者,后者则面向研究生和本科生,将两者结合在一个系列中,既是对航空发动机科研成果的及时总结,也是面向新工科建设的迫切需要。

　　丛书主事者嘱我作序,西北工业大学是我的母校,敢不从命。希望这套丛书的出版,能为推动我国航空发动机基础研究提供助力,为实现我国航空发动机领域的创新超越贡献力量。

2020 年 7 月

前　言

本书针对航空发动机总体设计迫切需求的数值模拟及优化方法,结合国内外的最新研究现状及其先进技术水平,以西北工业大学喷气理论与工程研究所的科研成果为基础,编著而成。

航空发动机总体性能仿真系统广泛应用于发动机的研制、使用和维护中,是航空发动机发展不可或缺的重要设计工具。开展航空发动机总体性能数值模拟及优化方法研究是建立航空发动机总体性能仿真系统的基础。目前无论是针对涡喷、涡扇等常规类型发动机还是当前国内外广为关注的变循环发动机、自适应循环发动机及涡轮基组合循环发动机等新概念类型的航空发动机,均缺乏系统介绍其总体性能数值模拟及优化方法,亦缺乏可供相关研究人员使用的参考书籍。为给我国先进航空发动机总体设计提供理论基础和技术支持,本书作者对国内外在航空发动机总体性能数值模拟及优化方法研究方面所取得的基础成果进行总结,形成《航空发动机总体性能数值模拟及优化》一书,以期为相关技术领域的研究人员提供一本有价值的参考书,便于读者系统全面地了解与航空发动机总体性能数值模拟及优化相关的基本知识和理论,并有助于开展相关设计及应用研究。

本书从介绍航空发动机总体性能数值模拟技术发展出发,先系统介绍了常规发动机各主要部件模型、整机模型建模及仿真方法等,逐步深入介绍了本书作者及其团队所发展的更为有效的建模及优化方法,如可用于构建变循环发动机、自适应循环发动机等先进构型发动机的特征部件建模、整机建模与求解方法;针对多工作模式、多变几何部件、多控制变量的整机控制规律及变几何部件调节规律设计方法;适用于发动机设计点、非设计点、控制规律及多工作点性能优化的高精度代理模型、高效优化算法等;实现仿真系统通用性、灵活性及可扩展性需求的系统功能模块划分、类体系设计、算法封装等。

本书共包含8章内容,其中第1章介绍了航空发动机数值模拟及优化方法的发展趋势和现状;第2、3、4章为航空发动机总体性能数值模拟方法,主要介绍了航空发动机总体性能建模方法、稳态/过渡态性能计算方法、考虑进排气系统阻力的发动机安装性能计算方法、飞机/发动机一体化性能计算方法;第5、6章为航空发动机总体性能优化方法,主要介绍了适用于航空发动机总体性能优化的启发式优化方法、基于代理模型的优化方法和多学科设计优化方法;第7章结合第2~6章所论述的方法,介绍了航空发动机总体性能仿真系统设计及开发的一般流程,并给出了仿真系统设计示例;第8章系统给出了航空发动机设计点性能优化、非设计点性能优化、过渡态性能优化及多工作点性能优化等多个设计范例,涵盖了发动机总体性能优化的多个方面。

本书在基础方法方面的内容可以帮助研究人员了解现有航空发动机总体性能数值模拟方法和优化方法的发展现状及发展趋势,以助其快速掌握现有技术基础。在先进方法方面的内容可为相关研究人员提供可行的研究方向和研究思路。本书不仅可以供航空发动机总体性能研究方向的高年级本科生或研究生作为教材使用,也可以为相关研究人员作参考。

本书由西北工业大学王占学教授统筹并给予大力支持,第1章由王占学著,第2章由朱大明著,第3~7章由张晓博著,第8章由叶一帆著,全书由张晓博统稿。

本书在编写过程中,西北工业大学曹铭栋博士、周红博士提供了部分编写素材,郝旺博士、姚尧博士、秦坤硕士参与了本书部分内容的编写及图表制作的工作,特表示感谢。此外,本书的编写得到了西北工业大学动力与能源学院及同事们的大力支持,在此一并表示感谢。

由于作者水平所限,本书难免存在缺点和不足之处,恳请读者批评指正。希望本书的出版能够为我国航空发动机总体性能设计提供一定的理论支持和设计参考。

作者

2022 年 7 月

目 录

第 3 章　航空发动机安装性能数值模拟方法

第 4 章　飞机/发动机一体化性能数值模拟方法

第 5 章　航空发动机总体性能优化方法

第6章　航空发动机多学科设计优化方法

第7章　航空发动机总体性能仿真系统设计

第8章 航空发动机总体性能优化设计

第1章
绪　论

1.1　航空发动机总体性能数值模拟及优化技术背景

　　航空发动机作为飞机的动力系统,是世界各国航空技术研究与投入的重中之重。航空工业经过一百多年的发展,航空发动机已经成为知识密集、技术密集、高投入和高附加值的高新技术产业。从 20 世纪初开始,航空发动机经历了螺旋桨发动机、涡轮喷气发动机、涡轮风扇发动机等几个重要发展历程。航空发动机是一个包括流体、结构、燃烧、传热、材料、控制、制造和经济等在内的多学科综合系统,因此,发动机设计过程是一个极其复杂的系统工程,需要不断往复、综合、平衡和协调。航空发动机具有发展周期长,科研投入高,技术综合性强,预先研究成果筛选率高和研制风险大等特点。发动机研制成本过高的一个重要原因就是必须进行大量的、全尺寸的试验研究。此外,无论是在发动机设计的初期,还是在发动机研制和使用过程中,都存在着大量的理论和实际工程问题。但许多问题又不可能完全依靠试验技术来解决,因此,在设计过程中就必须应用计算机数值模拟所具有的巨大优势,开展航空发动机数值模拟研究,从而减少试验工作量,有效降低研制费用,缩短研制周期。

　　涡轮喷气发动机的诞生是现代航空技术发展过程中的重要里程碑。航空发动机作为一个集高技术于一体的热力机械,发展至今其性能已经有了显著的提高。发动机推力不断增加,耗油率不断降低,军用发动机推力和推重比也有了大幅度的提高。这不仅与气动、结构、强度和测试技术的迅速发展有关,而且与计算机模拟技术的发展也有着密切的关系。航空技术发达国家,如美国、英国、法国、德国、俄罗斯等都在大力发展基于计算机技术的航空发动机数值模拟。

　　航空发动机数值模拟是航空发动机设计、研制过程的关键技术。航空发动机数值模拟的发展程度和水平是伴随航空发动机性能的提高而发展的。发动机研制过程中的许多研究工作都是围绕着发动机热力循环参数如何匹配以实现最优性能而展开的,而这些工作必须借助于航空发动机仿真系统这一有效便捷的分析工具,所以说航空发动机仿真系统在发动机研制和使用寿命期的所有阶段都起着重要作用。作为航空发动机研制过程中的重要手段和工具,数值模拟和系统已成为航空发动机研制、试验、生产和最终用户之间的重要沟通桥梁,是航空发动机发展不可缺少的重要手段。例如,在发动机设计和试验中,为了事先预估可能存在的问题和判断发动机是否满足设计要求,必须建立发动机性能仿真模型并进行仿真研究。另外在发动机改型、故障分析、控制规律优化、飞行仿真、飞机/发动机一体化设计中都需要使用发动机性能数值模拟和仿真模型。

所谓航空发动机仿真是指以计算机硬件及相应的软件为基础,以航空发动机原理、气体动力学和工程热力学为方法,借助于发动机模型对设想的或真实的工作情况进行解析的综合性技术。20 世纪 80 年代以后,发达国家相继进行了航空发动机仿真的研究,并获得了显著成果。近年来,随着数值计算方法、计算流体力学、结构力学及计算机数值模拟等学科研究的迅速发展加之航空发动机技术的积累,航空发达国家已基本完成了从"传统设计"向"预测设计"的转变,航空发动机技术呈现加速发展的趋势。采用传统设计方法,一台发动机从初步设计到最终定型,一般的研制周期达 10~15 年,试验样机需要 40~50 台。而预测设计方法则主要建立在较精确的数学模型、优化算法及计算机仿真的基础上,大量的设计及修改工作主要在计算机上进行。虽然物理样机试验不能完全取代,但试验的主要目的是对优化结果进行验证,这样就大大减少了试验工作量,提高了设计的通过率。先进的航空发动机设计公司采用现代预测设计方法可使发动机的研制周期缩短到 6~8 年,甚至 4~5 年,试验样机减少到 10 台左右,这就大大缩短了研制周期,节约了研制成本。

航空发动机数值模拟方法涵盖的学科与内容是相当宽广和复杂的。仅就航空发动机气动热力循环参数匹配、部件气动设计、整机气动性能分析等就涉及气动热力学、流体力学、材料学、控制理论等。设计的仿真模型也包括零维、一维、二维和三维等不同层次和不同复杂度的模型,因此,开展类似美国的数值仿真推进系统研究(Numerical Propulsion System Simulation, NPSS)是庞大的系统工程。

作为航空发动机仿真和分析技术的重要组成部分,航空发动机总体数值模拟具有重要的作用。在发动机设计阶段,通过发动机总体仿真,可以进行总体性能参数优化,确定发动机的循环参数和部件的设计指标,确定和优化发动机的控制规律;在发动机研制和使用阶段,通过发动机总体仿真,可以确定发动机的各种使用特性(高度特性、速度特性、油门特性、温度特性等),进行飞机/发动机匹配研究,定量分析各种使用条件对发动机性能的影响等。

目前,国内外使用的航空发动机仿真软件很多都只是围绕发动机设计中的某一个方面进行设计的,如发动机总体性能仿真软件、发动机重量估算软件等,这些软件均按照单一学科设计。随着发动机技术的发展及设计水平的提高,在发动机总体设计中对仿真系统提出了更多的需求,发动机总体设计所考虑的学科数量也大大增加,耦合关系变得错综复杂。为了获得更优的设计方案,发动机总体设计中需要同时综合考虑多个学科之间的关系,这就需要借助新的设计方法。在这方面目前发展的多学科设计优化方法为解决这一问题提出了新的思路。基于这一考虑,除了基础的航空发动机总体性能优化方法以外,本书还给出了航空发动机多学科设计优化方法。

1.2　航空发动机总体性能数值模拟发展与现状

1.2.1　国外早期航空发动机总体性能数值模拟软件

自 20 世纪 60 年代开始,随着航空发动机技术的发展和计算机及建模技术的迅速发展,国外研制了利用计算机技术进行计算的航空发动机性能模型,并开发了相应的计算软件。其中早期的一些发动机仿真软件以 NASA Lewis 研究中心开发的 GENENG、DYNGEN、NNEP、NNEP89 等程序最具有影响力。现代的发动机性能仿真软件功能更为强大,其中比较著名的有荷兰国家航空航天实验室开发的 GSP 软件、德国开发的 GasTurb 仿真软件及美国开发的 NPSS 仿真系统。

航空发动机仿真经历了手工匹配、电子计算机模拟、结构化模块化语言、面向对象、多学科设计优化及全三维仿真几个阶段。其各个阶段所形成具有代表性的仿真系统如图 1-1 所示。

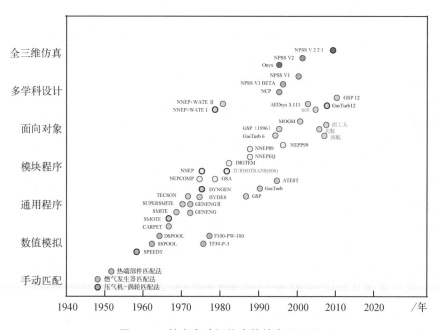

图 1-1　航空发动机仿真软件发展历程

在 20 世纪 40 年代,航空发动机参数匹配完全由手工进行,必须运用简化条件才能求得设计点的稳态参数。到 20 世纪 50 年代末美国研制了针对特定的涡喷型号的航空发动机参数循环研究程序 SPEEDY,并在此基础上发展为拥有多种结构选项的涡喷与涡扇的通用研究程序 CARPET。

CARPET(Witherell, 1968)是美国空军航空推进实验室所开发的,开发周期为 1965 年 7 月至 1968 年 6 月。程序使用 FORTRAN‑IV 编写,在 IBM 7090 数字计算机上使用。CARPET 能够计算涡喷/涡扇发动机性能参数,也可利用部件特性分析发动机的详细参数。

20 世纪 60 年代初,美国空军要求军用飞机可用于执行多种战术任务,在此背景下,产生了计算单轴涡喷发动机性能的程序 SSPOOL。SSPOOL 不但能够进行单轴涡喷发动机设计点性能计算,还可以进行非设计点性能计算。该程序在发动机部件特性计算中继承了 CARPET 程序的方法。很快 SSPOOL 程序就被拓展成计算双轴涡扇发动机的 DSPOOL 程序,DSPOOL 程序使用 4 层迭代求解。但是,这样对于双轴涡扇而言,求解平衡方程的时间就太长了。

1967 年,美国空军航空推进实验室开发了 SMOTE(McKinney, 1967a;McKinney, 1967b)程序,该程序能够模拟双轴涡扇发动机的设计点和非设计点性能,使用矩阵求解发动机平衡方程,解决了 DSPOOL 程序求解平衡方程时间过长的问题。SMOTE 的平衡技术采用牛顿‑拉弗森法,它不需任何嵌套循环,而是将因变量误差看作是由各个自变量误差引起的效果的叠加,通过使误差矩阵等于零而得出一组偏差值,初始点加上偏差值就是稳态平衡点。然而,由于 SMOTE 将特性图写入了程序中,故只能利用特定的部件特性图计算涡扇发动机的设计点和非设计点性能。

此后,NASA 刘易斯研究中心在 SMOTE 程序的基础上进行了改进,发展了能够计算涡扇和单、双轴涡喷发动机性能的 GENENG(Koenig et al., 1972)程序。GENENG 程序是最早的一种基于部件级的、变比热的发动机稳态性能计算机软件,可以模拟多种不同结构形式的发动机稳态性能。GENENG 程序具有更好的通用性,为任务分析时发动机设计参数的选取提供更好的灵活性。当混排涡扇发动机静压不平衡时能够自动调整风扇和压气机的压比,程序中还使用了收扩喷管的特性图。由于 GENENG 程序允许的燃烧室温度较低以及采用的控制规律简单,因此,已不适应用于现代高性能发动机的性能计算与分析。后来又发展了 GENENG‑Ⅱ(Fishbach et al., 1973)程序,与 GENENG 相比 GENENG Ⅱ 程序又有两个新特点:① 可用于三轴三流路发动机;② 可对后风扇式发动机进行计算。

DYNGEN(Sellers et al., 1975)软件是一种基于部件级的、变比热的发动机稳态和过滤态性能计算软件,是在 GENENG Ⅱ 的基础上发展而来的。在计算稳态特性时,有 GENENG Ⅱ 的功能,而在计算过渡态特性时,首次采用欧拉修正法来求解动态仿真模型的微分方程。在过渡态仿真计算中,不仅考虑了部件转动惯量,也考虑了部件容积效应,该程序中提出的控制容积的概念成为以后过渡态仿真时的常用标准。

NNEP(Robert,1989;Fishbach,1988;Fishbach et al.,1975)软件是在美国海军航空中心的 NEPCOM 软件基础上开发的,能计算目前已有的燃气涡轮发动机及可变几何部件变循环发动机的设计点和非设计点性能。其主要特点有:具有性能寻优功能,处理变循环发动机的部件特性,进行多工作模式的流路切换,绘制发动机配置示意图,简单的发动机进气道和后体阻力估算等。NNEP 可以模拟的发动机部件包括:进气道、风扇、分流器、压气机、燃烧室、涡轮、换热器、混合室、尾喷管、轴、负载或螺旋桨等。NNEP 软件允许加入几十个部件,但任何一种部件不能超过二十四个。当用户配置完所有部件后,软件通过判断联系部件的编码来确定发动机仿真中的逻辑流路。

DIGTEM(Daniele et al.,1983)软件是在发动机过渡态仿真软件 HYDES 的基础上开发的,能计算双转子涡轮风扇发动机过渡态性能。该软件中包含所有部件的稳态特性图和维持流量、能量平衡的控制量,以及转子动力学和涵道动力学的内容,共计有 16 个状态变量。DIGTEM 通过平衡关系计算非设计点的换算系数使其与设计点保持一致。该软件还可以计算发动机过渡态,通过将控制量定义成时间的函数(开环控制),这一功能由用户输入子程序 TMRSP 实现。

NNEP89(Gordon,1991;Robert et al.,1991)软件是在 NNEP 软件的基础上发展的,可以进行发动机设计点和非设计点的稳态性能计算。其改进之处主要包括:考虑了燃气的化学分解修正,增加了螺旋桨部件特性,可以对压气机、涡轮及螺旋桨的特性图进行绘制,并且可将发动机工作点绘制在部件特性图上,改进了喷管特性模型,新增了控制发动机工作模式转换的部件。同时,在 NNEP89 软件中还增加了燃气发生器、引射器、变量控制、变量优化、变量限制和变量规划等组件。

WATE(Michael et al.,2008;Boeing et al.,1977)软件是 1977 年 NASA 刘易斯研究中心发展的,用于进行发动机重量和外廓尺寸的估算。该软件基于发动机初步设计得出的应力水平、最大温度、材料、几何、级负荷、轮毂比和轴超转,能够确定各主要部件的重量,包括压气机、燃烧室、涡轮、机匣等。后来在 WATE 的基础上,又发展了 WATE2、WATE-S、WATE++等。

1.2.2 国外现代航空发动机总体性能数值模拟软件

目前,航空发达国家已基本告别了专用仿真软件的研制,而转向通用、可扩展的航空发动机仿真系统的研究。发动机模型的建立要求能够采用通用的零部件、单元来生成特定发动机模型,这就对仿真系统的结构及所采用的建模方法提出了新要求。Fortran、C 等结构化的程序设计语言尽管仍被广泛使用,然而目前的趋势是向着基于 C++、java 等面向对象和图形化的新型软件形式发展。经过近十多年的发展已形成了不少优秀的仿真软件,在这些软件中具有代表性的主要有以下这些。

Onyx(Reed, 1998)仿真软件是美国 Toledo 大学与 NASA Lewis 研究中心联合开发的面向对象的航空发动机仿真系统,如图 1-2 所示。该仿真软件采用 java 语言编写,灵活性好、可扩展性强,提供了方便的图形用户界面。同时,具有分布式计算特点,集成了先进的数值计算方法,能够在不同精度层次上对发动机进行多学科分析。分布式计算使得该仿真软件便于多学科模型和不同精度层次模型的引入。

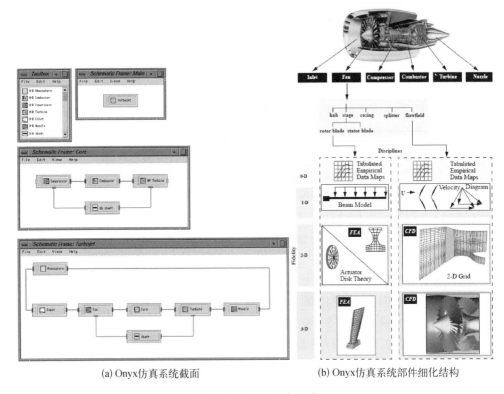

(a) Onyx 仿真系统截面   (b) Onyx 仿真系统部件细化结构

图 1-2　Onyx 仿真系统

MOGM(Modelling of a Gas Turbine with Modelica)(Antonio, 2001)是意大利与瑞典合作基于面向对象的仿真语言 Dymola/Modelica 所建立的航空燃气涡轮仿真软件,如图 1-3 所示。该软件充分利用 Dymola/Modelica 的面向对象的特征,发展了具有良好的可扩展性和通用性的模块化模型库,很好地解决了系统内相互耦合的问题。

GSP(Gas Turbine Simulation Program)仿真软件(NLR, 1986),1986 年荷兰国家航空航天实验室(National Aerospace Laboratory, NLR)在 DYNGEN 程序的基础上,开

发了燃气涡轮仿真软件 GSP（图 1-4）。由于 GSP 软件使用了 Borland Delphi 面向对象环境所开发,因此,提供了一个非常适于软件维护和扩展的手段,可以不断地扩展和丰富仿真模型。每一个模块都有一个专有的属性设置界面,通过该界面用户可以方便地进行如设计点参数设置及部件特性图选取、查看等。该软件具有较强的通用性和扩展性,可以对大多数常规类型的发动机进行仿真计算,并可得到满足一般工业要求的仿真精度。GSP 软件具有多种计算功能,如非设计点性能分析,排出物成分计算,控制系统设计和航空发动机或者工业燃机的故障诊断等。

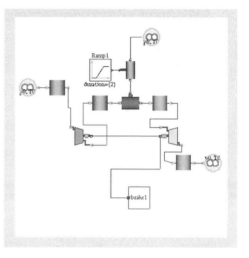

图 1-3 MOGM 仿真软件发动机模型

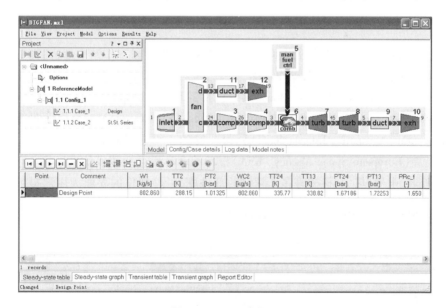

图 1-4 GSP 主界面

GasTurb 仿真软件(Joachim,2005)是德国 MTU 公司开发的燃气涡轮计算软件(图 1-5),主要用于发动机方案论证与设计,发动机非设计状态性能计算(包括稳态性能和过渡态性能)及发动机试验数据分析与故障诊断等。它的主要特点是将发动机设计和分析过程中需要研究的内容分解成标准工具包。根据需要,用户可以从模块化的设计任务中选取相应的任务模型,快速得到所需的计算和分析结果。

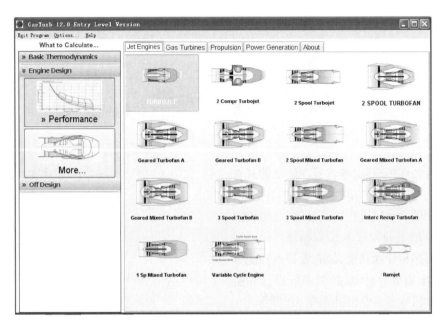

图 1-5　GasTurb 主界面

它采用 Borland Delphi 环境开发的,可以在普通 PC 机上或工作站上运行,具有图形化的用户界面和方便的数据操作功能。

　　EcosimPro/PROOSIS(Alexious et al., 2011)(Propulsion Object Oriented Simulation Software)仿真软件,如图 1-6 所示。其中,EcosimPro 是由西班牙 EAI (Empresarios Agrupados Internacional)公司开发的一维多学科系统仿真工具,是欧洲航天局(European Space Agency, ESA)推荐的多学科系统建模仿真工具。它集成数学、控制、电气、热力、机械等多个学科的部件库,以可视化的界面为用户提供了便

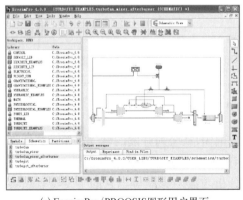

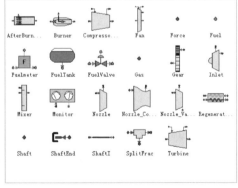

(a) EcosimPro/PROOSIS图形用户界面　　　　(b) PROOSIS中包含的发动机部件类

图 1-6　EcosimPro/PROOSIS 仿真软件

捷的多学科系统建模环境,广泛用于航空、航天等能源与动力领域的系统仿真。

　　PROOSIS 属于欧洲航空 VIVACE 计划的一部分,是目前欧洲新型航空发动机性能分析的标准工具,它是一款基于 EcosimPro 所开发的发动机性能仿真软件。PROOSIS 采用面向对象技术,建模灵活、可扩展性强,图形界面直观。可以对多种类型发动机进行性能模拟,可以进行发动机设计点、非设计点、过渡态、参数优化及故障诊断等计算及分析。借助 EcosimPro 环境 PROOSIS 还提供了一种面向对象的建模语言,用户可以借助此建模语言方便地建立由微分方程及离散事件所描述的动态过程。

　　AEDsys 软件是 Jack D. Mattingly 等基于其著作 *Aircraft Engine Design*(Mattingly et al., 2002)介绍的方法所发展的飞机/发动机性能一体化分析软件,主要包括约束分析、任务分析、发动机循环参数分析、等值线绘制、各部件详细设计等功能(图 1-7)。不足之处是该软件的发动机模块不能进行非设计点计算,没有考虑发动机分级引气影响,循环参数变量只有涡轮前温度、涵道比、风扇压比、总压比四个变量,各功能模块相对独立,数据交互能力较弱。

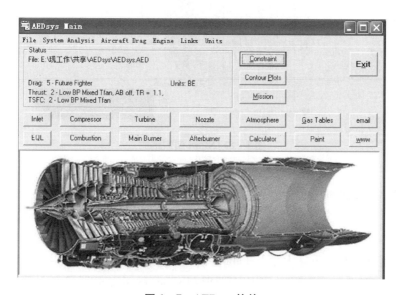

图 1-7 AEDsys 软件

　　NPSS(Numerical Propulsion System Simulation)(John, 2000; John, 1999)是 NASA 高性能计算与通讯计划 HPCCP 的一个分支。NPSS 的目标是能够进行航空发动机全尺寸的详细仿真,以解决目前只能在大规模试验中才能得到的部件相互作用和多学科过程效应等问题。NPSS 使用的模型涉及流体力学、传热、燃烧、结构强度、材料、控制、制造和经济等多学科领域,能为推进系统的前期设计在性能、操作性和寿命方面提供准确的参数。NPSS 能对发动机进行从简单热力循环分析到整机全三维流场计算多维度的仿真。NPSS 由发动机部件模块、仿真环境和高性能计算环境三个主要部分组成,如图 1-8 所示。NPSS 利用面向对象的编程思想结合多学科所开发,具备多学科设计、部件集成和变维度分析三个基本特征,实现了由"传统设计"到"预测设计"的设计思想的转变。NPSS 系统的结构体系是开放式的,仿真环境给各种用户提供了一种共用接口来使用 NPSS 的所有资源,且具有并行处理能力。

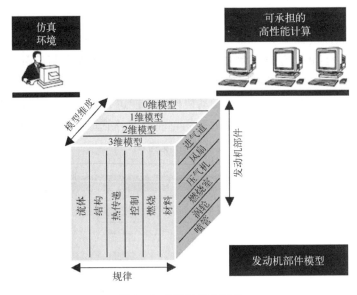

图 1-8 NPSS 组织结构

1.2.3 国内航空发动机总体性能数值模拟软件

和国外航空发达国家相比,我国航空发动机总体数值模拟研究起步较晚。20世纪 80 年代初,606 所的严成忠和 608 所的顾永根,作为改革开放后航空界首批访问学者,在英国 Cranfield 大学与 Palmer J R 教授共同开发了模块化的燃气涡轮发动机稳态性能模拟计算程序 TURBOTEST(Palmer et al. , 1985a)和过渡态性能模拟计算程序 TURBOTRANS(Palmer et al. , 1985b)。这两个程序在我国航空发动机研制中发挥了巨大作用,而且目前仍然得到一定程度的使用。

国内航空发动机各研究单位及高校根据国外公布的有关资料,先后建立了相应的发动机仿真程序,如使用较多的发动机性能计算程序 GENENG 和 DYNGEN 及其各种改进版、推进系统计算程序 INSTAL、发动机重量及尺寸估算程序 WATE 等。然而这些软件大多是在国外早期软件的基础上所建立的,还有不少使用 Fortran 语言编写。Fortran 语言编制的软件,属于命令行执行程序,人机交互、可操作性及可维护性都较差。即使将 Fortran 语言所编写的发动机仿真软件用作内核,再用其他语言为其开发图形化操作界面,这虽然相对命令行执行程序可操作性得到很大程度的提高,但效果也不是很理想。因为友好的交互性是建立在界面程序和性能计算程序之间的通信之上的,两者之间的频繁交互会使性能计算程序的执行效率大打折扣。

然而在发动机的研制发展过程中,发动机仿真模型必须不断发展以适应航空技术的发展,设计人员也应根据研究的需要及时调整发动机的仿真模型。但是发动机系统复杂性高,建立一个准确又适应于研究目的的发动机仿真模型及其软件的工作量非常大。因此,近年来在发动机仿真研究领域,学者们致力于建立扩展性好、灵活可靠的发动机数值模拟和方法,其中面向对象的编程方法受到学者的青睐。面向对象的编程方法为解决组件的可重用性和仿真模型的灵活性等问题提供了良好的解决方法。

自 20 世纪 90 年代末,面向对象的建模方法在国内被首次应用到了航空发动机仿真计算中,发展至今也相继产生了不少研究成果。其中,唐海龙等提出了一种用于建立扩展性强、灵活可靠的航空发动机性能仿真方法(唐海龙 等,2000);窦建平等基于可视化的面向对象统一建模语言(UML)建立了航空发动机仿真软件模型(窦建平 等,2005);任志彬等基于 Modelica/Dymola 软件开发了航空发动机通用模型库,并建立了发动机部件模型(任志彬 等,2005);徐鲁兵等采用面向对象技术和分层设计思想,构造了航空发动机性能的通用仿真系统框架(徐鲁兵 等,2007);夏飞等基于 MATLAB/SIMULINK 高级图形仿真环境,利用图形模块化技术开发了某型双轴涡扇发动机的部件级模型仿真系统(夏飞 等,2007)。韩流等利用虚拟现实技术,发展了大型航空燃气涡轮风扇发动机仿真系统,得到了一个具有强烈沉浸感和真实感的虚拟实验环境,能直观生动地揭示发动机原理,发动机构造及发动机试车等过程(韩流 等,2009);骆广琦等基于面向对象的软件设计思想,设计了一种灵活、通用、可靠的航空发动机仿真平台框架,将仿真平台划分成了清晰的 3 个层次,并在每一层下设置了相应的类模型,各层之间的数据交换灵活、高效(骆广琦 等,2013)。

由上所述可以看出,通过近些年发展,我国航空发动机数值模拟方面取得了许多有价值的研究成果,促进了我国航空事业的发展。随着航空发动机总体性能仿真软件的快速发展,研究人员开始将优化技术引入航空发动机总体性能设计中,因此航空发动机总体性能优化技术变得愈发重要。

1.2.4　航空发动机总体性能优化技术

国外的航空发动机总体性能优化方法研究起步较早,早期的研究往往集中于将不同的优化方法应用于航空发动机总体性能优化中。1996 年,NASA Lewis 研究中心采用 Fortran77 语言开发的 CometBoards(Comparative Evaluation Test Bed of

Optimization and Analysis Routines for the Design of Structures)就包括了序列无约束最小化技术、可行方向法、序列二次规划等优化算法(James et al.，1996)。2000年,Torella 等将 GA 应用于航空发动机总体性能优化中,以一个双轴分排涡扇发动机为例,将风扇压比、增压级压比、压气机压比及涡轮前温度作为优化变量,将单位推力、单位耗油率、单位排气面积、发动机长度、推重比等参数作为优化目标,分别进行了单目标和多目标优化(Torella et al.，2000)。2001年,Patnaik 等基于线性回归和神经网络建立了一种级联优化方法,并应用于航空发动机总体性能优化中(Patnaik et al.，2001)。2002年,Gronstedt 等采用 SQP 方法对变循环发动机模态转换过程的控制规律进行了优化(Gronstedt et al.，2002)。2003年,Whellens 等建立了间冷回热涡扇发动机性能仿真模型、重量估计模型及任务分析模型,并采用 GA 对其设计参数进行了优化(Whellens et al.，2003)。2008年,Sriram 等采用多目标 GA,对飞机的外形、发动机的构型(自适应发动机、双外涵变循环发动机、混排涡扇发动机)及安装位置进行了优化(Sriram et al.，2008)。2008年,Ghenaiet 采用了一种改进的可行方向法,以大涵道比涡扇发动机在地面起飞状态下的推力不低于给定限制值的前提下,以其在巡航状态下的耗油率为优化目标,对发动机设计参数进行了优化(Ghenaiet，2008)。之后,Ghenaiet 又于 2010年采用 GA 对大涵道比涡扇发动机的设计参数进行了优化(Ghenaiet，2010)。2009年,Ronald 等在 NPSS 中集成了 GA,对自适应发动机在战术机动、亚声速巡航、超声速突防三个状态下的性能进行了优化(Ronald et al.，2009)。2010年,Berton 等针对超大涵道比涡扇发动机,考虑其性能、排放、噪声,分别采用拟牛顿法和 GA 对其设计参数进行了单目标和多目标优化(Berton et al.，2010)。2011年,Montazeri-Gh 等采用 GA 对涡喷发动机最小-最大燃油控制器进行了优化(Montazeri-Gh et al.，2011)。2012年,Montazeri-Gh 等在 PSO 算法的基础上增添了邻域加速机制,并将其应用于单轴涡喷发动机燃油控制器优化设计中,然后将这一方法与经典 GA 和动态规划算法进行比较,验证了改进算法的优势和全局收敛性,最后还将改进算法扩展至多目标 PSO 算法中,并针对燃油控制器进行了多目标优化(Montazeri-Gh et al.，2012)。2014年,Ford 基于 NPSS 开发了自适应发动机多设计点优化模型,并分别优化了自适应发动机在多个状态下的性能(Ford，2014)。2017年,Buettner 等基于 Matlab/Simulink 平台开发了航空发动机能量与热管理设计及优化工具集,并以自适应发动机为例,在其模型的第三外涵中添加了换热器模块,开展了总体性能研究,提出在设计自适应发动机的控制器时,需要集成优化算法以实现最优控制(Buettner et al.，2017)。2019年,Justin 基于 NASA 的 OpenMDAO 平台开发了基于梯度信息的自适应发动机多工作点优化模型,对自适应发动机的设计参数及其在起飞、爬升、亚声速巡航、降落四个状态下的控制规律进行了优化(Justin，2019)。

随着研究的逐渐深入,越来越多的研究人员开始针对航空发动机总体性能优化问题,开展优化方法改进研究。2019 年,Jafari 等对启发式优化方法在航空发动机设计参数优化、控制器设计优化及控制规律优化方面的应用进行了回顾(Jafari et al. , 2019),指出未来研究的挑战主要有两点:一是新型航空发动机总体性能优化问题的变量更多,会导致计算时间变长;二是变量更多对优化方法提出了更高的挑战,需要提升优化方法的性能以获得更好且更可靠的优化结果。对于这两点挑战,Jafari 等给出了两种预想的解决方案:① 采用更先进的计算方法来强化启发式优化方法的计算效率,使其更适用于处理大型优化问题;② 将启发式优化方法和梯度优化方法进行集成,以获得能够处理具有复杂目标函数的优化问题。2021年,Jafari 团队的 Liu 等(Liu et al. , 2021a;Liu et al. , 2021b)针对航空发动机燃油控制器设计优化问题,为了使总优化时间更短,同时保证优化方法能够避开优化问题的诸多局部最优解,建立了一种基因联接遗传算法(linkage-learning genetic algorithm, LLGA),通过具体优化实例证明,与经典 GA 相比,LLGA 不论是在收敛速度上还是最终优化结果的质量上均更好。

国内的航空发动机总体性能优化方法研究虽然起步较晚,但随着国内航空发动机总体性能数值模拟水平的提升,在航空发动机总体性能优化方面的研究也随之发展起来。本书将国内航空发动机总体性能优化研究分为稳态性能优化研究和过渡态性能优化研究两部分,在稳态性能优化研究方面,受国外航空发动机稳态性能优化研究的影响,国内相关研究一般也集中在优化方法应用及改进研究上。

在优化方法应用研究方面,2006 年,刘旭东等采用 GA 对涡扇发动机在地面状态下的燃烧室供油流量和喷管喉部截面面积进行了优化(刘旭东 等,2006)。2006年,朱玉斌等将涡扇发动机性能寻优控制问题描述为线性规划问题,并提出了一种基于线性规划方法和模型辅助模式搜索方法的混合优化方法,研究表明,采用混合优化方法可以进一步提升发动机的性能并减少计算量(朱玉斌 等,2006)。2006年,李立君等以双轴混排涡扇发动机为例,集成了发动机性能仿真模型、流路尺寸估计模型、重量估计模型,将发动机在设计状态下的单位推力、耗油率、风扇进口尺寸、发动机质量、喷管喉部截面面积及出口截面面积等参数作为优化目标,采用多目标 GA 进行了优化(李立君 等,2006)。2013 年,刘楠等提出了一种基于距离的自适应惯性权重 PSO 算法,并对涡轴发动机在最大状态和最低油耗状态下的控制规律进行了优化,结果表明,改进的 PSO 算法可以获得更好的优化结果(刘楠 等,2013)。同年,随阳等采用 GA 对变循环发动机在亚声速巡航状态下的燃烧室供油流量及 5 个可调几何参数进行了优化(随阳 等,2013)。2014 年,周红等利用 DE方法,分别对自适应发动机的起飞设计状态及超声速巡航状态进行了优化,并开展了这两个工作状态的综合优化研究(Zhou et al. , 2014)。2015 年,谭荣福等将 GA引入 LQG/LTR 鲁棒控制方法,完成了某型战机燃油控制器的设计(谭荣福 等,

2016)。2017 年,聂友伟等利用 SQP 算法对自适应发动机在最大推力状态下的控制规律进行了优化(聂友伟 等,2017)。2017 年,韩佳等利用商用软件 Isight,对自适应发动机在典型状态点下的性能进行了优化(韩佳 等,2017)。2017 年,闫成等以某型民用涡扇航空发动机概念设计优化为例,考虑了总体方案(包括热力循环分析、质量评估、噪声评估、氮氧化物排放评估)、风扇部件(包括气动设计、强度分析)、低压涡轮部件(包括气动设计、强度分析),以设计点油耗、整机质量、飞越状态总声功率级、进近状态总声功率级和燃烧室氮氧化物排放量为优化目标,进行了基于多目标的整机多学科设计优化研究(闫成 等,2017)。2017 年,张晓博等利用二次响应面代理模型和 SQP 算法对自适应发动机设计点性能进行了优化,结果表明,代理优化方法可以在保证计算结果与启发式优化方法相同的前提下,提高优化方法的收敛性和稳定性(Zhang et al. ,2017)。之后,张晓博等采用多目标 PSO 算法,对自适应发动机在起飞状态和亚声速巡航状态下的性能进行了多目标优化,得到了一组自适应发动机设计参数解集及与之对应的亚声速巡航状态控制规律(Zhang et al. ,2018)。2017 年,陈玉春等在航空发动机总体性能仿真共同工作方程组中,对几何可调参数和迭代变量进行替换,将发动机的某些性能参数作为仿真模型的输入量,求解出使发动机达到这些性能参数对应状态的几何调节参数,建立了一种可用于稳态控制规律设计的逆算法(陈玉春 等,2017)。2018 年,马松等建立了飞机/发动机性能一体化模型,并利用 PSO 算法对自适应发动机的设计参数和在非设计状态下的几何调节规律进行了优化(马松 等,2018)。2018 年,宋文艳等基于飞机/发动机性能一体化模型,研究了节流比和不同的发动机最大状态控制规律对发动机燃油消耗及起飞总重的影响(宋文艳 等,2018)。2021 年,郝旺等采用 DE 方法对变循环发动机模态转换过程的控制规律进行了优化设计(郝旺 等,2022)。

在优化方法改进研究方面,2019 年,黄晨等建立了基于改进分布度的非支配排序遗传算法(nondominated sorting genetic algorithm II, NSGA - II),并分别以吸气式涡轮膨胀循环发动机的推力和比冲作为优化目标进行了多目标优化,结果表明,在优化结果的分布度相当时,与标准 NSGA - II 相比,基于改进分布度的 NSGA - II 需要的计算代价更少(黄晨 等,2019)。2020 年,李勇等建立了基于 SQP 算法和 GA 的混合优化算法,通过航空发动机最低油耗模式性能寻优控制研究后发现,其建立的混合优化算法保留了 GA 的全局收敛性,并大幅提升了计算效率(李勇 等,2020)。2020 年,韩文俊等建立了一种基于排挤机制的小生境 GA,并将这种算法应用在发动机稳态控制规律优化中(韩文俊 等,2020)。2021 年,李岩等将强化学习引入航空发动机控制规律在线优化中,其结合深度确定性策略梯度算法,针对自适应发动机建立了一种智能自主优化控制方法(李岩 等,2021)。

在航空发动机过渡态性能优化研究中,1999 年至 2003 年,樊思奇等将涡扇发动机加速控制规律优化问题离散为数个子控制规律优化问题,用每个离散状态点的推力值和最大状态的推力值的比值构成目标函数,并分别采用变尺度约束法和 GA 对离散化后的优化问题进行求解,从而获得了原加速过程的最优控制规律(时瑞军 等,2003;丁凯锋 等,1999)。2001 年至 2010 年,樊丁等主要改进了加速过程子优化问题的目标函数构建方式,通过发动机推力、转子转速及涡轮前温度等参数构建多个目标函数,并采用加权平均的方式将其转化为一个目标函数,然后采用 SQP 算法、可行域序列二次规划(feasible sequential quadratic programming, FSQP)算法对其进行求解,分别针对涡扇发动机、涡轴发动机的加速控制规律进行了优化(赵琳 等,2010;戚学锋 等,2005;郭腊梅 等,2004;戚学锋 等,2004a;戚学锋 等,2004b;何黎明 等,2001)。2012 年,宋延清等沿用樊丁等建立的控制规律多目标优化模型,并将多目标 PSO 算法和 Sigma 方法进行结合,克服了传统罚函数类方法对约束边界探索不足的问题(宋延清 等,2012)。2015 年,韩文俊等基于涡扇发动机实时模型,在加速过程控制逻辑中加入压气机喘振裕度边界限制,从而保证在整个加速过程中不会出现压气机裕度超限的情况(韩文俊 等,2015)。2017 年,Huang 等以混排涡扇发动机为例,将发动机加速控制规律优化问题离散为数个子优化问题,然后采用鲸鱼优化算法进行优化(Huang et al. , 2017)。

在航空发动机过渡态性能优化研究中,除了采用更新的优化方法,还有研究人员着重于提炼更加易于求解的性能优化模型,从降低优化问题求解难度的角度提升最终优化结果的质量。2008 年至 2012 年,陈玉春等在发动机稳态性能仿真模型的基础上,通过向转子额外提取功率,使发动机的性能仿真结果与过渡态过程相近(贾琳渊 等,2012;陈玉春 等,2010;陈玉春 等,2009;陈玉春 等,2008)。通过调整提取功率的大小并考虑过渡态过程中需要满足的各个约束条件,可以快速获得发动机的过渡态控制规律。但经过简化的过渡态性能仿真模型仅考虑了转动惯量因素,忽略了容积效应的影响,仿真结果会与真实过渡态过程存在一定的差异,且在面向双轴发动机的控制规律设计时,需要一定的人工经验以确定高低压轴功率提取的比例,这可能会违背多转子之间的动态耦合效应。2012 年,陆军等在功率提取法的基本思想的基础上,建立了一种动态稳定法(陆军 等,2012),即从发动机过渡态性能仿真模型出发,通过额外提取状态量的变化率,使过渡态性能仿真稳定下来,将动态问题转化为稳态问题,然后再在新的仿真模型的基础上进行迭代优化获得最优控制规律。2017 年,施洋等基于混排涡扇发动机过渡态性能仿真模型开展了控制规律优化研究,通过更改共同工作方程组的方式保证发动机在过渡态过程中满足各个约束条件,但其仅针对燃油流量控制规律进行了优化,没有考虑可变几何(施洋 等,2017)。2018 年,郑前钢等采用 Bezier 曲线建立了一种航空发动机加速控制规律的全局优化设计方法,并以涡扇发动机为例进行了加速控制规律优化(Zheng et al. , 2018)。2020 年,贾琳渊等在变循环发动机稳态逆算法的基础上,建立了变循环发动机过渡态性能直接模拟方法(贾琳渊 等,2020),该方法直接给定过渡态过程中部分性能参数的变化规律,就可以计算获得所需的过渡态控制规律。2021年,Jia等针对涡扇发动机建立了显示和隐式的加减速性能计算方法,通过直接给定过渡态过程中燃烧室工况、压缩部件工作点、转子转速变化率的方式直接获得最优控制规律(Jia et al., 2021)。2021年,陈玉春等以地面加速控制规律优化问题为例,采用一种带极大熵辅助机制的梯度优化方法对变循环发动机过渡态控制规律进行了优化。并结合稳态逆算法和功率提取法(贾琳渊 等,2012;陈玉春 等,2010;陈玉春 等,2009;陈玉春 等,2008),建立了过渡态过程逆算法,并进行了变循环发动机过渡态控制规律设计。

可以看出,国外和国内航空发动机总体性能优化方法研究领域的思路和进展均较为接近。随着航空发动机总体性能数值模拟和航空发动机设计水平的发展,国内外关注的航空发动机总体性能优化问题逐渐复杂。随着优化方法本身的发展,以及在航空发动机总体性能优化问题愈发复杂的背景下,更多先进的优化方法及其各类改型被引入到航空发动机总体性能优化研究中,其中启发式优化方法及其各类改型被众多研究人员采用。另外,部分研究人员通过改进现有航空发动机总体性能优化模型的方式,降低了优化模型的求解难度,从而提升了最终优化结果的质量。

1.3 本书的基本结构

根据之前的回顾可以看出,国内外均发展了多款航空发动机总体性能数值模拟软件,但相对来说,国内发展的航空发动机总体性能数值模拟软件在计算精度、可扩展性等方面均存在一定的不足。尽管近年来国内已发表了大量的航空发动机总体性能数值模拟技术相关的论文,文中所包含的数值模拟技术已达到较先进的水平,但相关研究成果并未形成具体的航空发动机总体性能数值模拟软件。而国外所形成的成熟的、对外开放的商用航空发动机总体性能数值模拟软件,尽管精度较高、功能较多,但随着国内航空发动机设计水平的提高,这些总体性能数值模拟软件已无法满足下一代战机用发动机,如变循环发动机等新式构型发动机的研制。

喷气推进理论与工程研究所长期开展航空发动机总体性能数值模拟及优化技术研究,已在国内外发表多篇相关论文,且研制的高精度、多功能、通用的、可扩展的航空发动机总体性能仿真软件,已在国内相关单位广泛应用。因此,本书以国内外现有航空发动机总体性能数值模拟及优化技术为基础,对本研究所近年来在航空发动机总体性能数值模拟及优化研究领域所做的工作进行总结和详细介绍。首先详细介绍了基本的航空发动机总体性能数值模拟方法,主要包含各部件性能数值模拟方法及稳、动态数值模拟方法。然后详细介绍了安装性能、一体化性能数值模拟方法,这三章基本包含了航空发动机总体性能数值模拟的所有内容。第 5 章、第 6 章详细介绍了航空发动机总体性能优化方法、多学科设计优化方法这两种最重要的航空发动机性能优化方法。第 7 章根据前面介绍的数值模拟方法和优化方法,结合计算机软件设计体系,给出了航空发动机总体性能仿真系统设计。第 8 章给出了航空发动机总体性能优化设计的几种典型范例。

本书的内容是本研究所多年来在航空发动机总体性能数值模拟及优化技术研究领域的研究成果的总结和凝练,可辅助国内航空发动机总体性能设计人员开展航空发动机总体性能建模、优化及软件设计研究。

第 2 章
航空发动机总体性能数值模拟方法

2.1 引　言

　　目前航空发动机总体性能数值模拟主要以基于部件级特性的准一维方法为主,即针对航空发动机各部件先分别建立部件计算模型,再根据发动机的具体构型、部件间的连接方式,确定各部件计算模型运算顺序,最后按照确定的运算顺序依次执行各部件计算模型,即可完成一次由发动机进口到出口的气动热力计算。如是发动机设计点性能计算,则只需要按确定的各部件运算顺序执行一次各部件计算模型即可;如是非设计点性能计算,则需要多次执行各部件计算模型,直至各部件计算模型结果符合各个部件间的匹配、耦合关系。

　　本章将首先介绍发动机部件级性能数值模拟方法,然后再基于部件级数值模拟方法分别介绍发动机稳态及过渡态性能数值模拟方法,最后给出了性能仿真结果范例。

2.1.1　航空发动机的主要类型

　　根据涵道个数的不同,可将常规的航空发动机分为涡轮喷气发动机和涡轮风扇发动机两种,一般简称为涡喷发动机和涡扇发动机。而根据轴数量的不同,涡喷发动机一般又有单轴涡喷发动机和双轴涡喷发动机两种,而涡扇发动机一般为双轴,也有三轴涡扇发动机的构型。对于涡扇发动机而言,根据其混合室的有无,可将其分为混排涡扇发动机和分排涡扇发动机两种。其中混排涡扇发动机的涵道比较小,一般为军用。而分排涡扇发动机的涵道比较大,一般为民用,目前民用飞机所采用的发动机构型一般为大涵道比涡扇发动机。图 2-1 至图 2-4 给出了本书中可能涉及的几种类型的发动机构型示意,其中图 2-1 为单轴涡喷发动机构型示意图,图 2-2 为混排涡扇发动机构型示意图,图 2-3 为分排涡扇发动机构型示意图,图 2-4 为变循环发动机构型示意图。

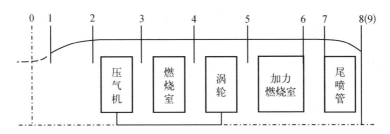

图 2 - 1　单轴涡喷发动机构型示意图

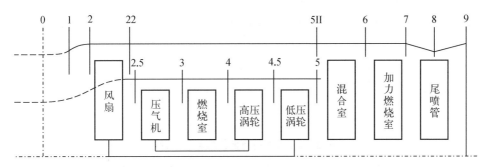

图 2 - 2　混排涡扇发动机构型示意图

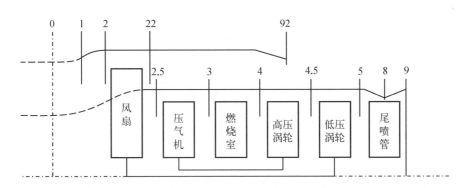

图 2 - 3　分排涡扇发动机构型示意图

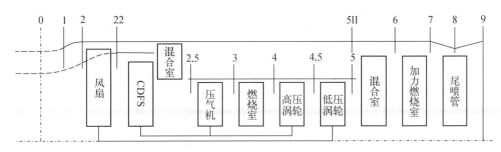

图 2 - 4　变循环发动机构型示意图

2.1.2　航空发动机的设计参数及性能参数

无论是在设计航空发动机的过程中,还是在最终校核航空发动机总体性能的时候,都需要关注航空发动机的各个设计参数及相应的性能参数。由于航空发动机具备多个不同的部件,因此本节分别对各个部件及发动机整机的设计参数和性能参数进行简要介绍。

1. 进气道

进气道是发动机最前端的第一个部件,是发动机内部气流的进口。对于航空发动机总体而言,其总压恢复系数、流量系数及进口流量是设计参数。而在发动机总体性能设计完毕后,需要开展部件级详细设计时,总压恢复系数、流量系数及进口流量则是部件设计的目标。而经过总体性能数值模拟后,可以获得进气道的进、出口气动热力参数及几何参数,这些参数则在部件级详细设计时作为部件设计的边界。表2-1中则给出了进气道数值模拟过程中相关的参数及其类型。

表2-1　进气道数值模拟相关参数

参　数　名	类　　型	备　　注
总压恢复系数	总体设计参数	部件设计目标
流量系数	总体设计参数	部件设计目标
进口流量	总体设计参数	部件设计目标
进出口气动参数	数值模拟结果	部件设计边界
进出口几何参数	数值模拟结果	部件设计边界

2. 风扇

风扇属于涡扇发动机的压缩部件,其出口气流会分为两股,两股气流分别为内涵气流和外涵气流。对于航空发动机总体而言,其涵道比、增压比、流量及效率是设计参数。而在发动机总体性能设计完毕后,需要开展部件级详细设计时,涵道比、增压比、流量及效率则是部件设计的目标。而经过总体性能数值模拟后,可以获得风扇的进口、内涵出口、外涵出口气动热力参数及几何参数,这些参数则在部件级详细设计时作为部件设计的边界。除了这些设计参数以外,在高性能涡扇发动机中,风扇进口导流叶片可调,因此还有风扇进口导流叶片角这一可调几何参数。在进行非设计点性能仿真时,该可调几何参数会作为部件级性能仿真模型的输入量。

表2-2中则给出了风扇数值模拟过程中相关的参数及其类型。

表 2 - 2　风扇数值模拟相关参数

参 数 名	类 型	备 注
涵道比	总体设计参数	部件设计目标
增压比	总体设计参数	部件设计目标
效率	总体设计参数	部件设计目标
流量	总体设计参数	部件设计目标
进口导流叶片角	可调几何参数	/
进出口气动参数	数值模拟结果	部件设计边界
进出口几何参数	数值模拟结果	部件设计边界

3. 压气机

压气机属于发动机的压缩部件,其出口气流只有一股。对于航空发动机总体而言,其增压比、流量及效率是设计参数。而在发动机总体性能设计完毕后,需要开展部件级详细设计时,增压比、流量及效率则是部件设计的目标。而经过总体性能数值模拟后,可以获得压气机的进、出口气动热力参数及几何参数,这些参数则在部件级详细设计时作为部件设计的边界。除了这些设计参数以外,在高性能发动机中,压气机进口导流叶片可调,因此还有压气机进口导流叶片角这一可调几何参数。在进行非设计点性能仿真时,该可调几何参数会作为部件级性能仿真模型的输入量。

表 2 - 3 中则给出了压气机数值模拟过程中相关的参数及其类型。

表 2 - 3　压气机数值模拟相关参数

参 数 名	类 型	备 注
增压比	总体设计参数	部件设计目标
效率	总体设计参数	部件设计目标
流量	总体设计参数	部件设计目标
进口导流叶片角	可调几何参数	/
进出口气动参数	数值模拟结果	部件设计边界
进出口几何参数	数值模拟结果	部件设计边界

4. 燃烧室

燃烧室是发动机能量的来源,其会对高压来流加入热量。对于航空发动机总体而言,其出口总温、燃烧效率和总压损失系数是设计参数。而在发动机总体性能设计完毕后,需要开展部件级详细设计时,出口总温、燃烧效率和总压损失系数则是部件设计的目标。而经过总体性能数值模拟后,可以获得燃烧室的燃油流量和进、出口气动热力参数及几何参数,这些参数则在部件级详细设计时作为部件设计的边界。

表 2-4 中则给出了燃烧室数值模拟过程中相关的参数及其类型。

表 2-4　燃烧室数值模拟相关参数

参 数 名	类 型	备 注
出口总温	总体设计参数	部件设计目标
燃烧效率	总体设计参数	部件设计目标
总压损失系数	总体设计参数	部件设计目标
燃油流量	数值模拟结果	部件设计边界
进出口气动参数	数值模拟结果	部件设计边界
进出口几何参数	数值模拟结果	部件设计边界

5. 涡轮

涡轮是吸收气流能量并驱动压缩部件的部件,其会从高温高压来流中汲取能量。对于航空发动机总体而言,其效率是设计参数。而在发动机总体性能设计完毕后,需要开展部件级详细设计时,效率则是部件设计的目标。经过总体性能数值模拟后,可以获得涡轮的进、出口气动热力参数及几何参数,还可以进一步获得落压比、流量等参数,这些参数则在部件级详细设计时作为部件设计的目标或边界。除了这些设计参数以外,在高性能发动机中,涡轮进口导向器可调,因此还有涡轮进口导向器面积这一可调几何参数。在进行非设计点性能仿真时,该可调几何参数会作为部件级性能仿真模型的输入量。

表 2-5 中则给出了涡轮数值模拟过程中相关的参数及其类型。

表 2-5　涡轮数值模拟相关参数

参 数 名	类 型	备 注
效率	总体设计参数	部件设计目标
落压比	数值模拟结果	部件设计目标

续 表

参 数 名	类 型	备 注
流量	数值模拟结果	部件设计目标
进口导流叶片角	可调几何参数	/
进出口气动参数	数值模拟结果	部件设计边界
进出口几何参数	数值模拟结果	部件设计边界

6. 混合室

混合室是将发动机不同涵道气流混合的部件,其一般用于混排涡扇发动机喷管进口处。对于航空发动机总体而言,其总压恢复系数是设计参数。而在发动机总体性能设计完毕后,需要开展部件级详细设计时,总压恢复系数则是部件设计的目标。经过总体性能数值模拟后,可以获得混合室的外涵进口、内涵进口、出口的气动热力参数及几何参数,这些参数则在部件级详细设计时作为部件设计的边界。除了这些设计参数以外,在高性能发动机中,混合室的两个进口几何可调,因此还有混合室内、外涵进口面积这两个可调几何参数。在进行非设计点性能仿真时,该可调几何参数会作为部件级性能仿真模型的输入量。

表 2 - 6 中则给出了混合室数值模拟过程中相关的参数及其类型。

表 2 - 6 混合室数值模拟相关参数

参 数 名	类 型	备 注
总压恢复系数	总体设计参数	部件设计目标
内涵进口面积	可调几何参数	/
外涵进口面积	可调几何参数	/
进出口气动参数	数值模拟结果	部件设计边界
进出口几何参数	数值模拟结果	部件设计边界

7. 尾喷管

尾喷管是发动机的出口部件,用于引导高压气流膨胀以产生推力。对于航空发动机总体而言,其流量系数和推力系数是设计参数。而在发动机总体性能设计完毕后,需要开展部件级详细设计时,流量系数和推力系数则是部件设计的目标。经过总体性能数值模拟后,可以获得尾喷管的进、出口的气动热力参数及几何参数,这些参数则在部件级详细设计时作为部件设计的边界。除了这些设计参数以外,在高性能发动机中,尾喷管的喉部截面面积可调,因此还有尾喷管喉部截面面积这个可调几何参数。在进行非设计点性能仿真时,该可调几何参数会作为部件级性能仿真模型的输入量。

表 2-7 中则给出了尾喷管数值模拟过程中相关的参数及其类型。

表 2-7　尾喷管数值模拟相关参数

参 数 名	类 型	备 注
总压恢复系数	总体设计参数	部件设计目标
推力系数	总体设计参数	部件设计目标
尾喷管喉部面积	可调几何参数	/
进出口气动参数	数值模拟结果	部件设计边界
进出口几何参数	数值模拟结果	部件设计边界

8. 发动机整机

发动机的整机主要设计参数及性能参数主要包含两部分,即各部件的参数及根据各部件参数计算得到的整机参数。对于发动机整机而言,一般其设计参数包括风扇涵道比及压比、压气机压比、燃烧室出口总温,而旋转部件的效率一般需要根据技术水平来选取。而发动机整机的控制参数则是转子转速,性能参数包括推力、耗油率等。

表 2-8 中则给出了发动机整机数值模拟过程中相关的参数及其类型。

表 2-8　发动机整机数值模拟相关参数

参 数 名	类 型	备 注
风扇涵道比	总体设计参数	部件设计目标
风扇压比	总体设计参数	部件设计目标
压气机压比	总体设计参数	部件设计目标
燃烧室出口总温	总体设计参数	部件设计目标
转子转速	可调几何参数	/
推力	数值模拟结果	/
耗油率	数值模拟结果	/

2.2　主要部件气动热力计算方法

2.2.1　进气道

发动机气动热力计算从发动机进气道开始,首先根据高度运用国际标准大气温度和压力计算方法计算大气环境的温度和压力,再根据马赫数、进气道总压恢复系数,运用式(2-1)和式(2-2)计算进气道出口的总温和总压。

$$P_{t2} = P_0 \left(1 + \frac{\gamma - 1}{2} Ma_0^2 \right)^{\gamma/\gamma-1} \sigma_{\text{inlet}} \qquad (2-1)$$

$$T_{t2} = T_0 \left(1 + \frac{\gamma - 1}{2} Ma_0^2 \right) \qquad (2-2)$$

2.2.2　压缩过程

当气流经过风扇、增压级、核心机驱动风扇级及高压压气机时,都会涉及相同的压缩过程,其计算方法类似,给定压缩部件的压比、等熵效率或者多变效率、进口流量、总温、总压、比湿度、油气比(对于压缩部件其值为零)。运用式(2-3)和式(2-4)计算压缩部件进口的比焓、比熵:

$$H_{in} = f(T_{tin}, f_{rin}, \psi_{in})_h \qquad (2-3)$$

$$S_{in} = f(T_{tin}, f_{rin}, \psi_{in})_s \qquad (2-4)$$

当给定等熵效率时,根据压比、进口比熵计算等熵压缩情况下的压缩部件出口比熵:

$$S_{out,s} = S_{in} + R\ln(\pi_c) \qquad (2-5)$$

由等熵压缩下的出口比熵计算此时的出口总温:

$$T_{tout,s} = f(S_{out,s}, f_{rout}, \psi_{out})_t \qquad (2-6)$$

由计算此时的出口比焓:

$$H_{out,s} = f(T_{tout,s}, f_{rout}, \psi_{out})_h \qquad (2-7)$$

由等熵效率计算实际的出口总焓:

$$H_{out} = H_{in} + (H_{out,s} - H_{in})/\eta_c \qquad (2-8)$$

由出口比焓及压比计算出口处实际的总温和总压:

$$T_{tout} = f(H_{out}, f_{rout}, \psi_{out})_h \qquad (2-9)$$

$$P_{out} = \pi_c P_{in} \tag{2-10}$$

当给定多变效率时,根据压比、进口比熵、多变效率计算压缩部件出口处实际的比熵:

$$S_{out} = S_{in} + R\ln(\pi_c)/e_c \tag{2-11}$$

由压缩部件出口处实际的比熵计算压缩部件出口处实际的总温:

$$T_{tout} = f(S_{out}, f_{rout}, \psi_{out})_t \tag{2-12}$$

由压比根据式(2-10)计算出口处实际的总压,根据式(2-12)计算得到的出口处实际的总温计算该状态下的比焓:

$$H_{out} = f(T_{tout}, f_{rout}, \psi_{out})_h \tag{2-13}$$

最后由流量、出口总温计算压缩过程所需要的功:

$$L_c = \dot{W}_{in}(H_{out} - H_{in}) \tag{2-14}$$

2.2.3 燃烧过程

在燃烧室中,空气与燃料混合点燃后进行化学反应产生热量,气体温度升高。计算时给定燃烧室效率、燃烧室出口总温、燃油热值,通过燃烧室能量平衡关系,可导出油气比与燃烧室进口比焓、燃烧室出口比焓、燃烧效率及燃油热值之间的关系式:

$$f_r = \frac{H_{out} - H_{in}}{\eta_b L_{cv} - H_{out}} \tag{2-15}$$

根据油气比计算燃油流量:

$$\dot{W}_f = \dot{W}_{in} f_b \tag{2-16}$$

而此时的燃烧室出口流量为燃油流量与进口空气流量之和:

$$\dot{W}_{out} = \dot{W}_{in} + \dot{W}_f \tag{2-17}$$

2.2.4 膨胀过程

膨胀做功过程主要发生在气流流经涡轮时,燃气推动涡轮转动做功,同时气流的总温与总压下降。当给定部件的压比、等熵效率或者多变效率、进口流量、总温、总压、比湿度、油气比时,计算过程为前文中压缩过程的逆过程,此处不再赘述。当给定涡轮进口的总温、总压,比湿度、油气比、等熵效率或者多变效率及气流流经涡轮时的比熵降时。由进口的总温计算进口的比焓:

$$H_{in} = f(T_{tin}, f_{rin}, \psi_{in})_h \qquad (2-18)$$

当给定等熵效率时,由进口的比焓和比焓降计算等熵膨胀后出口的比焓、出口的总温及出口的比熵:

$$H_{out,s} = H_{in} - \Delta H / \eta_t \qquad (2-19)$$

$$T_{tout,s} = f(H_{out}, f_{rout}, \psi_{out})_t \qquad (2-20)$$

$$S_{out,s} = f(T_{tout,s}, f_{rout}, \psi_{out})_s \qquad (2-21)$$

由进出口的比熵之差计算涡轮膨胀比:

$$\pi_t = \exp\left(\frac{S_{out,s} - S_{in}}{R}\right) \qquad (2-22)$$

由膨胀比计算出口的总压:

$$P_{tout} = P_{tin}\pi_t \qquad (2-23)$$

当给定多变效率时,由进口的比焓和比焓降计算实际状态下涡轮出口的比焓、出口的总温以及出口的比熵:

$$H_{out} = H_{in} - \Delta H \qquad (2-24)$$

$$T_{tout} = f(H_{out}, f_{rout}, \psi_{out})_t \qquad (2-25)$$

$$S_{out} = f(T_{tout}, f_{rout}, \psi_{out})_s \qquad (2-26)$$

由进出口的比熵差、多变效率计算涡轮膨胀比:

$$\pi_t = \exp\left(\frac{S_{out} - S_{in}}{e_t R}\right) \qquad (2-27)$$

再根据式(2-23)计算出口的总压。

2.2.5　混合掺混过程

在混合室中,由管道掺混理论计算混合室出口参数。其中,最重要的一点是必须保证混合室进口内外涵静压平衡。计算时给定外涵进口流量、总温、总压,比湿度、油气比及内涵进口流量、总温、总压、比湿度、油气比。由进口的总温计算进口的比焓:

$$H_{in\_sub} = f(T_{tin\_sub}, f_{rin\_sub}, \psi_{in\_sub})_h \qquad (2-28)$$

$$H_{in} = f(T_{tin}, f_{rin}, \psi_{in})_h \qquad (2-29)$$

根据流量守恒、能量守恒和动量守恒等条件可获得以下控制方程:

$$\dot{W}_{in\_sub} + \dot{W}_{in} = \dot{W}_{out} \qquad (2-30)$$

$$\dot{W}_{in\_sub} H_{in\_sub} + \dot{W}_{in} H_{in} = \dot{W}_{out} H_{out} \qquad (2-31)$$

$$\dot{W}_{in\_sub} V_{in\_sub} + P_{sin\_sub} A_{in\_sub} + \dot{W}_{in} V_{in} + P_{sin} A_{in} = I_{out} \qquad (2-32)$$

$$H_{out} = C_p T_{out} + V_{out}^2/2 \qquad (2-33)$$

$$I_{out} = W_{out} V_{out} + P_{sout} A_{out} \qquad (2-34)$$

$$\dot{W}_{out} = V_{out} A_{out} p_{sout}/R T_{sout} \qquad (2-35)$$

由式(2-28)、式(2-29)、式(2-30)确定混合室出口的,联立式(2-31)、式(2-32)、式(2-33)发现,方程左边项已知,而右边项只包含三个未知数,此三元非线性方程组封闭,通过迭代可求出速度、温度和压力。

由出口比焓计算得出口总温(其中与根据质量平均得到):

$$T_{tout} = f(H_{out}, f_{rout}, \psi_{out})_t \qquad (2-36)$$

由出口总温、静温及静压求出出口总压:

$$P_{tout} = P_{sout}(T_{tout}/T_{sout})^{\frac{\gamma}{\gamma-1}} \qquad (2-37)$$

2.2.6 喷管膨胀加速过程

气流流经喷管时,经过膨胀加速后进入大气环境。以收敛喷管为例,计算时给定进口流量、总温、总压、比湿度、油气比,环境压力及喷管的收缩角(图2-5)。

由进口的总温计算进口的比熵:

$$S_{in} = f(T_{tin}, f_r, \psi)_s \qquad (2-38)$$

由于气流经过喷管时的膨胀过程可看为绝能等熵膨胀过程,根据出口的总温、总压、进口的比熵、环境压力计算出口的静温:

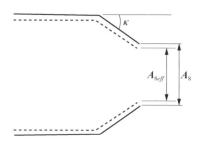

图2-5 喷管出口几何面积与有效面积的关系图

$$T_{sout} = f\{[f(T_{tout}, f_{rout}, \psi_{out})_s - R\ln(P_{tout}/P_0)], f_{rout}, \psi_{out}\}_s \qquad (2-39)$$

由喷管出口气流的比焓与单位质量流量动能之间的关系,可计算喷管出口处的气流速度:

$$V_{out} = \sqrt{2\left[H_{out} - f(T_{sout}, f_{rout}, \psi_{out})\right]} \qquad (2-40)$$

由喷管出口的气流速度、静温计算出口的气流马赫数：

$$Ma = V_{out}/\sqrt{\gamma R T_{sout}} \qquad (2-41)$$

当由式(2-41)计算得到的马赫数小于 1 时，此时喷管处于亚临界完全膨胀状态，由式(2-39)至式(2-41)所计算得到的气流参数为喷管出口的参数；当式(2-41)中的马赫数大于 1 时，此时喷管处于超临界欠膨胀状态，出口的马赫数为1.0，计算时通过迭代求解马赫数为 1.0 时，喷管出口的静温、静压。由喷管出口的流量、静温、静压和气流速度计算喷管出口的有效面积：

$$A_{8eff} = \frac{\dot{W}_{out} R T_{sout}}{P_{sout} V_{out}} \qquad (2-42)$$

喷管出口有效面积与喷管出口几何面积之间的关系为

$$A_8 = A_{8eff}/C_D \qquad (2-43)$$

式中，C_D 为喷管流量系数，其值与喷管的落压比、喷管的收缩角存在函数关系(图 2-6)。在给定喷管的落压比和喷管的收缩角情况下，可通过插值计算得到喷管的流量系数 C_D。

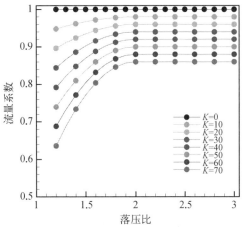

图 2-6　喷管不同收缩角下落压比与流量系数的关系

2.2.7　气流引出过程

气流的引出过程主要发生在冷却气流从压气机引出时，此时主要计算压气机引出气流截面的相关参数(如引出流量、总温、总压、总焓)。在计算压气机气流引出截面的参数时，对压气机各级截面参数的计算方法有两种方法：一种为压比均分法，该方法假设压气机各级的压比相等；另一种方法为功率均分法，该方法假设压气机每一级对气流所做的功都是相等的。

采用压比均分法时，给定压气机的增压比，等熵效率或者多变效率，压气机的级数、进口流量、相对引气量、总温、总压。由压气机的增压比，根据压比均分原则求取压气机的单级压比：

$$\pi_i = \sqrt[n]{\pi_c} \qquad (2-44)$$

假设气流在压气机第 i 级引出,则引气截面处的压比可表示为

$$\pi_{ext} = (\sqrt[n]{\pi_c})^i \qquad (2-45)$$

此时可将压气机进口到引气截面作为一个压缩系统,根据气流压缩过程即可计算引气截面处的总温、总压、比焓。采用功率均分法时,给定压气机的增压比,等熵效率或者多变效率,压气机的级数、进口的流量、相对引气量、进口的总温、进口的总压,进口的比焓。根据气流压缩过程计算压气机出口处的比焓,由出口与进口的比焓差及压气机的级数计算单位质量气流经过每一级压气机压缩后的比焓增量:

$$\Delta H_i = \frac{(H_{out} - H_{in})}{n} \qquad (2-46)$$

假设气流在压气机第 i 级引出,则引气截面处的比焓可表示为

$$H_{ext} = H_{in} + i\Delta H_i \qquad (2-47)$$

由第 i 级的比焓计算压气机引气截面处的总温,根据总温计算引气截面处的熵。当给定压气机的等熵效率时,由进口的总温、引气截面处的总温计算引气截面处的压比:

$$\pi_{ext} = [\eta_c(T_{text}/T_{tin} - 1) + 1]^{\gamma/\gamma-1} \qquad (2-48)$$

当给定压气机多变效率时,由进口熵、引气截面处的熵计算引气截面处的压比:

$$\pi_{ext} = \exp\left(\frac{S_{ext} - S_{in}}{e_c R}\right) \qquad (2-49)$$

由进口总压、引气截面处的压比计算引气截面处的总压:

$$P_{text} = \pi_{ext} P_{tin} \qquad (2-50)$$

当部分气流在压气机的某一级引出后,压气机所需要的功率相对于没有引气时的功率会发生变化,其计算方法为

$$L_c = (\dot{W}_{in} - \xi\dot{W}_{in})(H_{out} - H_{in}) + \xi\dot{W}_{in}(H_{ext} - H_{in}) \qquad (2-51)$$

2.2.8 气流引入过程

发动机涡轮导向器和转子的冷却都会有冷热气流的掺混过程。该过程主要涉及主流与冷却气流流量的叠加,主流与冷却气流焓、油气比、比湿度的掺混。气流

掺混后的参数计算过程如下：

$$H_{mix} = (\dot{W}_{main} H_{main} + \dot{W}_{enter} H_{enter}) / (\dot{W}_{main} + \dot{W}_{enter}) \tag{2-52}$$

$$f_{mix} = \frac{\dot{W}_{main}(f_{enter} + \psi_{enter} + 1)f_{main} + \dot{W}_{enter}(f_{main} + \psi_{main} + 1)f_{enter}}{\dot{W}_{main}(f_{enter} + \psi_{enter} + 1) + \dot{W}_{enter}(f_{main} + \psi_{main} + 1)} \tag{2-53}$$

$$\psi_{mix} = \frac{\dot{W}_{main}(f_{enter} + \psi_{enter} + 1)\psi_{main} + \dot{W}_{enter}(f_{main} + \psi_{main} + 1)\psi_{enter}}{\dot{W}_{main}(f_{enter} + \psi_{enter} + 1) + \dot{W}_{enter}(f_{main} + \psi_{main} + 1)} \tag{2-54}$$

$$T_{mix} = f(H_{mix}, f_{mix}, \psi_{mix})_t \tag{2-55}$$

$$\dot{W}_{mix} = \dot{W}_{main} + \dot{W}_{enter} \tag{2-56}$$

2.3　变几何部件计算方法

与常规类型的航空发动机相比，具有先进结构布局的变循环发动机、自适应循环发动机及涡轮基组合发动机等，由于工作模式多、可调部件多、调节范围宽等特点，使得这类发动机通常含有多个可变几何部件，变几何风扇、变几何涡轮、模态选择阀（mode select valve，MSV）、核心机驱动风扇级（core driven fan stage，CDFS）、前涵道引射器（forward variable area bypass injector，FVABI）、后涵道引射器（rear variable area bypass injector，RVABI）等。对此类发动机开展总体性能计算，还需要先建立能够反映这些变几何特征的部件级计算模型。

由于采用的加力/冲压燃烧室的计算模型与常规加力燃烧室一致，因此本书将主要介绍变几何特征部件的建模方法，并将进气道和尾喷管的计算模型作为发动机安装性能仿真方法的一部分进行介绍，而其他部件的建模方法可参考相关文献。

目前广泛应用的涡轮发动机部件计算模型仍属于零维级别，大体上可分为两类：一是基于质量连续、能量守恒、动量守恒方程进行求解，适用于涵道、混合室等结构较为简单的部件类型；二是以特性图形式表达，适用于压气机、燃烧室、涡轮等物理过程较复杂的部件。对于第一类部件模型，较为容易考虑变几何调节的影响，例如可变面积涵道引射器属于内外涵进口面积可调的混合室，但在某些情况下，零维假设可能导致无法接受的仿真误差，此时可引入基于试验或 CFD 数值模拟得到的特性对基本模型修正或者完全替代零维模型。对于第二类部件模型，可通过多张特性图或特性图修正两种方式考虑变几何调节对部件特性的影响，一般分别适用于大范围和小范围的变几何调节。基于以上思路，本节介绍的变几何部件的计算模型，包括模态选择阀、变几何压气机、CDFS、变几何涡轮、涵道引射器等。最后,针对宽工况风扇、压气机等部件特性图插值问题,讨论了部件特性图插值方法。

2.3.1　模态选择阀

在发动机稳定工作状态下,模态选择阀具有关闭和打开两个位置,分别对应发动机的单外涵和双外涵工作模态。模态选择阀具有主动和被动两种控制模式,本书重点针对主动控制式模态选择阀进行研究。在发动机仿真模型中,模态选择阀由一个"分流器"部件模型代表。

模态转换期间,模态选择阀打开或关闭的过程中,流道突扩将导致气流的局部机械能损失,如图2-7所示。一方面,拐角处出现了回流区,由于流体微团相互之间的摩擦作用,一部分机械能不可逆地转换为热能,在流动过程中,不断地有微团被主流带走,同时也有微团补充到拐角区,必然产生流体撞击、摩擦和质量交换,从而消耗一部分机械能;另一方面,在回流区之后,流速沿管路径向分布不均,存在流体的相对运动,导致流体的进一步撞击和摩擦,产生机械能损失(王新月,2006)。

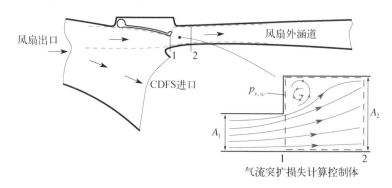

图2-7　模态选择阀打开或关闭过程产生的气流突扩损失

以总压参数表示流道突扩导致的机械能损失,局部总压损失 $\Delta p_{t,\,\mathrm{SE}}$ 可表示为式(2-57)所示形式,相应的局部总压损失系数 σ_{SE} 可表示为式(2-58)形式(王新月,2006)。

$$\Delta p_{t,\,\mathrm{SE}} = p_{t,\,1} - p_{t,\,2} = \zeta \times \frac{\rho_1 V_1^2}{2} \tag{2-57}$$

$$\sigma_{\mathrm{SE}} = \frac{\Delta p_{t,\,\mathrm{SE}}}{p_{t,\,1}} = \zeta \times \frac{kMa_1^2}{2} \times \left(1 - \frac{k-1}{2}Ma_1^2\right)^{-\frac{k}{k-1}} \tag{2-58}$$

式中,ζ 为是一个代表局部损失的无量纲数,其大小与流道突扩结构形式有关,一般情况下由试验确定;$p_{t,\,1}$、ρ_1、V_1 和 Ma_1 为突扩前的气流总压、密度、流速及马赫数；$p_{t,2}$ 为突扩后的气流总压；k 为气体比热比。

若将模态选择阀处的突扩流道简化为图 2-7 右下方所示形状，根据文献（王新月，2006），可联立质量连续、能量守恒、动量守恒方程推导 ζ 的表达式，如式（2-59）所示。

$$\zeta = \left(1 - \frac{A_1}{A_2}\right)^2 \qquad (2-59)$$

式中，A_1 和 A_2 分别为突扩前后的管道流通面积，如图 2-7 所示。

由上述理论推导结果可知，突扩损失主要与突扩面积比和流速有关。西北工业大学的周红（2016）和贾琳渊（2017）均采用上述方法建立了模态选择阀的突扩损失计算模型。但需要注意的是，在推导式（2-59）时应用了不可压假设，即突扩前后流体密度不变。当模态选择阀气流马赫数较大时，基于上述方法得到的总压损失可能与实际值偏差较大。为此，本书提出在发动机性能仿真模型中通过直接求解质量连续、能量守恒及动量守恒等方程确定模态选择阀流道突扩后的气流参数。具体地，针对图 2-7 右下方所示的流道突扩形式及控制体，可建立式（2-60）至式（2-65）所示的 6 个控制方程，其中在建立动量方程时，忽略壁面摩擦力，并假设壁面静压 p_w 等于突扩前的气流静压 p_1。突扩前（截面 1）的参数均已知，通过迭代求解突扩后的气流速度 V_2、静温 T_2、密度 ρ_2、马赫数 Ma_2、静压 p_2 以及总压 $p_{t,2}$ 等 6 个未知参数的数值。假设 $k = 1.4$，可求解出突扩总压损失系数 σ_{SE} 随突扩前气流马赫数 Ma_1 和突扩面积比 A_1/A_2 的变化规律，如图 2-8 所示。由图可知，当 A_1/A_2 较小和 Ma_1 较大时，突扩造成的总压损失非常大，例如，对于 $A_1/A_2 = 0.1$ 和 $Ma_1 > 0.8$，总压损失高达 30% 以上。

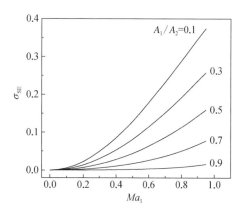

图 2-8　考虑气流可压缩性的突扩损失变化规律

连续方程：
$$\rho_1 V_1 A_1 = \rho_2 V_2 A_2 \qquad (2-60)$$

能量方程：
$$c_p T_1 + \frac{V_1^2}{2} = c_p T_2 + \frac{V_2^2}{2} \qquad (2-61)$$

动量方程：
$$p_1 A_1 + p_w(A_2 - A_1) - p_2 A_2 = \rho_1 V_1 A_1 (V_2 - V_1) \qquad (2-62)$$

气体状态方程：
$$p_2 = \rho_2 R_g T_2 \qquad (2-63)$$

马赫数定义：
$$Ma_2 = \frac{V_2}{\sqrt{kR_g T_2}} \qquad (2-64)$$

总压与静压的关系式：$p_{t,2} = p_2 \left(1 + \frac{k-1}{2}Ma_2^2\right)^{\frac{k}{k-1}}$ $\qquad (2-65)$

式中，c_p 为定压比热容；R_g 为气体常数。

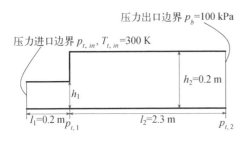

$$\sigma_{SE} = \frac{p_{t,1} - p_{t,2} - \Delta p_{t,f}}{p_{t,1}}, \quad \left(\frac{\Delta p_{t,f}}{p_t}\right)_{1m} = 0.012\,62 \times Ma^2$$

图 2 - 9 CFD 模拟的突扩流道几何构型及边界条件

为了验证突扩损失计算模型的准确性，本书建立了突扩流道的 2 维 CFD 模型，其几何构型及边界条件如图 2 - 9 所示，使用 FLUENT 软件求解流场，采用 SST $k - \omega$ 湍流模型。通过调节进口总压 $p_{t,in}$ 和突扩前流道高度 h_1，得到突扩前气流马赫数和突扩面积比对突扩总压损失的影响规律。其中，以质量平均方式计算不同截面上的总压和气流马赫数的平均值，由图 2 - 9 下方所示公式计算突扩总压损失系数 σ_{SE}，式中 $\Delta p_{t,f}$ 为壁面摩擦造成的总压损失，其大小与气流马赫数的平方基本呈线性关系。以 $A_1/A_2 = 0.3$（即 $h_1 = 0.06$ m）为例，图 2 - 10 给出了突扩损失两种计算模型［一种由基于不可压假设的式（2 - 58）求解，称为模型 A，另一种由考虑气流可压缩性的式（2 - 60）至式（2 - 65）联立求解，称为模型 B］与 CFD 的结果对比。图 2 - 11 给出了进口总压 $p_{t,in} = 140$ kPa 条件下的突扩流道速度云图及总压恢复系数和气流马赫数沿流道的变化规律。对于突扩总压损失系数，模型 B 得出的计算结果与 CFD 结果一致，但由于模型 B 假设气流在出口截面速度均匀（即突扩产生的低速流与主流已完全掺混），而所建立的 CFD 几何模型长度有限，在出口截面仍存在速度差，如图 2 - 11 所示，所以 CFD 结果未能得到完整的突扩总压损失，即略小于模型 B 的计算结果；而模型 A 的计算结果在进口气流马赫数 Ma_1 较低时与 CFD 结果基本一致，但随着 Ma_1 的增加，两者的偏差越来越大。由于 CFD 模型出口截面低速流与主流未完全掺混及壁面摩擦的影响，导致由 CFD 结果得出的突扩后气流马赫数 Ma_2 高于模型 A 和 B 的计算结果。对于其他面积比，可得出类似的结果。综上所述，由于发动机总体性能仿真主要关注气流总压损失，所以本书提出的模态选择阀突扩损失计算模型的准确性可以满足变循环涡扇冲压组合发动机性能仿真的需求。

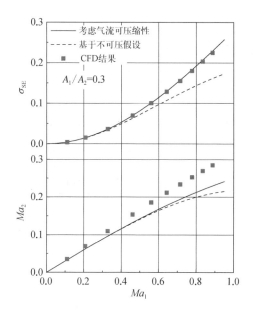

图 2 - 10　基于不同方法的突扩损失
计算结果对比

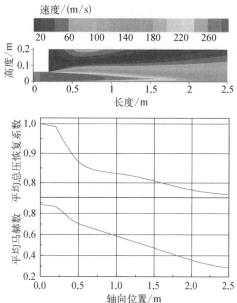

图 2 - 11　突扩流道速度云图及总压恢复系数
和马赫数沿流道的变化规律
($p_{t, in} = 140\ kPa$, $A_1/A_2 = 0.3$)

由上述分析可知,当模态选择阀气流马赫数较大和阀门面积较小时,将在风扇外涵道产生较大的气流总压损失。因此,在设计模态转换变几何调节规律时,一方面,需降低风扇外涵道出口背压,避免 CDFS 外涵出口气流经风扇外涵回流;另一方面,为防止模态选择阀气流马赫数过高,应限制风扇外涵道出口背压最小值,并且在保证发动机稳定工作的条件下尽快打开模态选择阀,以降低气流突扩损失的不利影响。

2.3.2　变几何风扇

风扇进口导向器和静子叶片的角度一般随风扇换算转速变化,因此可以用单张特性图表示风扇特性,即不同的等换算转速特性线可对应不同的角度。对于本书研究的变循环涡扇冲压组合发动机,以 GE 公司提出的 RTA 概念为例,采用了进/出口导向器均可调的单级风扇,其出口导向器可理解为静子叶片。NASA 格林研究中心通过试验获取了 RTA 单级风扇的特性(Suder et al., 2010),如图 2 - 12 (a)所示。在该风扇特性中,15% ~ 50%等换算转速特性线和对应的出口导向器(OGV)角度为 10°,60% ~ 100%等换算转速特性线对应的 OGV 角度为 0°,即设计点位置。此外,在压比-换算流量特性图中还包含了 GE 公司发动机性能仿真程序得出的风扇共同工作线。

本书计算变循环涡扇冲压组合发动机特性时,采用了上述 RTA 风扇特性图。在使用前需作以下处理:利用压气机特性处理软件 Smooth C(Kurzke, 1996)使得等转速线上的数据点分布均匀;其次,采用旋转部件低转速特性拓展方法,补充原特性缺失的低转速效率数据。处理后的风扇特性如图 2 - 12(b)所示。

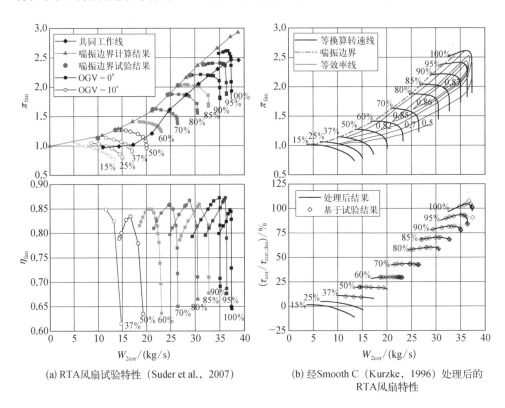

(a) RTA 风扇试验特性 (Suder et al., 2007)

(b) 经Smooth C (Kurzke, 1996) 处理后的 RTA风扇特性

图 2 - 12 RTA 风扇部件特性图

2.3.3 变几何高压压气机

通过调节高压压气机进口导向器和静子叶片的安装角,可提高压气机非设计点喘振裕度和效率,扩展压气机工作范围(Roy-Aikins, 1988)。一般情况下,压气机变几何调节规律与压气机换算转速相关联,此时可参考前文介绍的风扇变几何特性表示方法,用单张特性图表示变几何高压压气机特性。针对本书研究对象,压气机变几何调节规律还有可能与发动机工作模式、CDFS 导叶角度等其他变量相关,例如,在压气机具有足够喘振裕度的前提下,可以通过调节压气机进口导向器角度改变压气机流量,实现更宽的发动机涵道比变化范围。为此,需建立考虑变几何调节影响的压气机特性计算方法。

在发动机总体性能仿真中,特性修正系数和多角度特性图是目前应用较多的两种压气机变几何特性表达形式。在发动机概念研究和总体方案设计阶段,由于压气机详细几何参数未知,可沿用已有的特性修正系数或者缩放已有的多角度特性图,或者根据压气机一维或二维初步设计与特性计算程序,建立多角度特性图。在发动机设计定型后,可通过部件试验或者高维 CFD 方法获取高精度的压气机多角度特性图。下面分别简要介绍特性修正系数和多角度特性图的使用方法。

德国的 Kurzke 在其开发的 Gasturb 软件中采用了一种基于修正系数的压气机导叶调节特性计算方法(Kurzke, 2017),如式(2-66)所示。该方法参考了针对重型工业燃气轮机的压气机导叶调节试验结果(Savic et al., 2005)。以导叶调节对换算流量的影响为例,换算流量变化量与导叶角度调节量的线性关系只有在后者较小时才近似成立,当导叶角度调节范围较大时,线性假设将造成过大误差。另外,在发动机初步方案设计阶段,上述修正系数不易估计。

$$
\begin{cases}
W_{\mathrm{cor},\,\theta} = (1 + C_W \times \theta) \times W_{\mathrm{cor},\,\theta=0} \\
\pi_\theta = (1 + C_\pi \times \theta) \times (\pi_{\theta=0} - 1) + 1 \\
\eta_\theta = (1 - C_\eta \times \theta^2) \times \eta_{\theta=0}
\end{cases}
\tag{2-66}
$$

式中,$W_{\mathrm{cor},\,\theta=0}$、$\pi_{\theta=0}$ 和 $\eta_{\theta=0}$ 分别代表压气机设计状态(假设导叶角度为零)下的换算流量、压比和效率;$W_{\mathrm{cor},\,\theta}$、$\pi_\theta$ 和 η_θ 分别代表压气机相同换算转速下导叶角度为 θ 时的换算流量、压比和效率;C_W、C_π 和 C_η 分别代表换算流量、压比和效率的修正系数,均为常数。

瑞典 Chalmers 理工大学的 Grönstedt 在模拟变循环发动机性能时采用了另一种基于修正系数的压气机导叶调节特性计算方法(Grönstedt, 2000),如式(2-67)所示。其中,换算流量、压比和效率的修正系数随导叶角度变化,如图 2-13 所示。需要指出的是,该修正系数特性是针对特定压气机并基于压气机一维级叠加特性计算方法得到的结果(Muir et al., 1989)。

$$
\begin{cases}
W_{\mathrm{cor},\,\theta} = f_W(\theta) \times W_{\mathrm{cor},\,\theta=0} \\
\pi_\theta = f_\pi(\theta) \times \pi_{\theta=0} \\
\eta_\theta = f_\eta(\theta) \times \eta_{\theta=0}
\end{cases}
\tag{2-67}
$$

式中,$f_W(\theta)$、$f_\pi(\theta)$ 和 $f_\eta(\theta)$ 分别代表与角度相关的换算流量、压比和效率的修正系数。

一维中径级叠加法是目前被广泛采用的一种变几何压气机特性计算方法,可以直接考虑进口导向器和静子叶片安装角调节(或者间接改变转子叶片进口绝对气流角)的影响,并且根据单级特性的计算方式,主要分为 2 种:一种主要基于各类损失模型和落后角模型分别计算单级转子和静子的气流参数变化(Kim et al., 2015a; Kim et al., 2015b; Koch et al., 1976),例如做功量和总压损失;另一种主

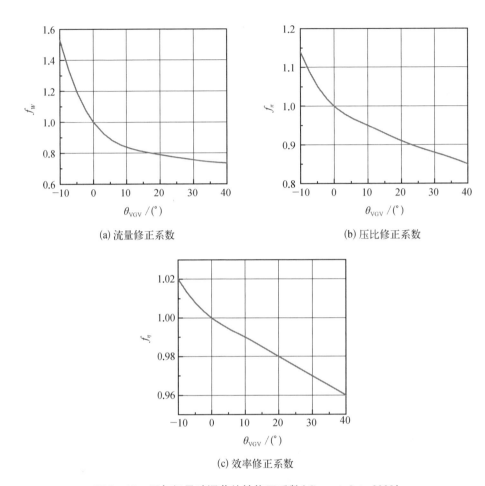

(a) 流量修正系数　　　　　　　　　　(b) 压比修正系数

(c) 效率修正系数

图 2 - 13　压气机导叶调节特性修正系数(Gronstedet, 2000)

要采用由流量系数、压力系数、效率等相似参数表示的通用级特性(宋文艳 等,
2004;Benini et al. , 2002; Song et al. , 2001; Muir et al. , 1989; Steinke, 1982;
Howell et al. , 1978)。在参考文献(Muir et al. , 1989; Steinke, 1982)的基础上,本
书研究了基于通用级特性的一维中径级叠加法,并采用 3 种不同设计压比压气机
的试验结果对该方法进行了验证。

　　压气机级特性一般由流量系数、压力系数(或温度系数)、效率等 3 个无量纲相
似参数表示,这些参数的定义如式(2 - 68)至式(2 - 71)所示。由上述参数表示的
不同转速下的级特性曲线非常接近(Howell et al. , 1950)。通用级特性是指多级
压气机不同转速、不同级的级特性均由同一组级特性曲线近似表示。在实际使用
时,若要考虑转速变化和级数不同的影响,可在通用级特性曲线的基础上进行相关
修正。图 2 - 14 给出了一种通用级特性表示形式,其中,参考点(下角标"ref")为
级最大效率工作点,一般默认为压气机设计点。

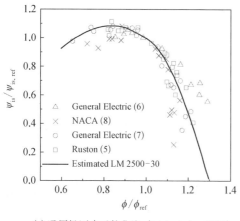

(a) 通用级压力系数曲线（Muir et al., 1989）

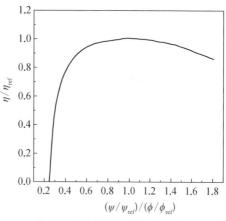

(b) 通用级效率曲线（Howell et al., 1950）

图 2-14 压气机通用级特性

流量系数：

$$\phi = \frac{V_a}{U} \qquad (2-68)$$

温度系数（功系数）：

$$\psi = \frac{c_p \Delta T_{t,s}}{U^2} \qquad (2-69)$$

压力系数：

$$\psi_{is} = \frac{c_p T_{t,s} \left[\pi_s^{(k-1)/k} - 1 \right]}{U^2} \qquad (2-70)$$

等熵效率：

$$\eta = \frac{\psi_{is}}{\psi} \qquad (2-71)$$

式中，V_a 为级进口轴向速度；U 为转子叶片周向速度；π_s 为级增压比；$T_{t,s}$ 为级进口气流总温；$\Delta T_{t,s}$ 为级总温升；c_p 为定压比热容；k 为比热比。

根据文献（Steinke，1982）给出的多级轴流压气机中径级叠加方法和程序，将每一级的计算站设置在转子进出口截面，如图 2-15 所示。每一级转子叶片进/出口叶根和叶尖处的半径为输入参数，根据两侧流通面积相等的条件确定中径。其他输入参数还包括：压气机通用级特性、压气机进口总温总压、压气机设计点的空气流量、物理转速（或第一级转子叶尖速度）、每一级转子进口绝对气流角、级压比分配和级效率。根据中径级叠加法计算压气机特性的基本过程如下：首先，从压气机进口逐级计算压气机设计点每一级转子中径进出口的速度三角形，如图 2-16 所示，并且确定通用级特性参考点所需的无量纲相似参数（ϕ，ψ_{is}，η）的数值；其次，基于通用级特性和每一级的参考点，计算每一级的级特性，$\psi_{is} = f(\phi)$ 和 $\eta = f(\phi)$，此过程可考虑不同转速和导叶调节对级特性的影响;最后,通过逐级计算得出不同转速不同进口流量下的压气机出口参数,得到多级压气机特性。

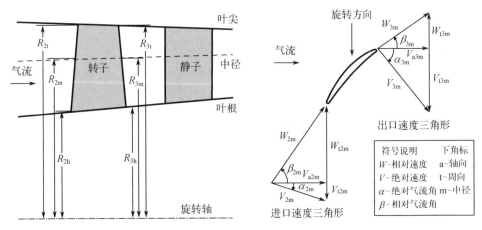

图 2-15 压气机一维中径分析采用的单级几何参数

图 2-16 压气机转子中径进出口速度三角形示意图

图 2-17 给出了转速低于设计值后的级特性修正效果。由图可知,当转速低于设计值,压气机级压力系数降低,级特性曲线流量系数范围扩大。转速变化后级流量系数和压力系数的具体修正方法请参考文献(Steinke, 1982)。通过与压气机试验特性的对比表明,对于是否进行压力系数修正及修正量的选择,不同的压气机往往存在不同的选择;对于流量系数修正,存在类似的情况。因此,在本书后续计算中,当转速低于设计值时,根据具体问题决定是否采用压力系数修正和流量系数修正。

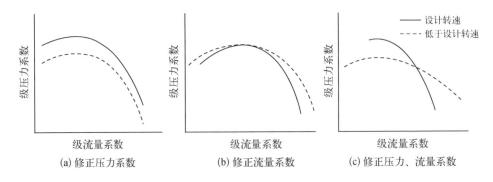

图 2-17 转速低于设计值后的级特性曲线修正示意图(Steinke, 1982)

根据文献(Song et al., 2001)提供的方法考虑压气机导叶或静子角度调节对级流量系数和压力系数的影响,并假设级效率不变,具体过程如下:首先,根据式

(2-72)确定导叶角度(等价于转子进口绝对气流角 α_2)调节后的级流量系数;其次,假设转子出口相对气流角和级效率仅取决于转子攻角,通过分析转子的进出口速度三角形可推导出式(2-73),即级压力系数与流量系数之比为常数,由此可计算出导叶角度调节后的级压力系数。

$$d\left(\frac{1}{\phi}\right) = d(\tan \alpha_2) \tag{2-72}$$

$$\frac{\psi_{is}}{\phi} = 常数 \tag{2-73}$$

式中,ψ_{is} 为级压力系数;ϕ 为级流量系数;α_2 为导叶角度。

为说明上述中径级叠加法用于估算导叶可调压气机特性时的准确性,我们从 NASA 技术报告中选取了 3 种具有详细设计参数和特性试验结果的压气机进行了算例验证,其主要设计参数如表 2-9 所示。

表 2-9　用于验证中径级叠加法准确性的 3 种类型压气机及其主要设计参数

来　源	级数	流量/(kg/s)	总增压比	等熵效率	转速/(r/min)	导叶调节
NASA 某 2 级风扇(Urasek et al., 1979)	2	33.248	2.471	0.846	16 042.8	无
NASA 74A 5 级高压压气机的前 3 级(Steinke, 1986)	3	32.41	4.474	0.799	16 042.3	IGV + 3 级静子
GE 公司 E^3 发动机高压压气机的前 6 级(Cline et al., 1983; Holloway et al., 1982)	6	54.4	9.83	0.878	12 303	IGV + 5 级静子

针对 NASA 某 2 级风扇特性,图 2-18 给出了压比-换算流量特性和等熵效率-换算流量特性计算结果与试验结果的对比。根据通用级特性形状因子 SF(Spina, 2002)[定义如式(2-74)所示]大小和是否考虑非设计转速下压力系数修正,对比了 3 种设置下的中径级叠加法计算结果。"设置 1"形状因子 SF = - 0.25,考虑了与转速变化相关的压力系数修正,并在原有修正量的基础上乘以系数 $(1 - n_{cor, rel})$。"设置 2"和"设置 3"均基于原始通用级特性,即 SF = 0,两者区别在于前者考虑了与转速变化相关的压力系数修正。由图可知,中径级叠加法计算结果总体上与试验结果符合,可以满足发动机总体方案初步设计阶段对压气机特性的精度要求。此外,可通过调整通用级特性的形状因子和非设计转速压力系数的修正量进一步提高计算结果与已有试验特性的匹配度。

$$\phi_{new} = \phi_{old} + (\phi_{old} - 1) \times SF \qquad (2-74)$$

式中,SF 为级特性修正采用的形状因子;ϕ_{old} 和 ϕ_{new} 分别为修正前后的级流量系数。

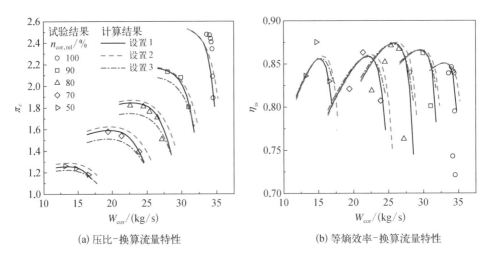

(a) 压比-换算流量特性   (b) 等熵效率-换算流量特性

图 2-18　NASA 某 2 级风扇特性(Urasek et al.,1979)中径级叠加法计算结果与试验结果对比

针对 NASA 74A 压气机的前 3 级特性,图 2-19 给出了导叶角度调节前后压比-换算流量特性的计算结果与试验结果的对比。计算结果基于原始通用级特性,考虑了与转速变化相关的流量系数修正。导叶调节前,进口导向器(IGV)和 3 级静子(S1-S3)的角度均设置为 0°;导叶调节后,IGV 角度设置为 15°,S1-S3 的角

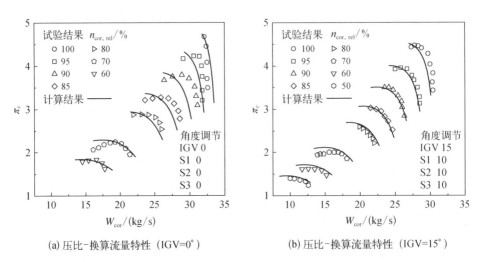

(a) 压比-换算流量特性 (IGV=0°)   (b) 压比-换算流量特性 (IGV=15°)

图 2-19　NASA 74A 5 级高压压气机前 3 级特性(Steinke,1986)中径级叠加法计算结果与试验结果对比

度均设置为 10°。由图可知,除导叶调节前 90% 换算转速附近的计算结果与试验结果偏差较大外,其他基本一致,特别是导叶调节后特性计算结果与试验结果符合较好,说明本书采用的中径级叠加法及导叶调节处理能够合理预测导叶调节对压气机特性的影响。

针对 E^3 发动机高压压气机的前 6 级特性,图 2-20 给出了压比-换算流量特性的计算结果与试验结果的对比及进口导叶和前 5 级静子的角度调节规律。计算结果基于原始通用级特性,考虑了与转速变化相关的流量系数修正和压力系数修正。由图可知,除低转速换算流量计算结果偏大外,中径级叠加法计算结果总体上与试验结果符合较好。

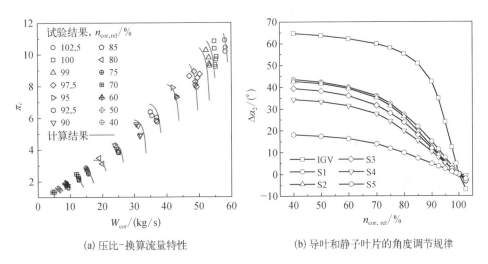

(a) 压比-换算流量特性   (b) 导叶和静子叶片的角度调节规律

图 2-20 E^3 发动机高压压气机前 6 级特性(Cline et al. , 1983; Holloway et al. , 1982)中径级叠加法计算结果与试验结果的对比

对于发动机性能仿真程序采用的变几何压气机多角度特性图,首先由中径级叠加法生成,然后由特性图后处理程序扩展特性图范围并符合数据格式要求。压气机多角度特性图的一般表达形式如式(2-75)所示,即在原特性表达的基础上增加一个新的插值变量——导叶角度 α_{IGV}。

$$
\begin{cases}
\pi_c = f(W_{cor}, n_{cor, rel}, \alpha_{IGV}) \\
\eta_{is} = f(W_{cor}, n_{cor, rel}, \alpha_{IGV})
\end{cases}
\tag{2-75}
$$

综上所述,本书采用的中径级叠加法能较为准确地预测压气机特性及导叶调节对压气机特性的影响,基本满足发动机总体方案设计阶段对变几何压气机特性计算精度的要求。此外,该方法还可以计算级间引气对压气机特性的影响。在后续研究中,建议进一步发展压气机一维设计方法及压气机喘振点和堵塞点的预测方法,建立压气机级特性数据库,形成完整的压气机初步设计和特性预测方法。

2.3.4　核心机驱动风扇级

核心机驱动风扇级(CDFS)的主要功能是通过导叶角度的大范围调节实现对其增压比和流量的控制,满足变循环发动机不同工况涵道比大范围调节的需求。目前,存在无分流环和有分流环 2 种构型 CDFS。无分流环 CDFS 的结构相对简单。有分流环 CDFS 的结构示意图如图 2 - 21 所示,分流环实现了内外涵气流的物理隔离,并且通过内外涵进口导向器角度的分别调节能实现 CDFS 内外涵增压比的独立调节(Tai et al. , 2005)。与无分流环构型相比,有分流环构型的主要优点是在降低 CDFS 外涵压比(例如双外涵模式)的同时能保持内涵的增压比和核心机空气流量不变,充分发挥 CDFS 内涵转子的增压作用;同时,为避免 CDFS 叶根部分发生喘振,除了调节导叶的措施外,还可能采用 CDFS 叶根放气阀结构。

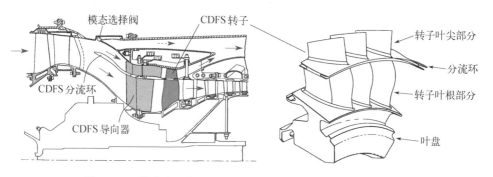

图 2 - 21　带分流环的 CDFS 结构示意图(Busbey et al. , 1999)

对于无分流环构型,CDFS 可由一个变几何压气机部件模型表示。对于有分流环构型,CDFS 内侧(叶根部分)和高压压气机(HPC)可由一个变几何压气机部件模型表示,前者可看作核心机压气机的第 1 级,而 CDFS 外侧(叶尖部分)同样由一个变几何压气机部件模型表示;若存在叶根放气阀,则 CDFS 内侧单独由一个变几何压气机部件模型表示。不同构型 CDFS 的计算模型示意图如图 2 - 22所示。

在 NASA 超声速巡航飞机研究(SCAR)计划内,GE 公司开展了变循环发动机分布式风扇设计研究(Sullivan et al. , 1979),基于一维级叠加方法计算了导叶角度分别为 0°、15°、30°和 45°时的 CDFS 部件特性图,如图 2 - 23 所示。本书中,无论是无分流环的 CDFS 还是有分流环 CDFS 的叶根和叶尖部分,其特性均由上述多角度特性图(经设计点缩放后)表示,导叶角度为调节变量。

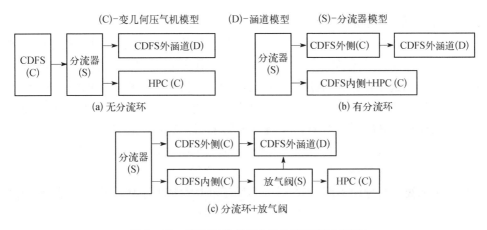

图 2-22　不同构型 CDFS 的计算模型示意图

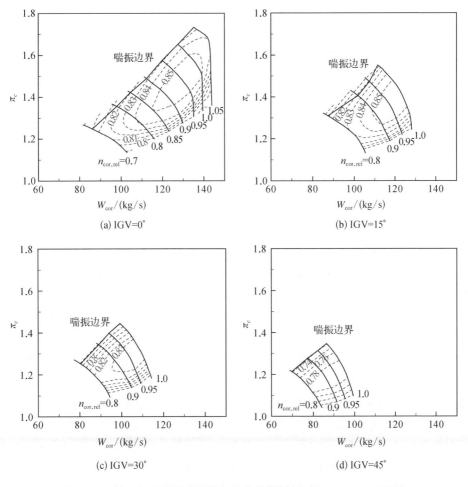

图 2-23　核心机驱动风扇级的多角度特性图(Sullivan et al. , 1979)

2.3.5 变几何涡轮

在发动机多数工况下,涡轮部件处于临界或超临界工作状态,对整机环境下各部件的匹配关系有重要影响。对于双轴混排涡扇发动机,其低压涡轮导向器喉部流动一般处于超临界状态,通过调节低压涡轮导向器喉部面积可实现对高/低压涡轮功率分配和涵道比的控制,因此是改善发动机非设计点部件匹配和整机性能的一种有效途径。导向器调节对涡轮特性的影响与涡轮堵塞位置(导向器或转子)相关。理想情况下,当导向器处于堵塞状态时,涡轮换算流量与转子转速无关,在涡轮特性图上表现为不同等转速线重叠(落压比较高时),如图 2 - 24(a)所示,此时涡轮堵塞流量与导向器面积成正比;当转子叶片通道处于堵塞状态时,涡轮换算流量与转子转速相关,如图 2 - 24(b)所示,涡轮堵塞流量的相对变化量将小于导向器面积的相对变化量。

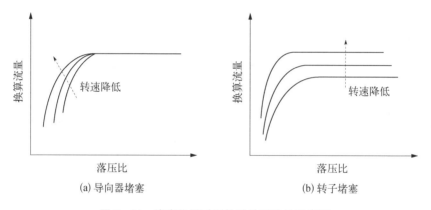

(a) 导向器堵塞   (b) 转子堵塞

图 2 - 24 堵塞位置对涡轮特性影响的示意图

以 NASA 开展的单级气冷涡轮导叶调节试验结果(Schum et al. , 1968)为例,图 2 - 25 给出了设计转速下导向器面积(分别为 70%、100% 和 130% 设计值)对涡轮换算流量 W_{cor} 和等熵效率 η_{is} 的影响规律,横坐标为涡轮落压比 π_t。由于涡轮设计点堵塞截面位于转子通道,因此当导向器面积增大 30% 时,涡轮堵塞流量仅增加 16.4%;当导向器面积缩小 30% 后,堵塞截面转移至导向器通道,涡轮堵塞流量降低 25.7%,接近导向器面积的相对变化量。由图 2 - 25(b)可知,当导向器面积调节(无论增加还是减小)后,涡轮等熵效率降低,这主要是导向器面积调节后涡轮流动偏离设计工况所致,具体原因可参考文献(Schum et al. , 1968)。

在发动机性能仿真程序中,以类似变几何压气机多角度特性图的方式表示变几何涡轮特性,如式(2 - 76)所示。涡轮导向器喉部面积与安装角近似成正比例关系。文献(Converse, 1984a; Converse, 1984b)给出了上述单级变几何涡轮在 10%~150% 换算转速范围内的特性计算结果,导向器喉部面积分别为设计值的

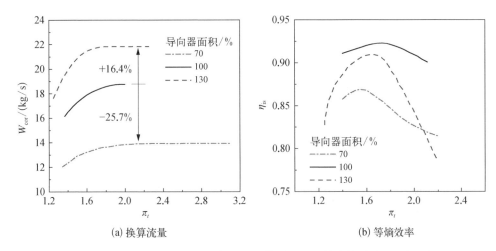

(a) 换算流量　　　　　　　　　　(b) 等熵效率

图 2 – 25　涡轮导向器喉部面积调节对流量和效率的影响(设计转速下的试验结果)(Schum et al., 1968)

70%、100% 和 130%,未考虑气冷。图 2 – 26 给出了 100% 和 50% 换算转速下涡轮流量和效率特性的计算结果。由图可知,在 100% 换算转速下,导向器面积变化对涡轮流量和效率的影响规律与图 2 – 25 给出的试验结果基本一致;在 50% 换算转速下,导向器面积变化对涡轮流量的影响规律与 100% 换算转速类似,但对涡轮效率的影响规律存在区别,例如在落压比较小时,涡轮效率随导向器面积的增加而增加。

$$\begin{cases} W_{\text{cor}} = f(\pi_t, n_{\text{cor, rel}}, A_{\text{stator}}) \\ \eta_{\text{is}} = f(\pi_t, n_{\text{cor, rel}}, A_{\text{stator}}) \end{cases} \qquad (2-76)$$

式中,A_{stator} 为导向器面积或安装角;W_{cor}、η_{is}、π_t 和 $n_{\text{cor, rel}}$ 为涡轮进口换算流量、等熵效率、落压比、相对换算转速。

在无法获得涡轮变几何特性的情况下,可采用特性图修正方式考虑导向器调节对涡轮特性的影响。基于文献(MacLallin et al., 1982; Behning et al., 1974; Schum et al., 1968)给出的变几何涡轮试验结果,得到了涡轮堵塞流量修正系数与导向器面积调节量及等熵效率修正系数与导向器面积调节量的多项式拟合曲线,如图 2 – 27 所示。需要指出的是,由于采用的拟合数据点来自涡轮设计转速试验结果,因此当涡轮工作点偏离设计工况较远时,基于上述修正系数曲线得到的涡轮变几何特性可能与实际值存在较大误差,特别是效率特性。

此外,根据上述导向器面积调节对涡轮特性的影响规律,在进行变几何涡轮特性插值时,建议不同导向器面积之间的换算流量计算采用二次插值;对于效率计算,当特性包含的导向器面积个数较多时,可采用线性或二次插值,当导向器面积个数较少时,须采用线性插值,若采用高次插值可能会导致不合理的效率计算结果。

针对相关的特定涡轮构型,多角度特性图插值方式具有更高的精度,但对于其

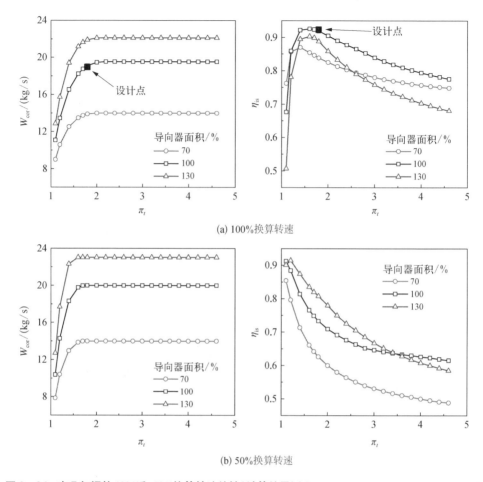

图 2-26　变几何涡轮 100% 和 50% 换算转速特性(计算结果)(Converse, 1984a; Converse, 1984b)

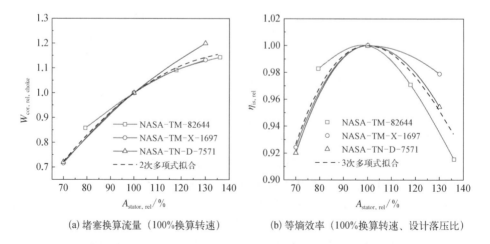

(a) 堵塞换算流量（100%换算转速）　　(b) 等熵效率（100%换算转速、设计落压比）

图 2-27　涡轮堵塞流量、等熵效率修正系数与导向器面积调节量的多项式拟合曲线

他构型,可能存在较大误差。虽然特性图修正方式的精度较低,但在一定程度上具有更宽的适用范围。在后续研究中,可考虑采用涡轮一维或二维特性计算方法。

2.3.6　可变面积涵道引射器

在发动机性能仿真时,可变面积涵道引射器一般由内外涵进口面积均可变的混合室模型表示。对于混合室部件,主要关注 2 个特性参数: 涵道比和总压损失。其中,涵道比为混合室外涵进口与内涵进口的流量之比,该参数对发动机各部件的匹配关系有重要影响。在混合室零维模型中,基于三大守恒方程和混合室内外涵进口静压平衡假设求解混合室特性。试验研究和混排涡扇发动机性能仿真研究均表明,亚声速混合室静压平衡的假设是合理的(Kurzke et al. , 2018;聂恰耶夫,1999)。但是,文献(Kurzke et al. , 2018)又提到,在发动机部分功率状态下,混合室外涵与内涵总压之比将明显升高,基于混合室零维模型的发动机部件匹配(例如涵道比)的仿真精度降低。考虑到掺混损失,发动机设计点混合室内外涵总压比的合理取值范围一般为[0.95,1.05]。对于变循环涡扇冲压组合发动机,在以下 2 种情况下混合室总压比将有可能超出上述合理取值范围:① 在双外涵工作模式下,FVABI 的内涵进口总压明显高于外涵进口总压;② 在高马赫数工况或者风车冲压模态(核心机流路未关闭)下,RVABI 的外涵进口总压明显高于内涵进口总压。为此,本书采用 CFD 方法研究了混合室内外涵总压比对混合室涵道比和总压损失的影响,并将 CFD 结果与混合室零维模型的计算结果进行了对比。关于航空发动机混合室特性和零维计算模型的详细介绍可参考文献(Kurzke, 2018;周红,2016;聂恰耶夫,1999),此处不再赘述。

本书采用二维轴对称 CFD 模型研究了 2 种混合室构型,一种为简化的平行进气混合室构型,另一种为含涡轮尾锥的混合室构型,如图 2 - 28 所示。使用

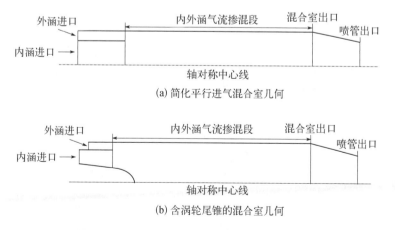

(a) 简化平行进气混合室几何

(b) 含涡轮尾锥的混合室几何

图 2 - 28　混合室 CFD 模型采用的混合室几何

FLUENT 软件求解流场,采用 SST k-ω 湍流模型。CFD 模型采用的边界条件如表 2-10 所示,通过变化外涵进口总压获得混合室总压比对混合室特性的影响规律。

表 2-10 混合室 CFD 模型采用的边界条件

混合室构型	内 涵 进 口			外 涵 进 口			喷 管 出 口	
	总温/K	总压/kPa	面积/m²	总温/K	总压/kPa	面积/m²	面积/m²	背压/kPa
平行进气	400	300	7.854×10^{-3}	400	290~340	7.854×10^{-3}	7.854×10^{-3}	100
涡轮尾锥	1 000	300	0.304 420	400	260~360	0.196 035	0.282 743	100

图 2-29 给出了外涵与内涵总压之比 π_{Mixer} 对 2 种构型混合室涵道比 BPR 的影响规律及其 CFD 结果与零维模型计算结果的对比。定义 $\mathrm{BPR}_{\mathrm{rel}}$ 为当前涵道比与 $\pi_{\mathrm{Mixer}}=1.0$ 时的涵道比之比。对于平行进气构型,如图 2-29(a)所示,当 $\pi_{\mathrm{Mixer}}>1.0$ 时,BPR 和 $\mathrm{BPR}_{\mathrm{rel}}$ 的零维模型结果均小于其 CFD 结果,当 $\pi_{\mathrm{Mixer}}<1.0$ 时,情况相反;并且随着 π_{Mixer} 逐渐偏离 1.0,$\mathrm{BPR}_{\mathrm{rel}}$ 零维模型结果与 CFD 结果的偏差越来越大,当 $0.95<\pi_{\mathrm{Mixer}}<1.05$ 时,两者的相对误差不超过 3%,而当 π_{Mixer} 增加至 1.13 时,两者的相对误差达到 8% 左右。对于含涡轮尾锥构型,其 $\mathrm{BPR}_{\mathrm{rel}}$ 变化规律与平行进气构型一致,如图 2-29(b)所示,但 BPR 的零维模型结果均高于其 CFD 结果,其原因分析如下:由于混合室内涵进口段的扩张型面,存在由混合室外涵

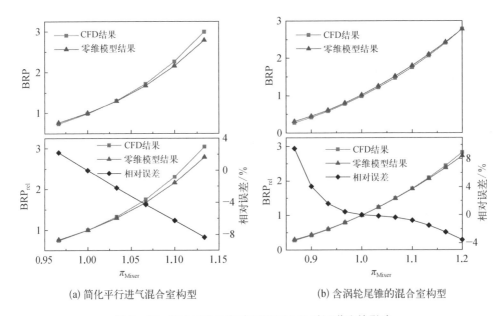

(a) 简化平行进气混合室构型 (b) 含涡轮尾锥的混合室构型

图 2-29 混合室外涵与内涵总压之比对涵道比的影响

向内涵的径向流动,混合室内涵进口截
面静压略低于外涵进口截面静压,因此
与基于静压平衡假设的零维模型相比,
CFD 模型得出的 BPR 值偏低。

图 2-30 给出了两种构型混合室
总压损失 CFD 结果与零维模型计算结
果的偏差。由图可知,零维模型得到的
总压损失与 CFD 结果接近,其中,当
$0.95 < \pi_{\mathrm{Mixer}} < 1.05$ 时,两者的相对误
差不超过 1%。

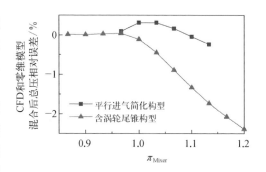

**图 2-30　混合室外涵与内涵总压之比
对总压损失的影响**

由于此处仅针对特定混合室构型获得了混合室总压比对混合室涵道比、总压
损失的影响规律,未能建立考虑总压比影响的混合室通用模型,同时考虑到在发动
机正常工作范围内,忽略总压比影响导致的相关计算误差较小,因此在后续章节的
计算中,仍然沿用了现有的混合室零维计算模型。

当变循环涡扇冲压组合发动机工作在单外涵模态且 FVABI 为伸缩式
(Wagenknecht et al. , 1979)时,CDFS 外涵气流经 FVABI 进入发动机外涵道的过程
中将产生突扩损失。在 NASA 和 GE 公司联合开展的 YJ101 VCE 地面验证项目
中,针对 FVABI 突扩损失进行了试验研究,并指出突扩损失大小主要取决于
FVABI 内涵进口面积与出口面积之比 $A_{\mathrm{B3}}/A_{\mathrm{B4}}$ 和内涵进口马赫数 Ma_{B3}(Vdoviak
et al. , 1981),试验结果如图 2-31 所示。此外,日本 HYPR 计划也针对 FVABI 开
展了数值模拟和部件模型试验研究(Hirai et al. , 1996),结果表明单外涵模态
FVABI 流道突扩导致的总压损失可达 30% 左右,与上述 NASA 试验结果符合。考
虑到上述总压损失的试验结果包含了 FVABI 突扩损失和发动机外涵道沿程总压
损失两部分,为了验证第 2.3.1 小节给出的突扩损失计算方法和沿程损失计算方
法,建立了如下式所示的单外涵模态发动机外涵道总压损失的计算模型。

$$\sigma_{\mathrm{overall}} = 1 - (1 - a \times \sigma_{\mathrm{SE}}) \times (1 - b \times Ma_{\mathrm{B4}}^2) \qquad (2-77)$$

式中,$\sigma_{\mathrm{overall}}$ 为发动机外涵道总压损失系数;σ_{SE} 为突扩损失系数;a 和 b 均为常数。

根据文献(Vdoviak et al. , 1981)的 FVABI 突扩损失试验数据,采用最小二乘
法确定了式(2-77)中两个常数的数值,即 $a = 1.56333, b = 0.279431$。最终,
$\sigma_{\mathrm{overall}}$ 计算结果与试验结果的对比如图 2-31 所示。由图可知,当 Ma_{B3} 较小时,
$\sigma_{\mathrm{overall}}$ 的计算结果与试验结果符合较好,而当 Ma_{B3} 较大时,$\sigma_{\mathrm{overall}}$ 计算值小于试验
结果,且两者的偏差随着 Ma_{B3} 的增大而增大。文献(Vdoviak et al. , 1981)指出,在
正常工作范围内,单外涵模式下 Ma_{B3} 的取值范围为 0.2~0.4,并且为了降低
FVABI 突扩损失,将 FVABI 内涵进口开至最大,此时发动机外涵道总压损失系数

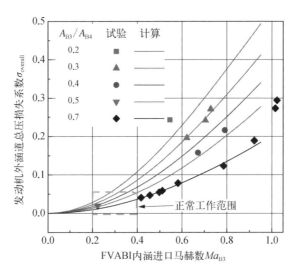

图 2 - 31　单外涵模态发动机外涵道总压损失
计算结果与试验结果对比

一般小于 0.05。因此,在进行发动机单外涵模态性能仿真时,FVABI 突扩总压损失系数可取一个小于 0.05 的定值。

在后续研究中,建议通过以下 2 种方式建立精度更高的混合室或可变面积涵道引射器计算模型: ① 基于部件试验数据或高精度 CFD 模拟结果建立由相似参数表示的混合室特性图,如式(2 - 78)所示,或者建立混合室特性的近似模型;② 基于发动机变维度数值模拟,实现混合室二维或三维 CFD 模型与整机零维模型的耦合计算。

$$\begin{cases} \mathrm{BPR_{cor}} = f_1(\pi_{\mathrm{Mixer}}, Ma_{\mathrm{X}}, AR, \alpha_{\mathrm{Mixer}}) \\ \sigma_{\mathrm{Mixer}} = f_1(\pi_{\mathrm{Mixer}}, Ma_{\mathrm{X}}, AR, \alpha_{\mathrm{Mixer}}) \end{cases} \qquad (2-78)$$

式中,$\mathrm{BPR_{cor}}$ 为换算涵道比,定义式为 $\mathrm{BPR} \times \sqrt{\tau_{\mathrm{Mixer}}}$;$\sigma_{\mathrm{Mixer}}$ 为混合室总压损失系数;α_{Mixer} 为内外涵气流流动方向的夹角;π_{Mixer}、τ_{Mixer} 分别为混合室外涵气流与内涵气流之间的总压比、总温比;Ma_{X} 为混合室内涵或外涵进口马赫数;AR 为混合室外涵进口面积与内涵进口面积之比。

2.3.7　部件特性图插值方法

由前面可知,风扇、压气机、涡轮等部件的特性均以特性图形式表示。这些特性图一般包含 2~4 个独立变量及多个因变量参数。由于特性数据点的数量有限,当部件工作点与部件特性图已有的数据点不重合时,需要通过插值确定工作点的特性参数,这样就不可避免地引入了插值误差。针对特定问题,若插值方法选择不合理,特性图插值结果与部件实际特性之间将产生较大误差。

以图 2-32(a)所示的风扇特性为例,在流量堵塞后,等转速线形成"垂直段",而在接近喘振边界时,特别是低转速区域,等转速线存在近似"水平段"。无论是选择任何一个特性参数(换算流量或增压比)还是压比比(Sellers et al., 1975)作为插值变量,在特性图某一区域插值时均可能产生较大的数值计算误差甚至数值错误。为此,国外现代发动机性能仿真软件均采用了辅助插值变量,例如 NPSS 采用的 R Line 插值变量和 Gasturb 软件采用的 Beta 插值变量。这些辅助插值变量没有物理意义,仅代表特性数据点在等转速线上的相对位置。此外,对于进气道特性图,也存在类似的插值问题,如图 2-32(b)所示。

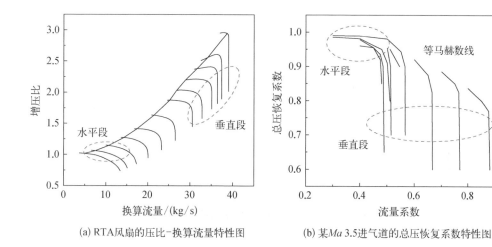

(a) RTA风扇的压比-换算流量特性图　　　(b) 某Ma 3.5进气道的总压恢复系数特性图

图 2-32　典型部件特性图的插值问题

为更好解决上述特性图插值问题,本书发展了 2 种新插值方法:一种采用广义 Beta 插值变量,另一种将直角坐标系转换为极坐标系进行插值。

1. 广义 Beta 插值变量

目前,国内已普遍采用 Beta 辅助变量用于风扇或压气机特性图插值。Beta 取值范围为[0,1],如果定义等转速线一个端点的 Beta 值为 0,则另一个端点的 Beta 值为 1.0。Gasturb 软件的开发者 Kurzke 博士发展了压气机特性处理软件——SmoothC(Kurzke, 1996),用于生成 Beta 格式的压气机特性图。其中,采用 Beta 曲线簇(直线或抛物线)重新确定特性数据点位置。但是,Beta 特性图格式仍存在以下不足:每条等转速线上的数据点个数必须相等,而且在多数情况下,需要将原始等转速特性线延长至 Beta 曲线簇边界,造成了麻烦。

Kurzke 博士提出的特性插值辅助变量 Beta 主要有两个属性:① 代表等转速线上数据点的相对位置;② 由特定的 Beta 曲线定义特性数据点的分布。此处将只具备第一个属性的特性插值辅助变量称为广义 Beta 变量,而将同时具备上述两个属性的特性插值辅助变量称为狭义 Beta 变量。相比于狭义 Beta 变量,基于广义 Beta 变量的特性插值方法具有以下优点:无须借助 Smooth C 这样一类特性处理软件导出 Beta 格式特性图;不要求每条等值线上的数据点个数相等,如图 2-33(a) 所示;适用范围更广,能够同时解决压气机、进气道等部件的特性图插值问题。需要注意的是,在使用广义 Beta 变量插值时,应检查数据点分布是否合理,保证相邻等值线的数据边界具有相似的工作状态,且数据点分布均匀,否则容易导致不合理的插值结果,如图 2-33(b) 所示。

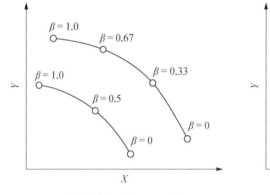

(a) 插值辅助变量Beta取值   (b) 数据分布不合理导致的插值问题

图 2-33　基于广义 Beta 变量的特性图插值

2. 极坐标系插值

极坐标系插值也可以避免同时存在"垂直段"和"水平段"所导致的特性图插值问题,具体插值过程如下:

首先,将特性图由直角坐标系格式 (X, Y) 转换为极坐标系格式 (ρ, θ),如图 2-34 所示,插值变量为极坐标角度 θ,2 种坐标系数据的转换关系如式(2-79)所示;

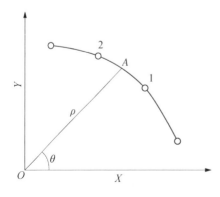

图 2-34　极坐标系插值示意图

其次,为实现极坐标系下的插值方式等效于直角坐标系下的线性插值方式,在极坐标系中某一等值线上所采用的插值公式为式(2-80),已知"1""2"2 个点的极坐标及"A"点的 θ 值,通过式(2-80)计算"A"点的 ρ 值;

最后,通过式(2-79)将极坐标系插值结果 (ρ_A, θ_A) 转换到直角坐标系 (X_A, Y_A)。

$$\begin{cases} Y = Y_O + \rho\sin\theta \\ X = X_O + \rho\cos\theta \end{cases} \qquad (2-79)$$

$$\rho_A = \frac{\rho_1\rho_2\sin(\theta_2 - \theta_1)}{\rho_2\sin(\theta_2 - \theta_A) - \rho_1\sin(\theta_1 - \theta_A)} \qquad (2-80)$$

式中，(X_O, Y_O) 分别为极坐标系原点。

实践表明，对于图 2-32(b)所示形式的进气道特性图，采用极坐标系插值方法取得了较好的效果。对于压气机特性图，若采用极坐标系插值，由于插值角度为迭代变量且不同等转速线的插值角度范围不同，导致该迭代变量的初值及边界不易确定。因此，针对具体特性图类型，应选择最合适的特性图插值方法。后文若无特别指明，默认使用极坐标系完成进气道特性图插值，风扇和压气机特性图的插值变量为广义 Beta 变量和物理转速，涡轮特性图的插值变量为落压比和物理转速。

2.4　稳态性能数值模拟方法

1. 设计点性能计算方法

发动机设计点，顾名思义是指：在给定飞行条件下选定满足性能要求（如推力和耗油率等）的发动机工作过程参数，依据推力进一步确定发动机尺寸（迎风面积）和部件特征尺寸（如喷管喉部面积）。因此，发动机设计点热力计算的目的在于：对选定的发动机工作过程参数（如涵道比、总增压比、涡轮进口总温）和部件效率或损失系数，计算发动机进气道进口截面至尾喷管出口截面的气流参数以获得发动机单位性能参数随工作过程的变化规律。设计点计算时由于部件参数都已经确定，计算不需要迭代求解，也不需要解非线性方程，只需按照设置的设计点参数完成一次由发动机进口到出口的热力计算，在此不详细描述。

2. 非设计点整机匹配与特性计算方法

由于发动机在实际工作过程中油门杆位置、飞行马赫数、飞行高度和大气条件会发生变化，使发动机的工作状态偏离了原有的设计点而处于非设计点工作状态。通常把发动机相关性能参数（如推力和耗油率等参数）随油门杆位置、飞行马赫数、飞行高度和大气条件的变化关系称为发动机特性。为了研究方便，一般把发动机特性又分为与高度和速度相关的高度速度特性，以及在一定高度和马赫数下与发动机油门杆位置相关的节流特性。

在发动机非设计点计算中，除了控制因素的影响外，其部件效率及各流道中的总压恢复系数也会偏离设计点。因此，非设计点计算主要是通过各部件之间的平衡方程求解各部件的相关参数，再通过求解后的相关参数进行热力计算，最终得到发动机的推力和耗油率等性能参数。以混合排气涡扇发动机非设计点热力循环计算为例,在单参数控制规律(例如控制风扇相对换算转速)下,其热力循环计算假定的未知量为 7 个,分别是风扇涵道比、风扇压比、压气机压比、燃烧室出口总温、高压压气机相对换算转速、高压涡轮落压比、低压涡轮落压比(实际计算中可将以上变量在设计点处的值作为其初始值)。在进行非设计点多点计算时,为了加快非设计点计算的收敛速度,可以将以上变量在上一个计算点的计算结果作为下一个计算点的初始值。对于以上变量的求取,主要是根据发动机部件共同工作要求,使发动机在非设计点工作时必须满足如下七个平衡方程:

(1) 风扇内涵出口与压气机进口流量连续;

(2) 燃烧室出口与低压涡轮入口流量连续;

(3) 低压涡轮出口与高压涡轮入口流量连续;

(4) 混合室掺混气流静压平衡;

(5) 风扇与低压涡轮功率平衡;

(6) 压气机与高压涡轮功率平衡;

(7) 混合室出口与喷管入口流量连续。

以上七个平衡方程构成了发动机非设计点计算的平衡方程组,将 7 个平衡方程写成如下的参量形式:

$$
\begin{cases}
E_1 = f_1(X_1, X_2, \cdots, X_7) \\
E_2 = f_2(X_1, X_2, \cdots, X_7) \\
\vdots \\
E_7 = f_7(X_1, X_2, \cdots, X_7)
\end{cases}
\tag{2-81}
$$

式中,$X_1 \sim X_7$ 为七个变量;$f_1 \sim f_7$ 为七个变量的偏差函数。方程组(2-81)通常使用 Newton-Raphson 法进行迭代求解,当七个变量的偏差函数小于某设定精度值时,即可求出七个变量值。Newton-Raphson 法的主要优点是局部收敛好,但也有一些缺点:其一是变量初值必须接近真实解才能保证收敛,其二是每一步的迭代都重现计算矩阵及解方程。实际使用时可以通过改进办法,提高收敛速度。下面将介绍 Newton-Raphson 法的迭代求解过程。

首先构造迭代格式,算法如下:

将式(2-81)描述的非线性方程组,表达成一般形式:

$$
F(X) = 0
\tag{2-82}
$$

Newton-Raphson 法的基本思想是将非线性问题逐次线性化形成迭代程序。对于向量值函数 $F(X)$,如果包含点 X 的某邻域内,向量函数 $F(X)$ 在某种意义上为线性函数所代替:

$$
L_K(X) = A_K X + B_K
\tag{2-83}
$$

近似代替非线性方程组(2-82)。而方程组(2-83)的解可作为式(2-82)的近似解。这种化非线性问题为线性问题的方法,称为线性化方法。方程组(2-83)称为方程组(2-82)的线性化方程。则有

$$F(X) = L_K(X) = A_K X + B_K = 0 \tag{2-84}$$

求导得

$$dF(X) = dL_K(X) = A_K \tag{2-85}$$

上式代入式(2-84),则可化简得到如下迭代格式:

$$X_{K+1} = X_K - [dF(X_K)]^{-1} F(X_K) \quad (K = 0, 1, 2, \cdots) \tag{2-86}$$

此即非线性方程组(2-82)的牛顿迭代公式。

得到牛顿迭代公式后,求解非线性方程组具体求解过程如下:

对于上述非线性方程组写成下列形式:

$$F_i(X_1, X_2, \cdots, X_n) = 0 \quad (i = 1, 2, \cdots, n) \tag{2-87}$$

引入记号 $X = (X_1, X_2, \cdots, X_n)$,从选取的初始值 $X^{(0)} = (X_1^{(0)}, X_2^{(0)}, \cdots, X_n^{(0)})$ 出发,假设已迭代算到第 k 步,得到 $X^{(k)} = (X_1^{(k)}, X_2^{(k)}, \cdots, X_n^{(k)})$。

若对每个 i 都有 $F_i(X^{(k)}) \leqslant \varepsilon \ (\varepsilon > 0)$,$\varepsilon$ 为要求的计算精度,则近似值 $X^{(k)}$ 就是上述非线性方程组的解。若误差未达到精度要求,则进一步按如下所述修正变量后再迭代。

非线性方程组在 $X^{(k)}$ 附近的偏微分方程组是

$$dF_i = \sum_{j=1}^{n} \frac{\partial F_i}{\partial X_j} dX_j \quad (i = 1, 2, \cdots, n) \tag{2-88}$$

用差商代替微商,则上式变为

$$\Delta F_i = \sum_{j=1}^{n} \frac{\Delta F_i}{\Delta X_j} \Delta X_j \tag{2-89}$$

上式还可改写为

$$\Delta X = M^{-1} \Delta F \tag{2-90}$$

其中,M 为 n 阶系数矩阵,ΔX 为解向量,ΔF 为列向量。解上式线性代数方程组得到 ΔX 后,那么 K+1 次逼近的变量值为

$$X_j^{(k+1)} = X_j^{(k)} + \Delta X_j \tag{2-91}$$

如此反复迭代,直至误差满足精度要求为止。

2.5　过渡态性能数值模拟方法

发动机在稳定状态下工作时,供油量恒定,涡轮前后燃气温度恒定,压气机与涡轮的功率相等,发动机转速保持不变。此时,如果将油门杆从较小角度迅速地增大到另一角度,那么供油量迅速增加,涡轮前温度迅速升高,涡轮产生功率大于压气机消耗功率,发动机转速迅速增加,最后在另一个工作点稳定下来。像这样,发动机从一个稳态工作状态迅速地过渡到另一个稳定工作状态的过程称为过渡状态。在过渡状态下,发动机的一些参数会随时间迅速变化。发动机的过渡状态包括起动过程、加速过程、减速过程、接通加力与断开加力及停车过程等。

在过渡工作状态下,发动机的供油量、转速、各气动热力参数都会随时间发生变化,同时气流在发动机内部的流动过程也是非定常流动。由于发动机工作物理过程与稳态有明显不同,那么直接将稳态模型与算法应用到过渡态性能模拟中显然是不合理的,因此需要基于第 2 章建立的部件级模型,进行过渡态改进。根据过渡态工作特点,可以总结出在过渡态计算模型中还需要解决的两方面问题:

(1) 在过渡状态下,发动机各部件流量平衡方程、压力平衡方程、功率平衡方程等共同工作方程及普遍应用于特性计算时的能量守恒方程、动量守恒方程与稳定状态有很大不同,需要将这些平衡方程用相应的动态方程进行替代;

(2) 在过渡状态下,发动机各部件的特性与稳定状态的特性是不同的。这不仅是由于气流本身的非定常性,还与各部件的尺寸、换热条件等密切相关。因此在过渡态性能计算时需要对部件特性进行修正。

因此,为了使过渡态性能更加逼近真实,过渡态模型中可以提出很多影响因素。下面将分别详细讨论转子转动惯量、部件容积效应、非定常热交换、叶尖间隙变化四种因素的建模方法。

2.5.1　转子转动惯量模型

1. 模型的建立

当发动机各部件共同工作时,彼此之间要受到制约,这种制约不仅在发动机稳定工作状态时存在,在过渡工作状态中同样存在,因此各部件都必须满足过渡状态共同工作条件。对于大涵道比发动机来说,稳态共同工作方程中的高低压转子功率平衡方程在过渡态中需要进行修改,转子动力示意图如图 2-35 所示。例如对于加速过程,涡轮的输出功一定大于压气机消耗的功,剩余的功被用来增加转子的转速,以实现加速。因此需要在涡轮功和压气机功(风扇功、增压级

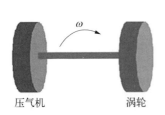

图 2-35　转子动力示意图

功)之间添加转子加速消耗功,即转子转动惯量影响项,形成如下两个动态平衡方程。

高压转子功率平衡方程:

$$\eta_{mH} N_{TH} - N_{CH} - N_{ex,\,H} - \left(\frac{2\pi}{60}\right)^2 J_H n_H \frac{\mathrm{d}n_H}{\mathrm{d}t} = 0 \qquad (2-92)$$

式中,η_{mH} 为高压轴机械效率;N_{TH} 为高压涡轮功率;N_{CH} 为高压压气机功率;$N_{ex,\,H}$ 为高压轴传动附件及摩擦损失功率;J_H 为高压轴转动惯量;n_H 为高压轴转速。

低压转子功率平衡方程:

$$\eta_{mL} N_{TL} - N_{CL} - N_{ex,\,L} - \left(\frac{2\pi}{60}\right)^2 J_L n_L \frac{\mathrm{d}n_L}{\mathrm{d}t} = 0 \qquad (2-93)$$

式中,各符号含义见式(2-92)。

上述两式等式左边的最后一项分别为高压轴加速功率和低压轴加速功率。

2. 模型的计算方法

对于上述两个微分方程的求解,本研究采用欧拉法(Euler 法)及其改进格式(Modified Euler 法)进行求解,下面具体介绍该方法。

针对一般形式的微分方程:

$$\frac{\mathrm{d}y}{\mathrm{d}t} = f(y,\,t) \qquad (2-94)$$

为了能在计算机上进行数值求解,这个微分方程必须改写成差分的形式,而这个差分方程的解必须在某种程度上接近微分方程的解。完成这个转变有很多方法,最常用的是下面形式的差分方程:

$$y_{j+1} = y_j + \Delta t \left[\varepsilon f(y_j,\,t_j) + (1-\varepsilon)f(y_{j+1},\,t_{j+1}) \right] \qquad (2-95)$$

其中,$y_j = y(t_0 + j\Delta t)$($0 \leqslant \varepsilon \leqslant 1$),上式中括号里面的部分代表 $f(y,\,t)$ 的在积分区间 $[t_j,\,t_{j+1}]$ 上微分的加权平均值。当 $\varepsilon = 1$ 时,方程变为

$$y_{j+1} = y_j + \Delta t f(y_j,\,t_j) \qquad (2-96)$$

该方程就是著名的 Euler 法求解方程,它允许把当前的 y_j 和 t_j 当作 y_{j+1} 的变量,从而显式地计算 y_{j+1} 的值。另一方面,当 $\varepsilon \neq 1$ 时方程(3-4)就成了 Modified Euler 法。Modified Euler 法不能显式地求解 y_j,因为在方程的右端出现了 y_{j+1} 项。在这种情况下,在每一积分步上必须使用迭代法来求 y_{j+1}。

从积分公式计算来看,Euler 法要比 Modified Euler 法更简单。然而,在发动机过渡态计算过程中还需要考虑到计算的精确性和稳定性。在许多计算数学的参考文献中可知,Modified Euler 法能产生较高的积分精度,下面我们将关心计算过程的稳定收敛问题。

美国 NASA 的 Sellers & Daniele 等已经证明,对于形如下式的微分方程:

$$\frac{\mathrm{d}y}{\mathrm{d}t} = ay \tag{2-97}$$

方程的稳定收敛计算条件是

$$\Delta t < \frac{2}{a(1-2\varepsilon)}, \quad \varepsilon > \frac{1}{2} \tag{2-98}$$

$\varepsilon < 0.5$ 时,Δt 不受限制。特别地,当 $\varepsilon = 1$ 时,为了避免数值导致的不稳定,时间步长必须小于 $-2/a$。当 $\varepsilon > 0.5$ 时,对于任意的时间步长都是收敛的。

而对于一个形如下式的线性方程组:

$$\frac{\mathrm{d}\boldsymbol{y}}{\mathrm{d}t} = \boldsymbol{A}\boldsymbol{y} \tag{2-99}$$

其中,$\boldsymbol{y}$ 是 n 维向量;$\boldsymbol{A}$ 是 $n \times n$ 的系统矩阵。其数值计算格式为

$$y_{j+1} = y_j + A\Delta t [\varepsilon y_j + (1-\varepsilon)y_{j+1}] \tag{2-100}$$

方程的稳定收敛条件为

$$\Delta t < \frac{2}{\lambda_{\max}(1-2\varepsilon)}, \quad \varepsilon > \frac{1}{2} \tag{2-101}$$

$\varepsilon < 0.5$ 时,Δt 不受限制,$\lambda_{\max}$ 表示 $\boldsymbol{A}$ 的特征值的最大值。通常,为了避免数值不稳定,Euler 法的时间步长被限制在 $\Delta t < -2/\lambda_{\max}$ 的范围。

对于发动机过渡态模拟问题来讲,上述关于稳定性分析的结论对于分析不同频率动态过程是非常有意义的。如果使用的是 Euler 法,积分时间步长的大小要受系统高频的限制,在这种情况下,通常要求时间步长 $\Delta t < 0.0001$ 秒或更小;如果使用 Modified Euler 法,且 $\varepsilon < 0.5$,则时间步长没有上边界,在这种情况下,按能满足输出内容要求的频率来选取时间步长,通常取 0.1 秒或更大。

尽管对非线性系统,上述结论的普遍适用性还没得到证明,但是 Sellers & Daniele 等认为,上述结论能被用于非线性系统,只要把矩阵 $\boldsymbol{A}$ 和特征值 λ 解释为积分区间上的平均值。因此,本研究采用上述 Modified Euler 法对高低压转子动态平衡方程进行求解。

2.5.2 部件容积效应模型

部件容积效应也是产生发动机惯性特性的主要因素。在发动机稳态性能计算时,没有考虑发动机动态工作时各部件容腔内气体随时间变化引起的气体质量和能量的存储和释放。对于一般的航空发动机来说,除加力燃烧室体积较大外,其余部件体积较

小,且气动过程变化比转速的变化快得多,因此在一般的性能计算中往往忽略各部件容积效应带来的影响。但是由于大涵道比涡扇发动机特殊的结构特点,其风扇、增压级等部件尺寸巨大,如果继续忽视这些部件的容腔效应,那么将导致计算结果误差偏大,难以满足工程实际中的精度要求。因此,此处将建立研究部件容腔效应的模型和方法。

1. 模型的建立

假设在每个部件后连接一个容积室,如图 2 - 36 所示,容积室的容积等于部件容腔体积,容积室内气体的压力和温度均匀。当不考虑部件容积效应时,容积室不起作用;当考虑容积效应影响时,容积室流入和流出气体的流量、能量不再相等。

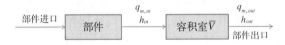

图 2 - 36　容积效应模型示意图

图 2 - 36 中, $q_{m,in}$ 、 h_{in} 和 $q_{m,out}$ 、 h_{out} 分别表示不考虑和考虑容积效应影响时的部件出口气体流量和焓。

下面推导非定常流动的连续方程和能量方程的表达式。

1) 连续方程

设在 dt 时间内容积室中气体的密度变化为 $d\rho$,由密度变化引起容积室中气体质量的变化为 $\bar{V}d\rho$,由流量连续得

$$q_{m,out} - q_{m,in} = \bar{V}\frac{d\rho}{dt} \qquad (2-102)$$

由于部件损失已在部件计算中考虑,故容积室内气体进行等熵过程。因此有

$$p/\rho^k = \text{const} \qquad (2-103)$$

对上式先取对数,再对时间求导数,可得

$$\frac{d\rho}{dt} = \frac{\rho}{kp}\frac{dp}{dt} = \frac{1}{kRT}\frac{dP}{dt} \qquad (2-104)$$

将上式代入式(2 - 102),得

$$q_{m,out} = q_{m,in} - \frac{\bar{V}}{kRT}\frac{dP}{dt} \qquad (2-105)$$

2) 能量方程

流入和流出容积室的能量在非定常流动中是不相等的,其差值以内能的形式存储和释放。设在 dt 时间内容积室中单位质量气流内能变化为 du ,流入容积室的气流能量为 $q_{m,in}h_{in}dt$,流出的气流能量为 $q_{m,out}h_{out}dt$,容积室的能量平衡方程为

$$q_{m,in}h_{in} - q_{m,out}h_{out} = \rho\bar{V}\frac{\mathrm{d}u}{\mathrm{d}t} + \bar{V}u\frac{\mathrm{d}\rho}{\mathrm{d}t} \qquad (2-106)$$

将式(2-102)代入上式,经整理可得

$$h_{out} = \frac{q_{m,in}h_{in} - (q_{m,in} - q_{m,out})u - \dfrac{P\bar{V}}{RT}\dfrac{\mathrm{d}u}{\mathrm{d}t}}{q_{m,out}} \qquad (2-107)$$

式中, $u = h - ART$, A 为热功当量, $h = c_pT$。

根据以上方法,不难建立各部件容积室的动态方程。本研究考虑了风扇外涵段、风扇内涵段、增压级、高压压气机、燃烧室、高压涡轮、低压涡轮及外涵道 8 个部件的容积效应。例如,对于风扇外涵段,连续方程和能量方程如下:

$$q_{13,out} = q_{13,in} - \frac{\bar{V}_{13}}{kRT_{13}}\frac{\mathrm{d}P_{13}}{\mathrm{d}t} \qquad (2-108)$$

$$h_{13,out} = \frac{q_{13,in}h_{13,in} - (q_{13,in} - q_{13,out})u_{13} - \dfrac{P_{13}\bar{V}_{13}}{RT_{13}}\dfrac{\mathrm{d}u_{13}}{\mathrm{d}t}}{q_{13,out}} \qquad (2-109)$$

2. 模型的计算方法

不同部件容积效应的计算方法类同,因此下面仍以风扇外涵段为例进行说明。首先将式(2-108)、式(2-109)的微分项用差商代替,即

$$\frac{\mathrm{d}P_{13}}{\mathrm{d}t} = \frac{P_{13}^{t+\Delta t} - P_{13}^{t}}{\Delta t} \qquad (2-110)$$

$$\frac{\mathrm{d}u_{13}}{\mathrm{d}t} = \frac{u_{13}^{t+\Delta t} - u_{13}^{t}}{\Delta t} \qquad (2-111)$$

将式(2-108)式代入式(2-109)中,得

$$h_{13,out} = \frac{q_{13,in}h_{13,in} - \dfrac{\bar{V}_{13}}{kRT_{13}}\dfrac{P_{13}^{t+\Delta t} - P_{13}^{t}}{\Delta t}u_{13} - \dfrac{P_{13}\bar{V}_{13}}{RT_{13}}\dfrac{u_{13}^{t+\Delta t} - u_{13}^{t}}{\Delta t}}{q_{13,in} - \dfrac{\bar{V}_{13}}{kRT_{13}}\dfrac{P_{13}^{t+\Delta t} - P_{13}^{t}}{\Delta t}} \qquad (2-112)$$

根据焓和内能的定义不难发现,焓 $h_{13,out}$、内能 u_{13} 均为温度 T_{13} 的函数,因此式(2-112)为一以温度 T_{13} 为未知数的非线性方程。上述求容积室出口流量 $q_{13,out}$、出口焓 $h_{13,out}$ 的问题就转化为式(2-112)这一以出口温度 T_{13} 为未知数的

非线性方程的求根问题。根据数值分析的方法,本书采用试位法及其改进法对非线性方程进行求根。

试位法是通过不断求求根区间两端连线与 X 轴的交点,并比较此交点的函数值与边界点处的函数值,从而判断根的位置,缩小求根区间,最终得到满足精度要求的数值解。试位法是对二分法的改进算法,其利用了边界点处的函数值,在迭代过程中试位法的收敛速度更快,精度更高,有时通过区区几次迭代就能达到相当高的精度。但是试位法也有一个很大的缺陷,就是当有一个边界点保持不动时,可能会导致收敛性变差,影响算法计算效率。为此,可以对试位法进行改进,形成改进试位法。改进试位法通过计数器来检测边界点是否保持不变。如果出现连续两次保持不变的情况就将停止边界点的函数值变为一半,再进行迭代计算。

模型计算流程图如图 2 - 37 所示。

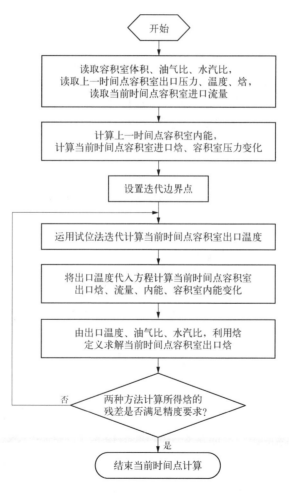

图 2 - 37　容积效应模型计算流程

2.6 航空发动机总体性能计算范例

前面给出了通用的航空发动机稳态及过渡态性能数值模拟方法,本节分别以混排涡扇发动机和变循环发动机为例,应用前文所述方法对发动机设计点、非设计点及过渡态性能计算与分析。

2.6.1 混排涡扇发动机总体性能计算

1. 设计点性能数值模拟

在进行混排涡扇发动机设计点性能数值模拟时,采用的发动机计算模型如图 2 - 38 所示,图中带有箭头的线条表示发动机内部冷却用引气,引气流量以占引出部件进口气流的百分比质量流量表示。

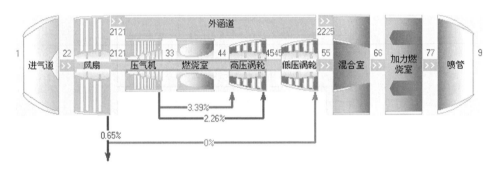

图 2 - 38 混排涡扇发动机总体性能计算模型

混排涡扇发动机主要设计参数如表 2 - 11 所示,其中各部件效率及压力损失系数按照当前部件设计水平选取。

表 2 - 11 混排涡扇发动机主要设计参数

参 数 名	数 值
高度/m	0
马赫数	0
进口流量/(kg/s)	90
风扇涵道比	0.620 8
风扇压比	2.795
压气机压比	6.914
燃烧室出口总温/K	1 437

数值模拟获得的混排涡扇发动机设计点性能如表 2‐12 所示。

表 2‐12　混排涡扇发动机设计点性能计算结果

参　数　名	数　值
推力/kgf	5 871.67
耗油率/[kg/(kgf·h)]	0.673 161
高压涡轮落压比	3.169 57
低压涡轮落压比	1.980 39
喷管喉道面积/m²	0.212 581
燃油流量/(kg/s)	1.097 9

说明：1 kgf=9.806 65 N。

2. 非设计点性能数值模拟

首先对混排涡扇发动机的高度速度特性进行数值模拟,计算选取标准大气条件下高度为 0~12 km,速度为 0~1.5Ma,发动机采用最大状态组合控制规律。计算获得的不同高度下推力随马赫数变化关系如图 2‐39 所示,耗油率随马赫数变化关系如图 2‐40 所示。

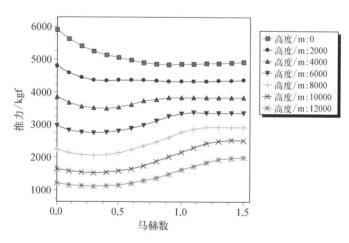

图 2‐39　不同高度下推力随马赫数的变化关系

然后对混排涡扇发动机的地面节流特性进行数值模拟,计算选取标准大气条件下高度为 0 m,速度为 0Ma,控制高压转子相对物理转速为 70%~100%。计算获得的推力随压气机相对物理转速变化关系如图 2‐41 所示,耗油率随压气机相对物理转速变化关系如图 2‐42 所示。

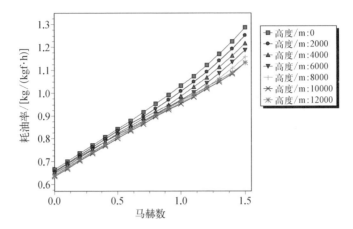

图 2 - 40　不同高度下耗油率随马赫数的变化关系

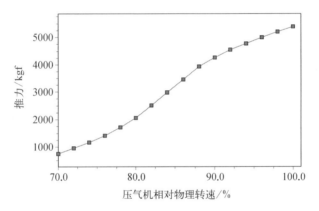

图 2 - 41　地面节流状态下推力随压气机
相对物理转速变化关系

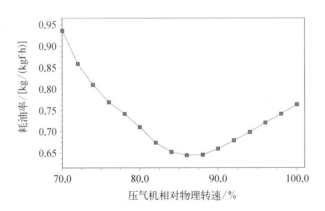

图 2 - 42　地面节流状态下耗油率随压气机
相对物理转速变化关系

　　最后对混排涡扇发动机的高空节流特性进行数值模拟,计算选取标准大气条件下高度为 11 m,速度为 0.8Ma,控制高压转子相对物理转速为 70%~100%。计算获得的推力随压气机相对物理转速变化关系如图 2-43 所示,耗油率随压气机相对物理转速变化关系如图 2-44 所示。

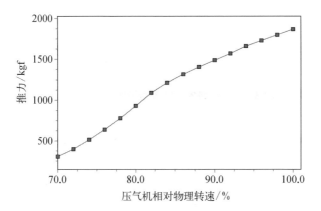

图 2-43　高空节流状态下推力随压气机相对物理转速变化关系

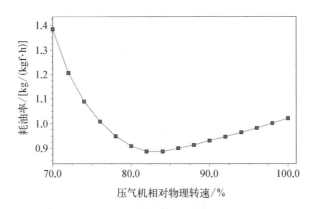

图 2-44　高空节流状态下耗油率随压气机相对物理转速变化关系

3. 过渡态性能数值模拟

　　进行发动机过渡态性能数值模拟时,需要给定过渡态控制规律,计算选取标准大气条件下高度为 0 m,速度为 0Ma,控制规律选择燃烧室供油量随时间的变化规律,如图 2-45 所示。计算获得了混排涡扇发动机的过渡态性能结果,图 2-46 给出了推力随时间的变化关系。

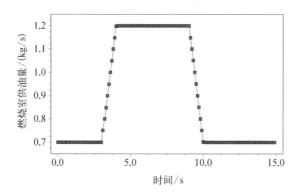

图 2 - 45 燃烧室供油流量随时间的变化关系

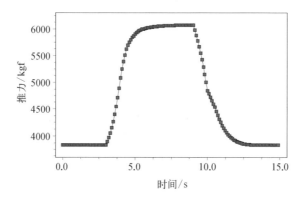

图 2 - 46 推力随时间的变化关系

2.6.2 变循环发动机总体性能计算

1. 设计点性能数值模拟

在进行变循环发动机设计点性能数值模拟时,采用的数值模拟模型如图 2 - 47 所示。

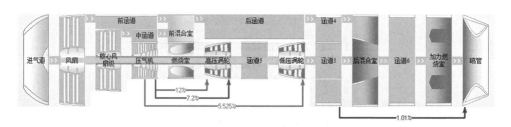

图 2 - 47 变循环发动机总体性能计算模型

变循环发动机主要设计参数如表 2 - 13 所示,其中各部件效率及压力损失系数按照当前部件设计水平选取。

表 2-13　变循环发动机主要设计参数

参　数　名	数　　值
高度/m	0
马赫数	0
进口流量/(kg/s)	130
风扇涵道比	0.46
风扇压比	3.3
核心机风扇涵道比	0.164
核心机风扇压比	1.18
压气机压比	6
燃烧室出口总温/K	1 700

数值模拟获得的变循环发动机设计点性能如表 2-14 所示。

表 2-14　变循环发动机设计点性能计算结果

参　数　名	数　　值
推力/kgf	8 245.26
耗油率/[kg/(kgf·h)]	0.71
高压涡轮落压比	3.259 01
低压涡轮落压比	2.341 37
喷管喉道面积/m²	0.325 968
燃油流量/(kg/s)	1.626 15

2. 非设计点性能数值模拟

首先对变循环发动机的高度速度特性进行数值模拟,计算选取标准大气条件下高度为 0~12 km,速度为 0~2Ma,采用发动机采用最大状态组合控制规律。计算获得的高度速度特性如图 2-48、图 2-49 所示。

然后对变循环发动机的地面节流特性进行数值模拟,计算选取标准大气条件下高度为 0 m,速度为 0Ma,控制高压转子相对物理转速为 70%~100%。计算获得的地面节流特性如图 2-50、图 2-51 所示。

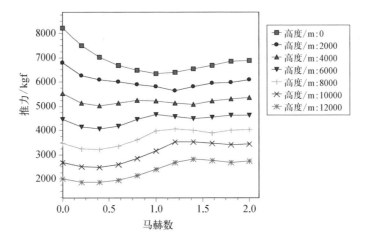

图 2‑48　不同高度下推力随马赫数变化关系

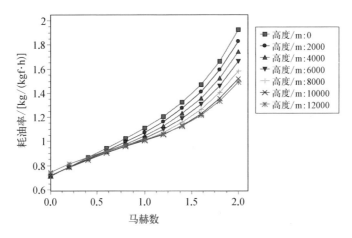

图 2‑49　不同高度下耗油率随马赫数变化关系

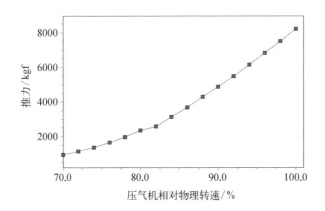

图 2‑50　地面节流状态下推力随压气机相对物理转速变化关系

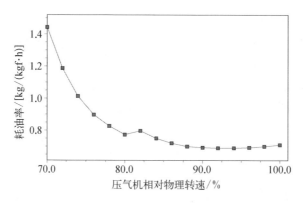

图 2-51　地面节流状态下耗油率随压气机相对物理转速变化关系

最后对变循环发动机的高空节流特性进行数值模拟,计算选取标准大气条件下高度为 11 m,速度为 0.8Ma,控制高压转子相对物理转速为 70%~100%。计算获得的高空节流特性如图 2-52、图 2-53 所示。

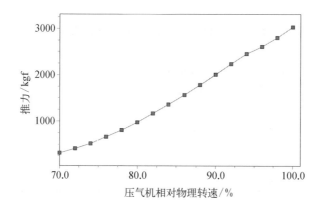

图 2-52　高空节流状态下推力随压气机相对物理转速变化关系

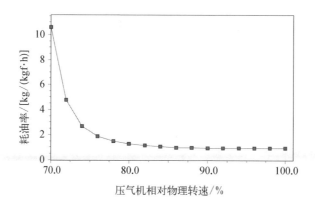

图 2-53　高空节流状态下耗油率随压气机相对物理转速变化关系

3. 过渡态性能数值模拟

进行发动机过渡态性能数值模拟时,需要先给定过渡态控制规律,计算选取标准大气条件下高度为 0 m,速度为 $0Ma$,控制规律选择燃烧室供油量随时间的变化规律,图 2-54 给出了燃烧室供油流量变化规律。计算获得了变循环发动机过渡态性能计算结果,图 2-55 给出了推力随时间变化关系。

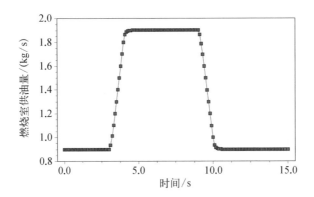

图 2-54　燃烧室供油量随时间变化关系

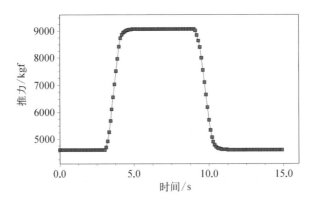

图 2-55　推力随时间变化关系

第3章
航空发动机安装性能数值模拟方法

3.1 引 言

早期的喷气推进式飞机,飞机安装的涡轮喷气发动机直径较小,发动机和飞机之间的耦合影响亦较小。20世纪60年代中期以来,大推力大尺寸的涡扇发动机逐渐成为应用主流,此时不能再忽略安装影响。随着飞机性能要求的不断提高,推进系统特别是进排气系统的影响也越来越不容忽视。在发动机非设计状态,特别是跨声速飞行状态,进排气系统可使发动机的推力损失达25%~30%以上,这些损失包含进排气系统内流特性及外流特性,如:进气道总压恢复系数、喷管推力系数、进气道阻力、后体阻力等。进气道总压恢复系数下降1%,发动机安装推力下降1.1%~1.6%。现代高超声速飞机飞行范围宽广,喷管可用压比变化范围较大,由发动机排气流不能完全膨胀导致的发动机净推力有显著损失。如在超声速飞行和亚声速巡航情况下,若喷管效率下降1%,则发动机净推力下降约1.7%。考虑进气道与发动机共同工作情况,在某些工况下,进气道流量在唇口溢流产生较大溢流阻力,为了满足进气道稳定工作采取的合适放气规律也会产生放气阻力等。对于典型的战斗机,后体长度可达到总机身长度的35%,在跨声速时可达到总机阻力的50%。

因此,采用在发动机性能数值模拟时考虑发动机进/排气系统的安装损失,可以有效提升发动机性能数值模拟的精度。由于进/排气系统与发动机之间存在着复杂的耦合关系,一般在进行发动机安装性能数值模拟时,需要在建立进气道和尾喷管安装损失模型的基础上,建立进-发-排一体化性能计算模型,从而获得发动机的安装性能。本章将分别介绍进气道特性计算方法、喷管/后体特性计算方法及发动机安装性能计算方法。

3.2 进气道特性计算方法

3.2.1 进气道特性数据库

为使工程应用过程中计算推进系统安装性能更加简便,本书首先给出了含有

19 种目前常用进气道的特性数据库。这 19 种进气道包括多种基本结构类型: 下颌式、皮托式、二元及轴对称类型(Kowalski et al. , 1979a; Kowalski et al. , 1979b; Kowalski et al. , 1979c)。在实际使用过程中,每一种进气道的特性自成一个独立数据块。名称及对应的进气道结构类型和主要参数等如表 3-1 所述。

表 3-1 进气道数据库描述

名 称	类型	设计 Ma 数	数 据 来 源
IDB01 - A7	下颌式	0.8	A7 进气道数据和过程分析
IDB02 - F8	下颌式	1.6	F8 进气道数据和分析
IDB03 - M5SUB	皮托式	0.5	Boeing 公司亚声速进气道数据和设计方法
IDB04 - M9SUB	皮托式	0.9	Boeing747 进气道的数据和方法
IDB05 - NS	正激波	1.5	F - 100 进气道试验数据
IDB06 - NS2	正激波	2.0	F - 100 进气道数据,LWF 进气道试验和理论
IDB07 - LWF	二元	1.6	Boeing LWF 进气道试验数据
IDB08 - ATS2	二元	2.0	4 波系变斜板解析优化设计的设计结果
IDB09 - ASF	二元	2.5	NR 进气道模型试验(AFAPL - TR - 69 - 44)
IDB10 - FB	二元	2.5	AFFDL - TR - 72 - 147 解析设计资料
IDB11 - INT	二元	3.0	XB - 70 进气道数据
IDB12 - M352D	二元	3.5	NASA Ames Mach3.5 - 2D 进气道试验
IDB13 - R2DSST	二元	2.6	Boeing/Rockwell SST 进气道研究
IDB14 - VSTOL	轴对称	1.6	VTOL 单锥进气道设计资料
IDB15 - NVSTO	轴对称	2.0	Navy VTOL 三波系半圆进气道设计资料
IDB16 - TMIB3	轴对称	2.5	三波系半圆进气道试验
IDB17 - AST	轴对称	2.35	Boeing AST 进气道分析研究资料
IDB18 - NASA3	轴对称	3.0	NASA Ames Mach3.0 进气道试验数据
IDB19 - BCA35	轴对称	3.5	Boeing Mach3.5 进气道分析研究资料

计算时,根据实际进气道的类型和设计马赫数,在上述 19 种进气道中选择相类似的数据库进气道作为参考进气道,应用特性转换程序把参考进气道的特性转换为实际进气道的特性。

3.2.2　进气道特性转换参数的选取

虽然根据已有的进气道特性数据计算实际进气道特性是一种较快速、准确的方法,但有时拟使用进气道的设计气动、几何参数与数据库进气道不完全相同,而这些参数的差异必将影响进气道的特性。因此,计算实际进气道的特性时,应确定影响特性的关键气动、几何参数,将这些参数作为特性转换参数。

进气道特性转换参数的选取原则是:

(1)参数的变化应该直接影响描述进气道特性的数值,并且通过特性转化程序可反映出对推进系统安装性能的影响。

(2)尽可能选择容易反映飞机结构变化的几何参数作为转化参数,这样有利于评估飞机结构变化对安装性能的影响。

(3)不管进气道试验数据的分散度如何,这些特性转化参数应该具有足够明显的影响趋势。

Boeing 公司经过分析研究,选择如表 3-2 给出的 19 个进气道参数作为特性转换参数,本书同样采用这 19 个参数。

表 3-2　进气道特性转换参数

序　号	参　数　名	说　　明
1	宽高比	进口宽度/唇口高度,仅用于二元进气道
2	侧壁截断比	侧板减少的面积/全侧壁板面积,仅用于二元进气道
3	第一斜板角度 第一锥体半锥角	用于二元进气道,单位/(°) 用于轴对称进气道,单位/(°)
4	设计马赫数	
5	外罩唇口钝角	唇口半径/唇口高度
6	起飞门面积	起飞辅助进气门总面积/捕获面积
7	外罩角度	外罩表面相对水平参考线的角度,单位/(°)
8	附面层放气喷管类型	收敛或收-扩,仅用于超声速进气道
9	附面层放气喷管角度	相对水平参考线,单位/(°),仅用于超声速进气道
10	附面层放气门宽高比	放气门宽度/放气门高度,仅用于超声速进气道
11	附面层放气门面积比	放气门面积/捕获面积
12	旁路放气喷管类型	收敛或收-扩
13	旁路放气喷管角度	相对于进气道水平参考线,单位/(°)
14	旁路放气门宽高比	放气门宽度/放气门高度

序　号	参　数　名	说　明
15	旁路放气门面积比	放气门面积/捕获面积
16	亚声速扩压器面积比	扩压器出口面积/进口面积
17	亚声速扩压器总扩张角	扩压器进口至出口总的壁面等效扩张角,单位/(°)
18	亚声速扩压器总压损失系数	定义: $P_{T2}/P_{T1} = 1.0 - \varepsilon[1 - 1/(1 + 0.2M_T^2)^{3.5}]$
19	喉部面积比	喉部面积/捕获面积

3.2.3　进气道特性转换

进气道特性数据库中,每一种进气道除了包含描述流量系数、总压恢复系数、阻力系数的特性数据表外,还含有相应的 19 个反映进气道设计水平的转化参数。所以,也可以说,进气道特性转化的功能就是把进气道特性数据库中用 19 个设计参数描述的参考特性转化为实际特性。

特性转化基于以下原则:

(1) 可以把进气道特性的变化和进气道设计参数的变化用函数关联。

(2) 特性转化时,不涉及参考进气道的设计方法及改进技术。另外,特性转换参数不包括进气道使用类型和设计方法。因此,从不同的参考进气道特性转化得到的实际进气道的特性会略有差异。

(3) 进气道特性转化模型尽量使用解析的方法,即用解析方法关联实际进气道和参考进气道设计参数的变化和特性变化。

由于进气道特性主要有流量系数、总压恢复系数及阻力系数等,因此在特性转换时需要从这三方面进行。在转换过程中,亚声速进气道一般不带附面层放气和旁路放气,因而与附面层放气以及旁路放气有关的流量、阻力特性图不需要转换计算,整个特性转化过程相对简单。二元和轴对称进气道的特性转化方法类似,差异仅在于来流为超声速气流时,计算二元进气道特性采用楔形流计算方法,而计算轴对称进气道特性必须采用锥形流理论。详细的进气道特性转换方法读者可查阅文献(Neal et al. , 2012;乐川 等,2010;王新月,2006;袁化成 等,2006;廉筱纯 等,2005;周建华 等,2002;Perkins et al. , 1991; 姜正行,1989;赵鹤书,1989; Kowalski et al. , 1979a; Kowalski et al. , 1979b; Kowalski et al. , 1979c; Osmon, 1968; Joseph, 1965),本书在此不再赘述。

3.2.4　进气道特性计算流程

进气道特性计算模型是根据转化后所得的实际进气道特性,就特定进气道、特定发动机,计算给定飞行高度、飞行马赫数、发动机功率状态下进气道总压恢复系数和阻力。

1. 进气道与发动机流量匹配计算

进气道与发动机共同工作时,需考虑流量匹配条件。进气道与发动机的共同工作点是在进气道总压恢复系数特性图的基础上寻求满足发动机工作所需流量的匹配点。该过程须通过迭代方法求解。在此介绍两种处理方法,并给出比较。

1) 进气道特性独立于发动机性能迭代计算模型

此计算模型中,进气道特性计算独立于发动机程序计算。首先以进气道总压恢复系数为1.0预算发动机进口流量,在进气道总压恢复系数特性图中找到与此流量匹配的特性点,得到该点所对应的总压恢复系数,检验此次总压恢复系数与上次预估总压恢复系数的相对差值是否满足迭代收敛的精度。若迭代收敛,则程序跳出,若迭代不收敛,则选择新的总压恢复系数重新计算发动机程序,直至两次计算得到的总压恢复系数相对差值满足收敛条件。计算流程如图 3 - 1 所示。

该方法将进气道与发动机流量匹配进行单独的大迭代,方法简单,但由于进气道特性图在超临界状态存在大段的竖直段,使得插值时精度较低,迭代不宜收敛。考虑到该方法以上弊端,本书采用以下方法进行计算。

2) 进气道特性耦合发动机性能迭代计算模型

在此方法中,将进气道作为发动机的一个部件,进气道的总压恢复系数特性紧密影响着发动机的共同工作点。

在进行流量匹配迭代之前,首先处理进气道特性图。由于进气道在亚临界状态与超临界

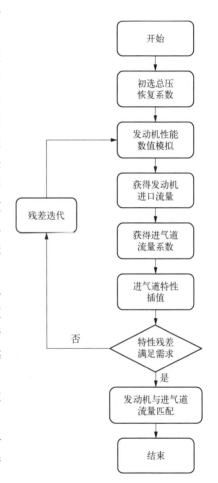

图 3 - 1 进气道与发动机流量匹配计算流程图

状态工作时,进气道总压恢复特性大段处于平直段,在使用普通插值方法时会引起较大误差,故仿照压气机特性图处理方法,采用 Smooth C 软件将进气道总压恢复特性图转换为 β 特性图。β 特性图是将特性图中上边界线定义为 β = 1,下边界线

定义为 $\beta = 0$，中间生成等间距的等 β 线（Kurzke，2005）。某进气道 β 特性图如图 3-2 所示。

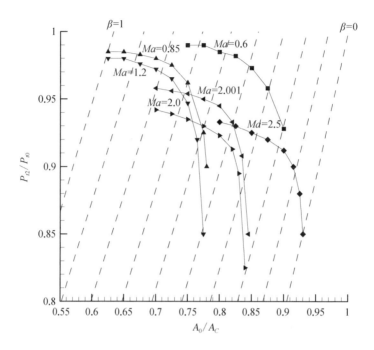

图 3-2　进气道 β 特性图

在计算发动机共同工作点时，因为加入进气道部件，故发动机共同工作方程迭代变量与误差变量分别增加一个。通过进气道与发动机流量匹配工作可得到考虑进气道总压恢复系数的发动机性能，包含发动机流量、推力、耗油率等，也可得到进气道的总压恢复系数和流量系数，进而计算进气道的阻力。

2. 进气道阻力计算

计算考虑进气道冲压损失后的发动机性能后，还需扣除进气道阻力。详细的计算方法如下：

根据进气道进口马赫数 Ma_0，进气道可分为两种不同的工作模式，即低速工作模式与非低速工作模式。这两种工作模式下的气流特性不同，进气道特性计算方法也不同。

（1）低速模式：一般用于起飞状态，$Ma_0 < 0.3$。这时，进气道总压恢复系数可以看成仅是 Ma_0 的函数，因而总压恢复系数可以根据进气道总压恢复系数与马赫数 Ma_0 匹配关系插值求得。阻力可以忽略不计，即 $CD_{IN} = 0$。

（2）非低速模式：一般用于 $Ma_0 \geqslant 0.3$。首先求得与发动机相匹配的流量比 A_{0E}/A_C，还需制定合适的附面层放气与旁路放气规律以确定放气比 A_{0BLC}/A_C、

A_{0BYP}/A_C。若无详细的放气规律,可采用程序默认的放气规律,如图 3-3 所示。在进气道初步设计阶段,也可采用典型的附面层放气规律。流量特性确定后,可分别求出溢流阻力系数 CD_{SPIL}、附面层放气阻力系数 CD_{BLC} 和旁路放气阻力系数 CD_{BYP}。

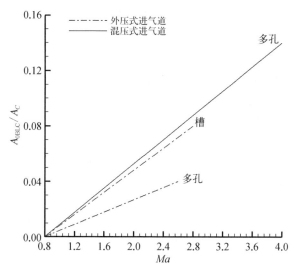

图 3-3　典型的附面层放气规律

3.3　喷管/后体特性计算方法

3.3.1　喷管/后体特性数据库

与进气道数据库类似,喷管/后体特性数据库的建立是喷管特性转换的前提。为使发动机安装性能计算更加简便,一般有 9 种常用喷管/后体的特性数据库。这 9 种喷管的结构类型为: 轴对称收-扩喷管(单喷管、双喷管)、轴对称塞式喷管(单喷管、双喷管)、二元收-扩喷管(单喷管、双喷管)、二元楔式喷管(单喷管、双喷管)和增强分流喷管(augmented deflector exhaust nozzle, ADEN)双喷管。

3.3.2　喷管/后体特性转换参数的选择及特性转换方法

喷管/后体特性转换参数的选择原则与进气道相同,可参考 3.2.3 小节。并以此原则选取喷管/后体的关键几何气动参数作为特性转换参数,而特性转换方法可参考文献(黄涛 等,2006;琚春光 等,2005; Kurzke, 2005; Rubio et al., 2001; 姜正行,1989; Peace, 1989; Norton, 1987; Kowalski et al., 1979a; Kowalski et al., 1979b; Kowalski et al., 1979c; Lander, 1975)。

3.3.3 喷管/后体特性计算流程

喷管/后体特性计算模块是利用转换后的实际喷管/后体特性,计算由喷管的推力系数不等于1.0引起的推力损失及由外流损失引起的后体阻力。

1. 喷管推力系数及推力损失计算

喷管推力系数及推力损失的计算步骤为:

(1) 根据发动机性能程序的计算结果,得到喷管可用膨胀比 P_{T9}/P_0,其中 P_{T9} 是喷管进口总压, P_0 是环境压力。

(2) 以转换后的推力系数特性图为基础,根据喷管可用膨胀比、喷管扩张段面积比 A_9/A_8 或发动机工作状态得到推力系数 C_{FG}。

(3) 由喷管的推力系数不等于1.0引起的推力损失 ΔF_g 按下式计算:

$$\Delta F_g = F_{gi}(1 - C_{FG}) \tag{3-1}$$

式中, F_{gi} 是喷管完全膨胀时的理想推力。

2. 喷管/后体阻力计算

在喷管/后体特性数据库中,特定喷管/后体结构的阻力特性用阻力系数 CD_{AB} 表示。在喷管出口完全膨胀的条件下, CD_{AB} 是喷管后体最大截面面积与喷管出口面积之比及自由流马赫数的函数。

当某计算点的静压比 P_{S9}/P_{S0} 不等于1.0时,还必须考虑 P_{S9}/P_{S0} 对阻力系数的影响,这里使用如下关系式进行修正。

$$\Delta CD_{PP} = 4.5e^{-Ma_0^2}\left(1 - \frac{P_{S9}}{P_{S0}}\right)\left(1.1 \times \frac{A_9}{A_8} - 1.0\right)\left(\frac{A_9}{A_{10}}\right)^{3/2} \text{IMS} \tag{3-2}$$

$$CD_{AB} = CD_{AB1.0} + \Delta CD_{PP} \tag{3-3}$$

式中, A_8 表示喷管喉部面积, A_9/A_8 随 Ma_0 变化,由发动机给定的 A_9/A_8 控制规律确定; $CD_{AB1.0}$ 为喷管完全膨胀的后体阻力系数。

所以,在某一飞行状态(马赫数、高度、发动机功率)下喷管/后体阻力的计算步骤为:

(1) 根据确定的 A_{10} 和计算点的 Ma、A_9,从经过特性转化后的喷管/后体阻力系数特性插值计算 $CD_{AB1.0}$。

(2) 根据计算点 Ma 数,由给定的喷管面积控制规律计算 A_9/A_8。

(3) 根据计算点 Ma 数、喷管出口面积 A_9 和后体最大面积 A_{10},从输入的后体面积分布计算对应于该 A_9/A_{10} 的"积分平均斜率 IMS"。

(4) 根据式(3-2)与式(3-3),计算 ΔCD_{PP} 和 CD_{AB}。

(5) 根据喷管/后体具体结构,计算喷管/后体阻力。

对于二元喷管/后体,

$$D_{AB} = CD_{AB} \times q_0 \times (A_{10} - A_9) \qquad (3-4)$$

对于轴对称喷管/后体,

$$D_{AB} = CD_{AB} \times q_0 \times A_{10} \qquad (3-5)$$

3.4　发动机安装性能计算方法

3.4.1　推力-阻力核算系统

飞机的性能取决于装在飞机上的推进系统的力和飞机本身气动外形的阻力,由于推进系统的内流和飞机外部绕流的相互干扰,使推力和阻力有着密切的关联,难以严格区分。为了对来自各方面的原始数据作出恰当的综合,以便对不同飞机或同一型号装不同发动机的各种方案的性能作出有意义的比较,也为了在设计阶段确定实验研究和分析计算项目,不产生遗漏和重复现象,需要建立推力-阻力核算系统。

推力-阻力核算系统是用来定义、计算、测量作用在飞机上的推力和阻力,并按一定方式把它们综合起来以供性能计算用的一种匹配系统。飞机设计部门根据设计水平、经验及计算、试验条件所确定的某种推力-阻力核算系统,可作为发动机设计部门、风洞试验部门、试飞部门互相协调和交换相应数据的依据。

推力-阻力核算系统的基础是在适当的参考系统中统一定义推力和阻力,并将这些力划分为与节流有关的力(安装推力)及与节流无关的力(反映在飞机极曲线中的阻力)。故在计算之前须定义参考工作状态。所谓参考工作状态是指实际飞行中的那些典型状态,其中包括特定的发动机油门位置和特定的进气道和喷管调节系统的工作位置。

在给定的飞行高度、飞行马赫数和飞行姿态下作用于飞机上的飞行方向上的总力 F_t 可表示为(姜正行,1989):

$$F_t = P_n + \Delta P_i + \Delta P_e - X_{ref} - \Delta X_i - \Delta X_e \qquad (3-6)$$

式中, P_n 为考虑了进气道内特性、喷管内特性、发动机放气和供冷却用气等各项对发动机功率减少的影响后,发动机还能产生的净推力; ΔP_i 为由于进气道工作状态与参考状态不同而引起的与节流有关的外力增量; ΔP_e 为由于喷管工作状态与参考状态不同而引起的与节流有关的外力增量; X_{ref} 为模型在参考状态下所受的外力; ΔX_i 为由于进气道工作状态与气动参考状态不同而引起的与节流无关的外力增量; ΔX_e 为由于喷管工作状态与气动参考状态不同而引起的与节流无关的外力增量。

3.4.2 进发排一体化计算模型

计算时,可以根据实际进气道的主要设计参数从程序包含的 19 种进气道中选一个相近的进气道作为参考进气道,并应用进气道特性转换程序将参考进气道的特性转换为实际进气道的特性。类似地,程序也包含 9 种结构的喷管/后体的特性数据库,可根据实际喷管/后体结构选取相近的作为参考喷管/后体,并将参考特性数据转换成实际喷管/后体的特性数据。因此发动机安装性能计算程序在实际运行时,首先需要根据进排气系统的气动和几何参数,运行进气道、喷管/后体特性转换程序,得到进排气系统的特性。然后程序将运行发动机性能计算程序,即在给定的飞行高度、飞行马赫数和发动机功率状态条件下考虑进排气系统内流特性对发动机性能的影响。特别地,考虑进气道总压恢复对发动机性能的影响时,本书将进气道与发动机流量匹配加入发动机共同工作方程中,迭代求解非线性方程组,即可得到满足进气道/发动机匹配的发动机共同工作点。最后计算进气道阻力与后体阻力,得到发动机安装性能。详细的进发排一体化计算流程见图 3-4。

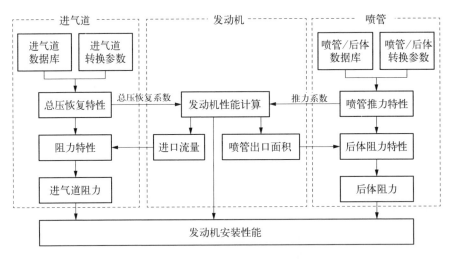

图 3-4 进发排一体化计算流程框图

3.5 安装性能数值模拟范例

前文给出了通用的航空发动机安装性能数值模拟方法,本节以混排涡扇发动机为例,对其高度特性和速度特性进行数值模拟。计算了全包线范围的安装性能。图 3-5 和图 3-6 给出了在飞行高度为 0 km 和 10 km 条件下的非安装性能和考虑不同安装因素影响的安装性能比较。图中分别给出了为进气道总压恢复系数为1.0 时的推力和耗油率,仅考虑进气道总压恢复系数,但不考虑进排气系统阻力时的推力和耗油率,以及考虑了进气道总压恢复系统、进气道阻力、喷管/后体推力损失和阻力的发动机安装推力和安装耗油率。

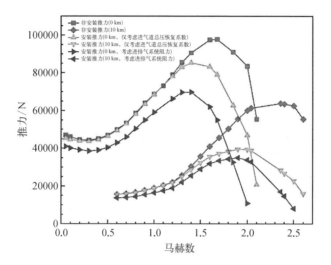

图 3-5　发动机推力随飞行马赫数的变化

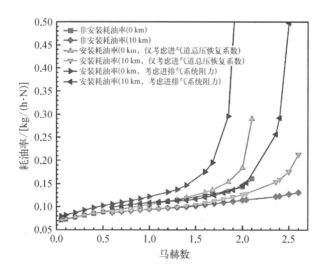

图 3-6　发动机耗油率随飞行马赫数的变化

图 3-7 和图 3-8 给出了在飞行 Ma 数为 0.6 和 1.2 条件下,考虑不同安装因素影响时安装推力、安装耗油率随飞行高度的变化关系。

由发动机推力速度特性曲线可以看出,特性曲线符合一般规律,即随着 Ma 数随增大,在低 Ma 数时,推力开始略有下降,然后逐渐增大,在某个 Ma 数时,推力达到最大,之后,随着 Ma 数增大推力迅速下降。同时可以看出:

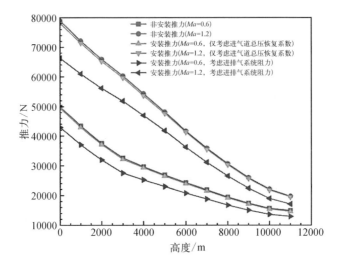

图 3-7　发动机推力随飞行高度的变化

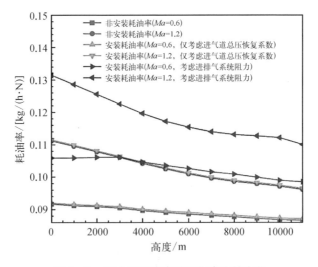

图 3-8　发动机耗油率随飞行高度的变化

（1）不同高度的速度特性最高点所对应的 Ma 数不同,高空可使用的 Ma 数较高。

（2）安装推力和非安装推力随 Ma 数的变化趋势相似,但安装推力最高点对应的 Ma 数比净推力的低(高空、低空均如此)。

（3）在计算发动机安装推力的过程中,引起推力损失的因素有:进气道总压恢复系数小于 1.0 造成的推力损失(相当于阻力)、喷管内流推力系数小于 1.0 造成的推力损失(相当于阻力)、进气道阻力、喷管/后体阻力。

第 4 章
飞机/发动机一体化性能数值模拟方法

4.1 引　言

为了在发动机初始设计阶段,根据飞行任务确定飞机的尺寸和起飞重量,并选取合适的发动机类型、循环设计参数及发动机台数,一个行之有效的方法是将飞机/发动机一体化设计计算过程分为约束分析、任务分析、发动机性能数值模拟、安装性能数值模拟等模块。在约束分析中,根据飞行任务的主要性能指标,结合飞机的受力分析确定机翼载荷和推力载荷的关系,由任务分析确定海平面起飞推力、发动机的进口流量及台数,并检验发动机的耗油率、重量是否满足机动性、航程等要求。本章在前面章节发动机性能数值模拟及安装性能数值模拟的基础上,介绍飞机/发动机约束分析及任务分析的数值模拟方法。

4.2 约 束 分 析

飞机的约束分析主要是在给定飞机升阻特性的情况下,根据飞行力学主控方程计算不同任务航段下飞机的起飞推重比与机翼载荷的可行域。在可行域中以"低起飞推重比与高机翼载荷"的原则确定飞机的起飞推重比与机翼载荷。

飞机在飞行过程中主要受到推力 F、升力 L、阻力 D、附加阻力 R 及重力 W 的作用,而推力 F 在克服掉阻力 D 和附加阻力 R 后对飞机产生的功率可以认为转化成了飞机沿重力方向的势能增量及沿飞行方向的动能增量,由此,飞机在飞行时的主控方程可写为

$$[F - (D + R)] V = W\left[\frac{\mathrm{d}h}{\mathrm{d}t} + \frac{\mathrm{d}}{\mathrm{d}t}\left(\frac{V^2}{2g_0}\right)\right] \tag{4-1}$$

上式右端括号内的 $\mathrm{d}h/\mathrm{d}t + \mathrm{d}(V^2/2g_0)/\mathrm{d}t$ 可表示为单位重力的势能和动能的变化量,可用符号 P_s 进行表示。

由于约束分析是确定起飞状态下的推重比和机翼载荷,而式(4-1)中的推力

F、阻力 D、附加阻力 R（对于民用飞机其值为零）、重力 W 都为各个任务航段上的参数，因此需要一定的转化方法将航段上的推力 F 和重力 W 转化为含有起飞推力 F_{SL} 和起飞重量 W_{TO} 的表现形式。文献（Mattingly et al., 2002）通过推力比例系数 α 和重量比例系数 β 将飞机在各航段上的推力和重量转化到了起飞推力和起飞重量上，即

$$F = \alpha F_{SL} \tag{4-2}$$

$$W = \beta W_{TO} \tag{4-3}$$

对于式（4-2）中的推力比例系数 α，文献（Mattingly et al., 2002）针对不同的飞机和发动机类型，总结出了在不同高度和马赫数下，推力比例系数 α 随总压比、总温比、马赫数的变化关系。对于采用大涵道比分排涡扇发动机的民用飞机，推力比例系数 α 可表示为

$$\begin{cases} \theta_0 \leqslant TR, \ \alpha = \delta_0(1 - 0.49\sqrt{Ma_0}) \\ \theta_0 > TR, \ \alpha = \delta_0\left[1 - 0.49\sqrt{Ma_0} - \dfrac{3(\theta_0 - TR)}{1.5 + Ma_0}\right] \end{cases} \tag{4-4}$$

式中，δ_0 为进气道进口总压与标准大气压力之比；θ_0 为进气道进口总温与标准大气温度之比；Ma_0 为飞行马赫数；TR 为发动机节流比。式（4-3）中的重量比例系数 β 在约束分析中往往针对不同航段，在初始预估时根据经验值给出。

将式（4-2）和式（4-3）代入到式（4-1）中，结合飞机在各个任务航段的飞行状态，可对主控方程（4-1）进行化简，得到各个任务航段机翼载荷与起飞推重比之间的关系如下。

（1）水平等速巡航：此时飞机处于匀速平飞状态，即 $\mathrm{d}h/\mathrm{d}t = 0$，$\mathrm{d}V/\mathrm{d}t = 0$。给定巡航速度 V_{cr} 和巡航高度 h_{cr}，则主控方程可简化为

$$\frac{F_{SL}}{W_{TO}} = \frac{\beta}{\alpha}\left\{K_1 \frac{\beta}{q}\left(\frac{W_{TO}}{S_w}\right) + K_2 + \frac{C_{D0}}{\dfrac{\beta}{q}\left(\dfrac{W_{TO}}{S_w}\right)}\right\} \tag{4-5}$$

（2）等速爬升：此时飞机处于匀速爬升状态，即 $\mathrm{d}V/\mathrm{d}t = 0$。给定爬升速度 V_{cl}、爬升时间 Δt_{cl}、初始爬升高度 $h_{cl,1}$、末端爬升高度 $h_{cl,2}$，则主控方程可简化为

$$\frac{F_{SL}}{W_{TO}} = \frac{\beta}{\alpha}\left\{K_1 \frac{\beta}{q}\left(\frac{W_{TO}}{S_w}\right) + K_2 + \frac{C_{D0}}{\dfrac{\beta}{q}\left(\dfrac{W_{TO}}{S_w}\right)} + \frac{1}{V_{cl}}\left(\frac{h_{cl,2} - h_{cl,1}}{\Delta t_{cl}}\right)\right\} \tag{4-6}$$

（3）水平加速：此时飞机处于等高度的加速飞行状态，即 $dh/dt = 0$。 给定飞行高度 h_{ac}、初始速度 $V_{ac,1}$、最终速度 $V_{ac,2}$、加速时间 Δt_{ac}，则主控方程可简化为

$$\frac{F_{SL}}{W_{TO}} = \frac{\beta}{\alpha}\left\{ K_1 \frac{\beta}{q}\left(\frac{W_{TO}}{S_w}\right) + K_2 + \frac{C_{D0}}{\frac{\beta}{q}\left(\frac{W_{TO}}{S_w}\right)} + \frac{1}{g_0}\left(\frac{V_{ac,2} - V_{ac,1}}{\Delta t_{ac}}\right) \right\} \quad (4-7)$$

（4）加速爬升：此时飞机处于爬升和加速状态，即 $dh/dt \neq 0$、$dV/dt \neq 0$。 给定起始爬升高度 $h_{ca,1}$、最终爬升高度 $h_{ca,2}$、初始爬升速度 $V_{ca,1}$、最终爬升速度 $V_{ca,2}$、加速爬升时间 Δt_{ca}，则主控方程可简化为

$$\frac{F_{SL}}{W_{TO}} = \frac{\beta}{\alpha}\left\{ K_1 \frac{\beta}{q}\left(\frac{W_{TO}}{S_w}\right) + K_2 + \frac{C_{D0}}{\frac{\beta}{q}\left(\frac{W_{TO}}{S_w}\right)} + \frac{1}{V_{ca,avg}}\frac{h_{ca,2} - h_{ca,1}}{\Delta t_{ca}} + \frac{1}{g_0}\left(\frac{V_{ca,2} - V_{ca,1}}{\Delta t_{ca}}\right) \right\}$$

$$(4-8)$$

式中，$V_{ca,avg}$ 为加速爬升过程中的平均速度。

（5）水平等速盘旋：此时飞机处于等高度匀速的盘旋状态，即 $dh/dt = 0$、$dV/dt = 0$，而此时飞机所受到的升力与重力并不相等（过载 $n \neq 1$），因此需要给定过载 n、盘旋高度 h_{ho}、盘旋速度 V_{ho}，则主控方程可简化为

$$\frac{F_{SL}}{W_{TO}} = \frac{\beta}{\alpha}\left\{ K_1 n^2 \frac{\beta}{q}\left(\frac{W_{TO}}{S_w}\right) + K_2 n + \frac{C_{D0}}{\frac{\beta}{q}\left(\frac{W_{TO}}{S_w}\right)} \right\} \quad (4-9)$$

（6）实用升限：此时飞机的高度处于飞机能维持平飞的最大高度，但爬升率略大于零，由此可以认为飞机以较小的爬升率在最大平飞高度上匀速飞行。因此，需要给定高度 h_{ce}，速度 V_{ce}，爬升率 dh/dt，升力系数 C_L，则主控方程可简化为

$$\frac{F_{SL}}{W_{TO}} = \frac{\beta}{\alpha}\left\{ K_1 C_L + K_2 + \frac{C_{D0}}{C_L} + \frac{1}{V_{ce}}\frac{dh}{dt} \right\} \quad (4-10)$$

（7）起飞滑跑：此时飞机处于地面滑跑起飞状态，没有高度上的变化，即 $dh/dt = 0$，给定飞机最大起飞升力系数 $C_{Lmax,TO}$、起飞阻力系数 $C_{D,TO}$、起飞速度安全系数 k_{TO}（起飞速度与飞机失速速度之比）、地面摩擦系数 μ_{TO} 及起飞距离 S_G，则主控方程可简化为

$$\frac{F_{SL}}{W_{TO}} = \frac{\beta}{\alpha}\left\{ \xi_{TO} \frac{q}{\beta}\left(\frac{S_w}{W_{TO}}\right) + \mu_{TO} + \frac{1}{g_0}\frac{dV}{dt} \right\} \quad (4-11)$$

式中,变量 ξ_{TO} 是飞机起飞时的总阻力系数,其值与最大起飞升力系数、阻力系数、地面摩擦系数相关,可通过下式计算:

$$\xi_{TO} = \left(C_{D,\,TO} - \mu_{TO} \frac{C_{L\max,\,TO}}{k_{TO}^2} \right) \tag{4-12}$$

在约束分析中,滑跑距离 S_G 往往为一个较为重要的约束参数,因此可将式 (4-11) 对速度进行积分得到一个与滑跑距离 S_G 相关的约束方程:

$$S_G = -\frac{\beta(W_{TO}/S)}{\rho g_0 \xi_{TO}} \ln \left\{ 1 - \frac{\xi_{TO}}{\left[\dfrac{\alpha}{\beta} \left(\dfrac{F_{SL}}{W_{TO}} \right) - \mu_{TO} \right] \dfrac{C_{L\max,\,TO}}{k_{TO}^2}} \right\} \tag{4-13}$$

在起飞过程中滑跑距离 S_G 只为起飞距离 S_{TO} 的一部分,严格意义上的起飞距离还应包括当飞机达到起飞速度后抬起机头以增加升力系数时滑跑的距离 S_R 及以一定爬升角爬升到安全高度后所飞行的距离 S_{obs}。本书给出的起飞距离约束条件为飞机在地面时的滑跑距离和抬轮时的距离之和,因此起飞距离 $S_{TO} = S_G + S_R$。对于距离 S_R 的求解可通过下式计算。

$$S_R = t_R k_{TO} \sqrt{(2\beta/\rho C_{L\max,\,TO})\left(\frac{W_{TO}}{S} \right)} \tag{4-14}$$

(8) 制动滑跑:此时飞机处于着陆滑跑状态,与起飞滑跑状态类似,该状态没有高度上的变化,即 $dh/dt = 0$,给定飞机最大着陆升力系数 $C_{L\max,\,TD}$、着陆阻力系数 $C_{D,\,TD}$、着陆速度安全系数 k_{TD}(着陆速度与飞机失速速度之比)、地面摩擦系数 μ_{TD},则主控方程可简化为

$$\frac{F_{SL}}{W_{TO}} = \frac{\beta}{\alpha} \left\{ \xi_L \frac{q}{\beta} \left(\frac{S_w}{W_{TO}} \right) + \mu_{TD} + \frac{1}{g_0} \frac{dV}{dt} \right\} \tag{4-15}$$

式中,ξ_L 是降落时飞机的总阻力系数,其值与最大着陆升力系数、阻力系数、地面摩擦系数相关,可通过下式计算。

$$\xi_{TD} = \left(C_{D,\,TD} - \mu_{TD} \frac{C_{L\max,\,TD}}{k_{TD}^2} \right) \tag{4-16}$$

将式(4-15)对速度进行积分得到一个与制动滑跑距离 S_{TD} 相关的约束方程:

$$S_{TD} = \frac{\beta(W_{TO}/S_w)}{\rho g_0 \xi_L} \ln \left\{ 1 + \frac{\xi_L}{\left[\mu_B - \dfrac{\alpha}{\beta} \left(\dfrac{F_{SL}}{W_{TO}} \right) \right] \dfrac{C_{L\max,\,TD}}{k_{TD}^2}} \right\} \tag{4-17}$$

在着陆滑跑过程中整个滑跑距离 S_L 除了制动滑跑距离 S_{TD} 外,还应包括飞机刚着陆而刹车系统还未开始工作时的自由滑跑距离 S_{FR},因此滑跑距离 $S_L = S_{TD} + S_{FR}$,S_{FR} 可通过下式计算得到:

$$S_{FR} = t_{FR} k_{TD} \sqrt{(2\beta/\rho C_{L\max, TD}) \left(\frac{W_{TO}}{S} \right)} \qquad (4-18)$$

以上各式中出现的参数 q 为计算条件下的动压头,参数 K_1、K_2 分别为升力系数与阻力系数之间的关联系数,参数 C_{D0} 为零升力时的阻力系数,g_0 为重力加速度,ρ 为所计算条件下的大气密度。

4.3　任务分析

飞机任务分析旨在根据飞机在各个任务航段的燃油消耗,计算飞机的最大起飞重量,结合约束分析计算得到的起飞推重比、机翼载荷,计算飞机的推力需求和机翼面积等参数。由此可看出任务分析的关键是计算飞机的最大起飞重量,根据最大起飞重量 W_{TO} 的组成情况,其值可通过下式计算。

$$W_{TO} = W_P + W_E + W_F \qquad (4-19)$$

式中,W_P 表示有效载荷;W_E 为飞机空重;W_F 为燃油重量。有效载荷 W_P 可分为不可回收的有效载荷 W_{PE} 和任务中承载的永久性有效载荷 W_{PP} 两部分,W_{PE} 主要是战斗机、轰炸机及运输机在任务中投放的弹药或者货物,而 W_{PP} 包括机组人员、旅客和个人装备;飞机空重 W_E 包括基本的飞机结构和所有永久装载的设备,如发动机、航空电子设备、机轮和座椅等。

由于民用飞机在整个飞行任务中不存在弹药或者货物的投放,因此 $W_{PE} = 0$。飞机空重 W_E 及永久性有效载荷 W_{PP} 在整个飞行过程中是保持不变的,只有燃油重量 W_F 会随着航程的变化或者发动机耗油率的变化而发生变化。因此,民用飞机的重量变化只与发动机燃烧掉的燃油重量有关,即

$$\frac{\mathrm{d}W}{\mathrm{d}t} = -\frac{\mathrm{d}W_F}{\mathrm{d}t} = -\mathrm{TSFC} \cdot F \qquad (4-20)$$

式中,TSFC 表示定装耗油率。

式(4-20)可以进一步写为

$$\frac{\mathrm{d}W}{W} = -\mathrm{TSFC} \frac{F}{W}\mathrm{d}t \qquad (4-21)$$

由此可以根据各个航段上飞机的飞行状态对式(4-21)进行积分,得到航段初

始重量与航段结束重量之间的关系(航段重量比),进而得到各个航段上的燃油消耗量。对于各个航段重量比的计算可根据飞机所处于的不同飞行状态,将其划分为两类:

(1) 加速或爬升状态下 $(P_s \neq 0)$:其重量变化的微分形式,可由式(4-21)结合式(4-1)表示为

$$\frac{dW}{W} = -\frac{TSFC}{V(1-u)}d\left(h + \frac{V^2}{2g_0}\right) \tag{4-22}$$

当 $TSFC/[V(1-u)]$ 为常量时,对式(4-22)进行积分,即可得到此时航段重量比的表达式为

$$\frac{W_f}{W_i} = \exp\left\{ -\frac{TSFC}{V(1-u)}\Delta\left(h + \frac{V^2}{2g_0}\right) \right\} \tag{4-23}$$

式中,W_f 为飞机在航段结束时的重量;W_i 为飞机在航段开始时的重量;u 为阻力与推力之比;$\Delta(h + V^2/2g_0)$ 为单位重力的势能和动能的变化量,即 P_s。

(2) 巡航、盘旋、暖机及起飞抬轮状态下 $(P_s = 0)$:此时 $F = D + R$,其重量变化的微分形式可以表示为

$$\frac{dW}{W} = -TSFC\left(\frac{D+R}{W}\right)dt \tag{4-24}$$

当 $TSFC(D+R)/W$ 为常量时,对式(4-24)进行积分,可得如下表达式:

$$\frac{W_f}{W_i} = \exp\left\{ -TSFC\left(\frac{D+R}{W}\right)\Delta t \right\} \tag{4-25}$$

式中,Δt 为航段飞行时间。

在式(4-20)与式(4-25)中,均出现了发动机安装耗油率 TSFC,其值为一个与高度、速度和油门杆位置相互耦合的复杂函数,文献(Mattingly et al., 2002)给出了发动机安装耗油率的初步预估方法,该方法将发动机安装耗油率归纳为如下的经验公式:

$$TSFC = (C_1 + C_2 Ma)\sqrt{\theta} \tag{4-26}$$

式中,θ 为大气静温比;参数 C_1 和 C_2 是与发动机类型相关的参数,对于分别排气的大涵道比涡扇发动机,其取值分别为 0.40 和 0.45。

在任务分析中,由于需要计算飞机在全航程中的油耗,因此对于航段的划分相对于约束分析而言会更加详细具体,主要包括暖机、起飞滑跑、起飞抬前轮、等速爬升、等高加速、加速爬升、水平等速巡航、待机八个类型的任务航段。根据每一个任

务航段飞机飞行状态的不同,将式(4-22)式(4-25)中的参数转化为与机翼载荷、起飞推重比相关的计算式,并将式(4-26)代入式(4-22)至式(4-25)中,由此得到不同任务航段下航段结束重量与航段起始重量之比的计算方法。

(1) 暖机:该状态下飞机处于地面静止状态,因此 $h=0$ m, $Ma_0=0$, $D=0$, $R=\alpha F_{SL}$, $dh/dt=0$, $dV/dt=0$,给定暖机时间 Δt_w,由式(4-24)可得

$$\frac{W_f}{W_i} = 1 - C_1\sqrt{\theta}\,\frac{\alpha}{\beta}\left(\frac{F_{SL}}{W_{TO}}\right)\Delta t_w \qquad (4-27)$$

(2) 起飞滑跑:该状态下飞机在地面跑道上处于自由滑跑状态,发动机往往处于最大功率状态,因此 $h=0$ m, $dh/dt=0$。此时给定地面摩擦系数 μ_{TO},起飞安全系数 k_{TO},最大起飞升力系数 $C_{L\max}$,起飞阻力系数 $C_{D,TO}$,由式(4-23)可得

$$\frac{W_f}{W_i} = \exp\left\{-\frac{(C_1+C_2 Ma_{TO,av})\sqrt{\theta}}{g_0}\left[\frac{V_{TO}}{(1-u)}\right]\right\}. \qquad (4-28)$$

式中, u 为起飞滑跑情况下的阻力与推力之比,根据起飞滑跑时飞机的受力分析可知:

$$u = \left\{\xi_{TO}\,\frac{q}{\beta}\left(\frac{S}{W_{TO}}\right) + \mu_{TO}\right\}\frac{\beta}{\alpha}\left(\frac{W_{TO}}{F_{SL}}\right) \qquad (4-29)$$

式中,起飞总阻力系数 ξ_{TO} 可由式(4-12)计算,平均马赫数 $Ma_{TO,av}$ 可通过起飞滑跑时的平均速度计算,起飞速度 V_{TO} 可根据飞机机翼载荷、最大升力系数、起飞安全系数由下式近似估算。

$$V_{TO} = \sqrt{\frac{2\beta k_{TO}^2}{\rho C_{L\max}}\left(\frac{W_{TO}}{S}\right)} \qquad (4-30)$$

(3) 起飞抬轮:该状态是飞机由地面到空中的过渡状态,由于该状态较为短暂(一般为 3 秒),可认为飞机在高度和速度上都没有发生变化,即: $dh/dt=0$, $dV/dt=0$。因此,给定起飞马赫数 Ma_{TO} 和抬轮时间 Δt_R,由式(4-24)可得

$$\frac{W_f}{W_i} = 1 - (C_1+C_2 Ma_{TO})\sqrt{\theta}\,\frac{\alpha}{\beta}\left(\frac{F_{SL}}{W_{TO}}\right)\Delta t_R \qquad (4-31)$$

(4) 等速爬升:该状态下飞机处于匀速爬升状态,飞机只有高度上的变化,没有速度上的变化,即: $dV/dt=0$。因此,给定初始爬升高度 $h_{cl,1}$,末端爬升高度 $h_{cl,2}$,爬升速度 V_{cl},爬升时的阻力系数 $C_{D,cl}$,爬升时的升力系数 $C_{L,cl}$,由式(4-23)可得

$$\frac{W_f}{W_i} = \exp\left\{ -\frac{(C_1 + C_2 Ma_{cl})\sqrt{\theta}}{V_{cl}} \left[\frac{h_{cl,2} - h_{cl,1}}{1 - (C_{D,cl}/C_{L,cl})(\beta/\alpha)(W_{TO}/F_{SL})} \right] \right\}$$

$$(4-32)$$

式中，Ma_{cl} 为爬升马赫数，其值会随着高度的变化而发生变化，因此将 Ma_{cl} 取为定值会使式(4-32)的求解产生较大的误差。为了减小计算误差，可以将整个等速爬升过程划分为若干个小段，取每一小段的平均马赫数，采用式(4-32)计算每一小段的总量比。最后将每一小段的总量比相乘，得到整个等速爬升航段的总量比。

（5）等高加速：该状态下飞机处于等高度的加速状态，飞机只有速度上的变化，没有高度上的变化，即：$dh/dt = 0$。因此，给定初始速度 $V_{ac,1}$，最终速度 $V_{ac,2}$，加速时的阻力系数 $C_{D,ac}$，加速时的升力系数 $C_{L,ac}$，由式(4-23)可得

$$\frac{W_f}{W_i} = \exp\left\{ -\frac{(C_1 + C_2 Ma_{ac,avg})\sqrt{\theta}}{V_{ac,avg}} \left[\frac{(V_{ac,2}^2 - V_{ac,1}^2)/2g_0}{1 - (C_{D,ac}/C_{L,ac})(\beta/\alpha)(W_{TO}/F_{SL})} \right] \right\}$$

$$(4-33)$$

式中，$Ma_{ac,avg}$ 和 $V_{ac,avg}$ 分别为加速过程中的平均马赫数和平均速度。为了减小计算误差，可以采用等速爬升中将航段进行划分的方法，取每一小段的平均马赫数和平均速度进行求解。

（6）加速爬升：该状态下飞机在高度和速度上都会发生变化，即：$dV/dt \neq 0$、$dh/dt \neq 0$。因此，给定初始爬升高度 $h_{ca,1}$，末端爬升高度 $h_{ca,2}$，初始速度 $V_{ca,1}$，最终速度 $V_{ca,2}$，加速爬升时的阻力系数 $C_{D,ca}$，加速爬升时的升力系数 $C_{L,ca}$，由式(4-23)可得

$$\frac{W_f}{W_i} = \exp\left\{ -\frac{(C_1 + C_2 Ma_{ca,avg})\sqrt{\theta}}{V_{ca,avg}} \left[\frac{(h_{ca,2} - h_{ca,1}) + (V_{ca,2}^2 - V_{ca,1}^2)/2g_0}{1 - (C_{D,ca}/C_{L,ca})(\beta/\alpha)(W_{TO}/F_{SL})} \right] \right\}$$

$$(4-34)$$

式中，$Ma_{ca,avg}$ 和 $V_{ca,avg}$ 分别为加速过程中的平均马赫数和平均速度。为了减小计算误差，对于上式的求解也可以运用类似于求解等高加速和等速爬升的分段求解方法。

（7）水平等速巡航：该状态下飞机处于定高度下的等速巡航状态（$dh/dt = 0$，$dV/dt = 0$）。此时需给定巡航高度 h_{cr}，巡航速度 V_{cr}，巡航的距离 Δs，巡航时的阻力系数 $C_{D,cr}$ 和升力系数 $C_{L,cr}$，式(4-25)可得

$$\frac{W_f}{W_i} = \exp\left\{ -\frac{(C_1 + C_2 Ma_{cr})\sqrt{\theta}}{V_{cr}} \left(\frac{C_{D,cr}}{C_{L,cr}} \right) \Delta s \right\}$$

$$(4-35)$$

式中，Ma_{cr} 为巡航时的马赫数。

（8）等高度等速度盘旋：相比于飞机一般的直线和水平飞行状态，在等速盘旋状态下，虽然高度和速度都不会发生变化（$dh/dt = 0$，$dV/dt = 0$），但在垂直于飞行速度方向会产生过载。计算时需给定过载系数 n，盘旋高度 h_{tn}，盘旋速度 V_{tn}，盘旋的圈数 N，盘旋时的升力系数 $C_{L, tn}$ 和阻力系数 $C_{D, tn}$，根据式（4 - 25）可知：

$$\frac{W_f}{W_i} = \exp\left\{ - (C_1 + C_2 Ma_{tn}) \sqrt{\theta}\left(\frac{C_{D, tn}}{C_{L, tn}/n}\right) \Delta t_{tn} \right\} \qquad (4 - 36)$$

式中，盘旋时间 Δt_{tn} 可根据盘旋的圈数、过载和盘旋速度，根据下式计算。

$$\Delta t_{tn} = \frac{2\pi N V_{tn}}{g_0 \sqrt{n^2 - 1}} \qquad (4 - 37)$$

由式（4 - 27）至式（4 - 37）计算得到不同任务航段的航段重量比后，从第 i 个航段至第 j 个航段的重量比可表示为

$$\frac{W_j}{W_i} = \frac{W_{i+1}}{W_i} \frac{W_{i+2}}{W_{i+1}} \cdots \frac{W_{i-2}}{W_{j-1}} \frac{W_{j-1}}{W_j} = \prod_{i}^{j} \quad i < j \qquad (4 - 38)$$

根据上式可知，从第 i 个航段至第 j 个航段的燃油消耗量 W_F 可表示为

$$W_F = W_{TO}\left(- \prod_{i}^{j} + 1\right) \qquad (4 - 39)$$

对于民用飞机而言，整个航程上无投放的弹药或者货物，因此式（4 - 19）可以进一步写为

$$W_{TO} = W_{PP} + W_E + W_F \qquad (4 - 40)$$

将式（4 - 39）代入式（4 - 40），并将飞机空重 W_E 表示为空重比 Γ 与最大起飞重量 W_{TO} 之间的关系，可得到 W_{TO} 的最终表达式：

$$W_{TO} = \frac{W_{PP}}{\displaystyle\prod_{1}^{n} - \Gamma} \qquad (4 - 41)$$

式中，空重比 Γ 可通过文献（Mattingly et al.，2002）中给出的经验公式［如式（4 - 42）所示］计算得到。

$$\Gamma = 1.02 W_{TO}^{-0.06} \qquad (4 - 42)$$

4.4　一体化性能数值模拟范例

4.4.1　任务剖面

在进行一体化性能数值模拟时,飞机的飞行剖面如图4-1所示,整个任务剖面详细要求如表4-1和表4-2所示。

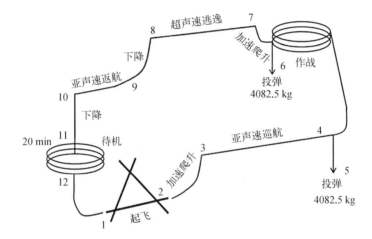

图 4 - 1　飞机飞行任务剖面

表 4 - 1　作战任务剖面

航段编号	剖面中位置	航段名称	马赫数	高度/m	距离/km	备　　注
1	1 - 2	起飞加速		610		
2	1 - 2	起飞抬前轮		610		时间为 3 s
3	2 - 3	加速爬升	和航段2保持一致	610		上面一行表示起点,下面一行表示终点
			和航段4保持一致	和航段4保持一致		
4	3 - 4	亚声速巡航			1 000	航程从航段1开始计算
5	5	投放弹药				对地投放弹药 4 082.5 kg
6	6	作战消耗				消耗弹药 4 082.5 kg
7	6 - 7	加速爬升	和航段4保持一致	和航段4保持一致		上面一行表示起点,下面一行表示终点
			2.0	15 000		

航段编号	剖面中位置	航段名称	马赫数	高度/m	距离/km	备　注
8	7-8	超声速逃逸	2.0	15 000	600	航程从航段 7 开始计算
9	8-9	下降	2.0	15 000		上面一行表示起点,下面一行表示终点
			和航段 10 保持一致	和航段 10 保持一致		
10	9-10	亚声速返航			200	回程
11	10-11	下降	和航段 10 保持一致	和航段 10 保持一致		上面一行表示起点,下面一行表示终点
			和航段 12 保持一致	3 048		
12	11-12	待机		3 048		时间为 20 min

表 4-2　飞行任务剖面中的约束条件

序号	约束名称	高度/m	马赫数	是否加力	备　注
1	起飞距离	609		是	起飞距离少于 1 500 m
2	超声速逃逸	15 000	2	否	
3	亚声速盘旋	9 000	0.9	是	过载系数为 2.5
4	超声速盘旋	15 000	2	是	过载系数为 2
5	最大马赫数	18 000	2.5	是	
6	降落距离	609		否	降落距离少于 1 200 m

4.4.2　飞机/涡扇发动机一体化性能数值模拟

采用美国 2000 年技术水平的常规涡扇发动机进行一体化性能数值模拟,常规涡扇发动机的效率、涡轮前总温等部件性能参数如表 4-3 所示。

表 4-3　常规涡扇发动机部件性能参数

性　能	数　值	计算点
进气道 β 值	0.509 7	设计点
风扇压比	4.357	设计点

性　　能	数　　值	计　算　点
风扇涵道比	0.170 2	设计点
压气机压比	5.366	设计点
主燃烧室出口总温/K	1 889	设计点
加力燃烧室出口总温/K	2 000	设计点
风扇效率	0.85	设计点
压气机效率	0.85	设计点
高压涡轮效率	0.87	设计点
低压涡轮效率	0.88	设计点
后混合室内涵面积调节/%	89.81	非设计点 1
喷管喉部面积/m^2	0.439 1	非设计点 1
低压相对物理转速/%	93.07	非设计点 1
后混合室内涵面积调节/%	0.500 0	非设计点 2
喷管喉部面积/m^2	0.377 5	非设计点 2
低压相对物理转速/%	75.61	非设计点 2

　　该涡扇发动机的主要性能如表 4-4 所示。

表 4-4　常规涡扇发动机性能参数

性　　能	数　　值
设计点不加力推力/kN	161.7
设计点加力推力/kN	216.8
设计点单位推力/[N/(kg/s)]	1 242
非设计点 1 耗油率 $TSFC_1$/[kg/(kgf·h)]	1.359
非设计点 2 耗油率 $TSFC_2$/[kg/(kgf·h)]	1.074

　　飞机的主要设计参数如表 4-5 所示。

表 4 - 5　飞机部分设计参数

设计参数	W_{TO}/kg	T_{SL}/kN	S/m^2	W_E/kg	W_P/kg	$W_{F,con}$/kg	R_{total}/km
数值	31 751	216.8	43.48	13 290	10 186	8 240	1 957

对该飞机进行任务分析,得出如图 4 - 2 和图 4 - 3 所示的任务分析结果。

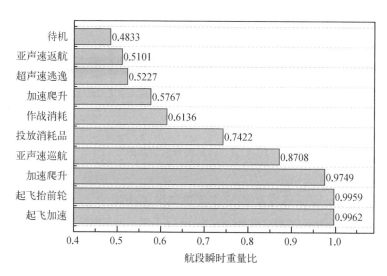

图 4 - 2　飞机航段瞬时重量比分布

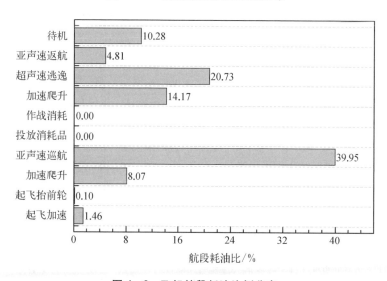

图 4 - 3　飞机航段耗油比例分布

对该飞机进行约束分析,结果如图 4 - 4 所示。

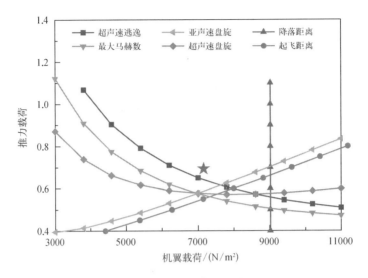

图 4-4　飞机约束分析结果

4.4.3　飞机/变循环发动机一体化性能数值模拟

采用带 CDFS 的双外涵变循环发动机进行飞机/发动机性能一体化数值模拟，变循环发动机的部件主要参数如表 4-6 所示。

表 4-6　变循环发动机部件性能参数

性　能	数　值	计　算　点
进气道设计点 β 值	0.610 8	设计点
风扇设计压比	4.324	设计点
CDFS 设计涵道比	0.370 1	设计点
CDFS 设计压比	1.402	设计点
压气机设计压比	6.467	设计点
主燃烧室出口总温/K	2 167	设计点
加力燃烧室出口总温/K	2 186	设计点
风扇设计点导叶角度/(°)	−10.00	设计点
CDFS 设计点导叶角度/(°)	−42.99	设计点
压气机设计点导叶角度/(°)	−8.973	设计点
高压涡轮设计点导向器面积/%	89.92	设计点
低压涡轮设计点导向器面积/%	71.64	设计点

续　表

性　　能	数　　值	计 算 点
低压设计点相对物理转速/%	91.17	设计点
高压设计点相对物理转速/%	100.0	设计点
风扇导叶角度/(°)	-5.408	非设计点 1
CDFS 导叶角度/(°)	-36.61	非设计点 1
压气机导叶角度/(°)	10.00	非设计点 1
高压涡轮导向器面积/%	126.3	非设计点 1
低压涡轮导向器面积/%	90.58	非设计点 1
后混合室内涵面积调节/%	50.55	非设计点 1
喷管喉部面积/m^2	0.344 2	非设计点 1
低压相对物理转速/%	98.62	非设计点 1
风扇导叶角度/(°)	-0.927 6	非设计点 2
CDFS 导叶角度/(°)	-45.00	非设计点 2
压气机导叶角度/(°)	10.00	非设计点 2
高压涡轮导向器面积/%	121.8	非设计点 2
低压涡轮导向器面积/%	85.66	非设计点 2
前混合室内涵面积调节/%	-80.00	非设计点 2
后混合室内涵面积调节/%	72.63	非设计点 2
喷管喉部面积/m^2	0.349 1	非设计点 2
低压相对物理转速/%	95.95	非设计点 2

该变循环发动机的主要性能如表 4-7 所示。

表 4-7　变循环发动机性能参数

性　　能	数　　值
设计点不加力推力/kN	153.8
设计点加力推力/kN	218.5
设计点单位推力/[N/(kg/s)]	1 252
非设计点 1 耗油率 TSFC_1/[kg/(kgf·h)]	1.194
非设计点 2 耗油率 TSFC_2/[kg/(kgf·h)]	0.890

飞机的主要设计参数如表 4-8 所示。

表 4-8 飞机部分设计参数

设计参数	W_{TO}/kg	T_{SL}/kN	S/m^2	W_E/kg	W_P/kg	$W_{F,con}/\text{kg}$	R_{total}/km
数值	31 751	218.5	43.48	13 290	10 186	7 212	1 990

对该飞机进行任务分析,得出如图 4-5 和图 4-6 所示的任务分析结果。

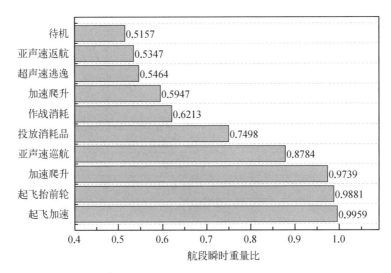

图 4-5 飞机航段瞬时重量比分布

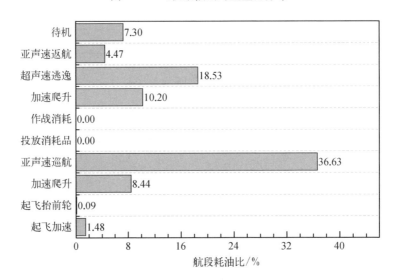

图 4-6 飞机航段耗油比例分布

对该飞机进行约束分析,结果如图 4-7 所示。

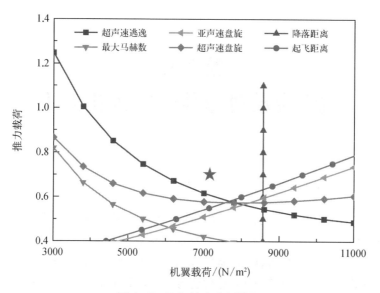

图 4-7　飞机约束分析结果

第 5 章
航空发动机总体性能优化方法

5.1 引　言

发动机总体设计中存在大量需要借助优化算法解决的问题,优化问题常常具有非线性等特征,这些都对优化算法本身提出更高的要求。一般需要采用全局搜索能力更强的启发式优化算法,如遗传算法、差分进化算法、粒子群算法等。而这里启发式优化算法常常计算量大,尤其是当目标函数本身时间复杂度高,会导致整个计算过程耗时过长。为了提升启发式优化算法的计算效率,通常在保证计算精度情况下,采用基于代理模型的优化算法。本章主要详细介绍了一种启发式优化算法——差分进化算法及其改进算法。

优化问题通常可以表示为函数的极值形式,如式(5-1)所示:

$$
\begin{aligned}
&\min \quad f(X) \\
&\text{s.t.} \quad C_i(X) = 0 \quad (i = 1, 2, \cdots, m) \\
&\quad\quad\ C_j(X) \leqslant 0 \quad (j = 1, 2, \cdots, n)
\end{aligned}
\tag{5-1}
$$

式中,X 为优化变量,$X = (x_1, x_2, \cdots, x_n)^{\mathrm{T}}$;$f(X)$ 为目标函数;$C_i(X)$ 为等式约束条件,$C_i(X) = (c_1(X), c_2(X), \cdots, c_m(X))^{\mathrm{T}}$;$C_j(X)$ 为不等式约束条件,$C_j(X) = (c_1(X), c_2(X), \cdots, c_n(X))^{\mathrm{T}}$。

当约束条件个数为零 $(m + n = 0)$ 时,称上式为无约束优化问题;反之则称为有约束优化问题。按照目标函数及约束函数的类型,可将优化问题进一步进行分类。当 $f(X)$,$C(X)$ 均为线性函数时,称为线性规划;当其中任一个函数为非线性时,称为非线性规划;当 $f(X)$ 为二次函数,$C(X)$ 为线性函数时,称为二次规划。除此之外,还根据约束函数中自变量的取值情况,而定义为整数规划、0 - 1 规划等。求解式(5-1)所描述优化问题的目的就是确定一个向量 X^*,使其满足 $f(X^*) = \min f(X)$,且 $C_i(X^*) = 0$,$C_j(X^*) \leqslant 0$。

对于优化问题的具体求解方法即为优化算法。关于优化算法的研究,早在 1847 年,法国数学家 Cuachy 就通过研究函数沿哪个方向下降最快,提出了最速下降法。经过多年的发展,目前已经形成了大量优秀的优化算法,这些优化算法大体上可以分为两类:经典优化算法和智能优化算法(张可村,2007),如图 5-1 所示。

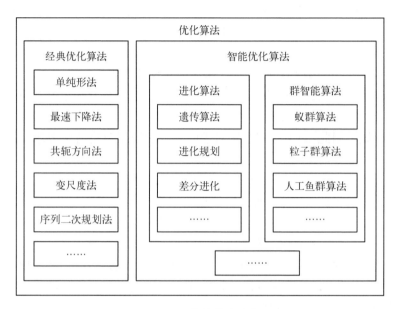

图 5-1　优化算法分类

　　经典优化算法多为确定性算法。当目标函数比较简单或数学特征比较清楚时,确定性算法可以充分利用目标函数的连续性、单调性、可微性等局部或全局性质,通过解析方法有效的求解问题,通常计算效率也很高。采用经典优化算法求解优化问题一般采用下降算法。根据目标函数的数学形态,下降算法又分为解析法和直接法。解析法在构造算法过程中,需要使用目标函数 $f(X)$ 的一阶导数 $\nabla f(X)$,或二阶导数 $\nabla^2 f(X)$,而直接法只需要 $f(X)$ 的数值。在给定优化变量的初始值 X_0 后,按照一定方法构造一组有限序列 $\{X_k\}$,使得每一步迭代都使目标函数下降,最终达到收敛。

　　目前在经典优化算法中已有大量计算性能良好的算法,在这些算法中,对于无约束优化问题常用的算法主要有:单纯形法、最速下降法、共轭方向法、牛顿法、拟牛顿法等(张光澄,2005)。对于有约束问题常用的算法主要包括:序列二次规划法、罚函数法等(张光澄,2005)。由于经典优化算法不是本书研究重点,下面仅对本书计算中所用到的序列二次规划法(sequential quadratic programming, SQP)作简要叙述,对于其他算法及详细的算法实现过程可以查考相关文献。

　　SQP 算法是将二次规划问题的求解方法推广到求解一般非线性规划问题的一种序列寻优算法(Leyffer, 2001),为当前求解光滑非线性优化问题最为有效的算法之一。对于式(5-1)所描述的优化问题,当为非线性约束优化问题时,对于该优化问题,SQP 算法的基本思想是:在每一迭代点 X_k,构造一个二次规划问题,以该问题的解作为迭代的搜索方向 p_k,并沿该方向进行一维搜索,得到 X_{k+1}。重复上述过程,直至点 X_{k+1} 逼近原问题的最优点 X^*。可见,SQP 算法的关键是构造并求解原非线性约束问题的一系列二次规划子问题。

经典优化算法虽然计算效率高,然而通常需要求解目标函数的梯度,甚至 Hessian 矩阵等。在 MDO 计算中,由于考虑因素及计算规模的增加,常常会出现一些更为复杂的优化问题。这些问题主要表现为:目标函数及约束函数没有显式表达式,且一般不可微,约束变量包含有离散变量等。经典优化算法已经无法有效的解决此类问题。因此,必须研究开发对于问题数学模型没有特殊要求,并能高效、可靠地找到问题全局最优解的智能优化算法。

智能优化算法一般都属于启发式优化算法,这些算法是人们受自然界许多自适应优化现象所得到的灵感,通过模仿这些过程提出的解决复杂问题的新算法。如进化算法源自达尔文进化理论的启发;模拟退火算法源于对材料退火中能量趋于最低这一过程的模拟;而蚁群、粒子群及鱼群算法则受集群生物的觅食行为而产生。这些智能优化算法的出现带来了许多新的解决问题的方法,极大地丰富了优化技术,为采用经典优化方法难以处理的优化问题提供了可行的解决方法。智能优化算法一般对求解问题的要求低、适应性广,对于复杂问题能有较好的求解性能。目前发展的智能优化算法主要有:遗传算法(李立君 等,2006)、进化规划(公茂果 等,2009)、差分进化(杨启文,2008)等进化算法及蚁群算法(梁艳春,2009)、粒子群算法(栾丽君 等,2007)、人工鱼算法(张梅凤 等,2006)等群智能算法。

5.2　差分进化算法

进化算法的核心思想起源于自然选择法则,它们一般都是由随机生成的初始可行解种群出发,通过变异、交叉、选择等操作,模仿生物界进化过程获取可行解,反复进行进化过程,逐渐逼近问题的最优解,实现优化过程。

差分进化(Storn et al. , 1997)(differential evolution, DE)算法是一种基于种群的启发式进化算法。它是继遗传算法、粒子群算法等进化算法之后的又一个优秀的智能优化算法。最初是在 1995 年由 Rainer Storn 和 Kenneth Price 为解决 Chebyshev 多项式拟合问题而提出的一种搜索策略。

与其他进化算法相比,差分进化算法原理简单、控制参数少,由于采用实数编码易于实现,计算结果可靠性高、收敛速度快,且在求解非线性、多峰和不可微优化问题时有很强的稳定性(Storn et al. , 1996)。由于差分进化算法具有诸多优点,自提出后就引起了国内外研究者的广泛关注,并迅速开展了相关研究工作,同时获得了丰硕的成果。差分进化算法在实际应用中也表现出优异的性能,被广泛应用于图像处理、模式识别、控制论等各个领域(池元成 等,2010;姚峰 等,2010;常彦鑫 等,2009;戴朝华,2009;张勇 等,2009;许小健 等,2008;吴亮红 等,2006;Gamperle et al.,2002;Price,1997;Storn,1996)。当前差分进化算法的主要研究方面包括差分进化算法的理论研究、算法改进(Gamperle et al.,2002)及算法应用性等。当然,差分进化算法与其他优化算法一样也存在局限性:差分进化过程不能产生优于父代的子代时,算法就会陷入停滞状态;和经典优化算法相比计算量大等。

5.2.1 相关术语

1. 适应度

适应度(fitness)是用来评估个体优劣的量度。对于以求解目标函数最小值为优化目标的问题,可以直接利用目标函数值作为个体适应度。而对于以求解目标函数最大值为优化目标的问题,可以通过变换而转化为求解最小值问题。与其他进化算法(如遗传算法)相比,差分进化算法适应度不要求非负,这样更加容易编码实现,直接建立目标函数和适应度之间的简单映射即可。可用下式表示:

$$\text{fitness}(X) = \begin{cases} f(X), & \min f(X) \\ -f(X), & \max f(X) \end{cases} \tag{5-2}$$

2. 评价方式

差分进化算法的性能主要依赖于算法本身的三个控制因子,分别为:种群大小 N_p、变异缩放因子 F 及交叉率因子 C_r。上述三个参数对差分进化算法性能有着重要的影响。

由于差分进化算法属于随机优化算法,和其他随机优化算法相同,对于算法的评价是通过采用不同的测试函数来完成的。如果测试函数太少,就不能全面反映算法对具有不同数学特征函数的求解能力,不利于暴露出算法本身的问题,存在潜在的风险,因而很难得出一个全面有效的结论。基于这点考虑本书经过对比选取了具有代表性的 6 个测试函数,这些函数是为了测试优化算法而专门设计的标准测试函数,常常被优化研究领域的学者用来评价算法的性能(戴朝华,2009)。它们各自具有不同的数学形态,通过这些函数的测试能够比较全面地反映出算法各个方面的性能。6 个测试函数如下。

1)测试函数 1: Shpere 函数

$$f_1(x) = \sum_{i=1}^{n} x_i^2 \quad -100 \leqslant x_i \leqslant 100 \tag{5-3}$$

Shpere 函数是连续、可微、可分、可伸缩、单峰对称函数。常作为测试算法局部搜索能力的标准函数。理论最小值: $f_{\min}(x) = 0$,其中 $x_i = 0$。

2) 测试函数 2：Rosenbrock 函数

$$f_2(x) = \sum_{i=1}^{n-1} 100 \times \left(x_{i+1} - x_i^2 \right)^2 + (1 - x_i)^2 \qquad -2.048 \leqslant x_i \leqslant 2.048 \quad (5-4)$$

Rosenbrock 函数是连续、不可微、不可分、可伸缩、单峰、非对称函数。理论最小值：$f_{\min}(x) = 0$，其中 $x_i = 1$。

3) 测试函数 3：Schwefel 函数

$$f_3(x) = \sum_{i=1}^{n} \left(-x_i \times \sin(\sqrt{|x_i|}) \right) \qquad -500 \leqslant x_i \leqslant 500 \qquad (5-5)$$

Schwefel 函数是连续、不可微、可分、可伸缩、多峰、对称函数。它可以用来研究可微性与模态对算法性能的影响。理论最小值：$f_{\min}(x) = -n \times 418.982\,9$，其中 $x_i = 420.968\,7$。

4) 测试函数 4：Rastrigin 函数

$$f_4(x) = 10 \times n + \sum_{i=1}^{n} \left[x_i^2 - 10 \times \cos(2 \times \pi \times x_i) \right] \qquad -5.12 \leqslant x_i \leqslant 5.12$$

$$(5-6)$$

Rastrigin 函数是连续、可微、可分、可伸缩、多峰、对称函数。它可用来研究多峰模态对算法性能影响。理论最小值：$f_{\min}(x) = 0$，其中 $x_i = 0$。

5) 测试函数 5：Michalewicz 函数

$$f_5(x) = -\sum_{i=1}^{n} \sin(x_i) \times \left[\sin\left(\frac{i \times x_i^2}{\pi} \right) \right]^{20} \qquad 0 \leqslant x_i \leqslant \pi \qquad (5-7)$$

理论最小值：$n = 10$ 时 $f_{\min}(x) = -9.66$，其中 x_i 有多种组合。

6) 测试函数 6：DeJong's 函数

$$f_6(x) = 0.5 + \frac{\sin^2 \sqrt{x_1^2 + x_2^2} - 0.5}{\left[1 + 0.001(x_1^2 + x_2^2) \right]^2} \qquad -100 \leqslant x_{1,2} \leqslant 100 \qquad (5-8)$$

该函数有无数多个局部最优点，全局最小值：$f_{\min}(x) = 0$，其中 $x_i = 0$，极易陷入最接近全局最小值的 0.009 716 点。

上述函数除了测试函数 6 为二维以外，其他均可设置任意维数。

算法测试过程中，为了减小随机性对算法性能的影响，对某一确定控制参数的算法，通常是重复进行若干次测试。一般取 100 次（或根据所优化问题的计算量进行适当调整，但一般不低于 30 次）。在每次数值测试中，记录下总测试次数、成功求解的次数及每次成功求解情况下进化代数、目标函数调用的次数等。通过这些数据就可以全面地分析所研究算法的整体性能。为了评价算法的性能,引入成功率、平均进化代数及平均函数调用三个指标。

成功率(success ratio, SR)是指在规定的进化代数内达到收敛的次数和试验总次数之比。成功率能直接反应算法稳定性,成功率越高说明算法越稳定;反之算法稳定性就越差。

平均进化代数(average evolution generation, AEG)指是所有计算收敛情况下进化达到的代数的加权平均数。平均进化代数能很好地反映算法的计算效率。

平均函数调用(average function call, AFC)指在算法计算收敛情况下,目标函数调用的加权平均次数。它能直接反映算法执行所需时间。一般在种群数量一定的情况下,平均函数调用随着平均进化代数的增加而增加。

3. 算法终止条件

对于差分进化算法可按照下面方法来作为算法终止条件:

$$\begin{cases} |f(X_k) - f(X^*)| < \varepsilon, & f(X^*) = 0 \\ \left|\dfrac{f(X_k) - f(X^*)}{f(X^*)}\right| < \varepsilon, & f(X^*) \neq 0 \end{cases} \quad (5-9)$$

其中,$f(X^*)$ 为目标函数最优解;ε 为给定的误差限。

在给定的最大进化代数内和目标函数最优值之间误差小于 ε 时,则认为收敛,计算停止。这种判断方法经常用于目标函数最优解已知的测试函数,对于一般优化问题,通常 $f(X^*)$ 是事先未知的。当优化问题目标函数未知或算法无法收敛到所要求的最优解时,为避免算法无限运行,常采取最大进化代数,或者连续进化若干代目标函数没有下降作为算法终止条件。

5.2.2　经典差分进化算法

差分进化算法原理简单,算法过程主要包含种群初始化和种群进化两个阶段。初始化阶段种群随机产生多个种群个体;种群进化阶段通过反复对种群中的个体执行变异、交叉及选择等操作使得种群向目标方向进化,最终达到优化目的。其算法流程如图 5-2 所示。

下面分别介绍各个过程具体操作。

1. 编码方式

差分进化算法采用实数编码。具体过程如下:设当前优化问题由 n 个设计变量构成,即为 n 维,设计变量上界为:$X_U = (x_U^1, x_U^2, \cdots, x_U^n)$,下界为:$X_L = (x_L^1, x_L^2, \cdots, x_L^n)$,目标

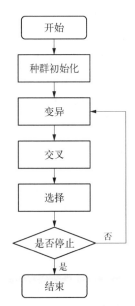

图 5-2　差分进化算法流程图

函数为: $\min f(X)$。定义一个含有 N_p 个个体的种群 $P = \{X_1, X_2, \cdots, X_i, \cdots, X_{N_p}\}$,其中 $X_i = (x_i^1, x_i^2, \cdots, x_i^j, \cdots, x_i^n)$ 表示第 i 个个体,x_i^j 表示第 i 个个体的第 j 个基因,种群中个体均含有 n 个基因。实数编码就是将所有的设计变量按照一定的顺序构成一个 n 维解向量,使种群中的每一个个体和一个解向量对应,同时使得该个体的每个基因和其对应的解向量的每个分量所对应。由此可见差分进化算法的编码方式和优化问题的数学描述完全一致,编码过程简单。

上面所提到的种群大小 N_p 为差分进化算法的一个重要的控制参数,一般 N_p 的增大会增加每一代目标函数分析次数,但同时可减少计算代数;反之减少 N_p 会使每一代目标函数分析次数减少,但又会使计算代数增加。可见 N_p 过大、过小都不利于优化问题的求解。实际计算中可以按照 $N_p = 10n$ 来取值,或根据需要优化的具体问题进行适当缩放。

2. 种群初始化

与其他智能优化算法相同,差分进化算法将待优化问题的数学模型看作一个"黑盒子",对问题的数学形态未知,这样在种群初始化时,为了使种群中的个体能够尽可能地均匀分布在解空间中,一般采用均匀随机数来初始化个体。初始化种群产生个体表示如下:

$$X_{i,0} = X_L + \text{rand}[0, 1]_i \cdot (X_U - X_L) \tag{5-10}$$

其中,$X_{i,0}$ 为种群初始状态第 i 个个体;$\text{rand}[0, 1]$ 为产生一个在 $[0, 1]$ 之间的随机浮点数。

需要说明的是: 上式为向量表达形式,对于种群中个体 $X_{i,0}$ 的每一分量产生时每次均需要重新产生随机数。反复执行上述过程 N_p 次,则可产生出 N_p 个随机分布在解空间中的个体,即可完成种群的初始化。

在初始化时,如果对待优化问题的某些具体形态有所了解,如可以确定最优解的大概位置、函数或系统是多峰还是单峰等,也可以有针对性地选取其他方式进行初始化,如高斯分布等。

3. 变异操作

在当前代种群中,随机选择三个不同个体 $X_{r1,g}$, $X_{r2,g}$ 和 $X_{r3,g}$,通过变异操作产生新的变异个体 $V_{i,g}$。

$$V_{i,g} = X_{r1,g} + F \cdot (X_{r2,g} - X_{r3,g}) \tag{5-11}$$

式中,F 为缩放因子。

F 是差分进化算法的另一个重要的控制参数,一般取值在 $[0, 1]$ 之间。在 Storn 和 Price 所提出的标准差分进化算法中 F 取常数。

从上式结构可以看出,F 控制差分向量 $X_{r2,g} - X_{r3,g}$ 的幅值,$V_{i,g+1}$ 可以看作是

以 $X_{r1,g}$ 为初始点, F 为步长,沿 $X_{r2,g} - X_{r3,g}$ 方向移动 F 距离所产生的个体。$X_{r1,g}$ 可视为基向量。需要注意的是, F 的取值对于种群的多样性有很大影响(Gamperle et al., 2002),当 F 取值过小时,种群的多样性将迅速变差,可能导致算法陷入局部最优解,而不能获得全局最优解。

4. 交叉操作

交叉操作是将变异操作所得到的变异个体 $V_{i,g}$ 及随机选取的父代个体 $X_{i,g}$ 各个分量逐个按一定概率进行交叉互换来进化子代个体 $U_{i,g}$ 的过程。差分进化算法中常用的交叉操作有两种:二项式交叉(binomial crossover)及指数交叉(exponential crossover),其中二项式交叉方式应用最为广泛。二项式交叉是通过 N 个独立的伯努利实验来确定子代个体 $U_{i,g}$ 的 N 个参数是来自变异个体还是父代个体。其操作过程可以用下式表示:

$$U_{i,g} = \begin{cases} v_{i,g}^j, & \mathrm{rand}_j[0,1] < C_r \\ x_{i,g}^j, & \mathrm{rand}_j[0,1] \geqslant C_r \end{cases}$$
$$j = (1, 2, \cdots, n) \tag{5-12}$$

式中, C_r 为交叉率因子。

C_r 是差分进化算法中第三个重要的控制参数,其一般取值在 $[0,1]$ 之间。由上式可以看出,当生成的随机数小于 C_r 时,子代个体就会继承变异体 $V_{i,g}$ 的当前分量,反之则继承父代个体 $X_{i,g}$ 的当前分量。同时可以很清楚地看出, C_r 取值越大,交叉的概率也就越大,对应的子代个体也就更倾向于变异体; C_r 越小则会更大概率地保留父代个体的信息。

5. 选择操作

差分进化算法通过变异操作和交叉操作产生子代个体之后,对产生的子代个体逐一计算适应度(目标函数值),然后采用贪婪算法将子代个体与其对应的父代个体的适应度进行比较,将适应度高(最小化问题表现为目标函数值小)的保留到下一代,适应度低的个体舍弃。其选择过程可以下式表示:

$$X_{i,g+1} = \begin{cases} U_{i,g}, & f(U_{i,g}) < f(X_{i,g}) \\ X_{i,g}, & f(U_{i,g}) \geqslant f(X_{i,g}) \end{cases}$$
$$i = (1, 2, \cdots, N_p) \tag{5-13}$$

式中, f 为优化问题目标函数。

上面介绍的是差分进化算法最基本的一种形式,目前差分进化算法已发展了多种形式。为了便于区分,按照差分进化算法表示习惯,一般采用 DE/x/y/z 的形式来对不同差分进化算法进行描述。其中,x 表示变异操作中基向量选择的方式,x 可以为"rand"(表示从当前种群中随机选取一个个体),也可以为"best"(表示从当前种群中选取最优个体);y 表示变异操作中差分向量的数目,一般取 1 个或 2 个;z 表示交叉操作所选取的方法,可以为"bin"(二项式交叉)或"exp"(指数交叉)。

按照上述方法,基本差分进化算法可记为: DE/rand/1/bin,其中 rand 表示变异操作所选取的父代个体从种群中随机选取,"1"表示变异操作中使用的差分数量为 1 个,"bin"表示交叉操作为二项式交叉。后面若不特别说明,对于交叉算法均选取 bin 算法,并省写,即对于上述差分进化算法简写为: DE/rand/1。

5.2.3　差分进化算法的其他进化算子

上节所述的差分变异算法为最基本的形式,除此之外,常用的变异算法还有如下几种(Storn,1996)。

(1) DE/best/1:

$$V_{i,g} = X_{b,g} + F \cdot (X_{r1,g} - X_{r2,g}) \tag{5-14}$$

与 DE/rand/1 不同的是,该变异算法选择当前种群中适应度最大的个体 $X_{b,g}$,即最优个体作为基向量;在种群中随机选取两个不同的个体作为差分向量。该差分进化算法的特点是: 最优个体对其他个体有很强的导向作用,能使种群中的个体以较快的速度向当前最优个体聚集,若当前最优个体在全局最优点附近,则能很快地获得全局最优解。然而,若当前最优个体在局部最优点附近,可能会使算法陷入局部最优,容易出现"早熟"现象。

(2) DE/best/2:

$$V_{i,g} = X_{b,g} + F \cdot (X_{r1,g} - X_{r2,g}) + F \cdot (X_{r3,g} - X_{r4,g}) \tag{5-15}$$

DE/best/2,该变异算法也以当前最优个体为基向量,与 DE/rand/1 相比增加了两个差分个体,这样通过一个最优个体基向量,和四个随机选取的个体所形成的两个差分项,更多地利用个体之间的差异。与 DE/best/1 相比较由于差分数量的增加,在一定程度上减弱了基向量的导向作用,有利于种群的多样性。

(3) DE/rand/2:

$$V_{i,g} = X_{r1,g} + F \cdot (X_{r2,g} - X_{r3,g}) + F \cdot (X_{r4,g} - X_{r5,g}) \tag{5-16}$$

DE/rand/2 使用种群中五个随机选取的不同个体来进行变异算法,与 DE/best/x 算法相比,由于基向量采用种群中随机选取的个体,使得每一个个体都有被选中的概率,不存在单个个体的导向作用,这样能保持种群的多样性,不易出现早熟现象。但同时也存在收敛较慢的缺点。

(4) DE/rand-to-best/1:

$$V_{i,g} = X_{i,g} + F \cdot (X_{r1,g} - X_{r2,g}) + F \cdot (X_{b,g} - X_{i,g}) \tag{5-17}$$

　　DE/rand-to-best/1(以下简写为 DE/RtB/1)变异算法采用当前目标个体为基向量,随机选取两个不同个体作为一个差分项,同时选择当前最优个体和目标个体为第二个差分项。这样可以看作以当前目标个体为起始点,使目标个体向当前最优个体方向移动,同时为防止陷入局部最优,增加了 $X_{r1,g} - X_{r2,g}$ 方向的修正,这样有利于扩大搜索空间。

　　为了说明基向量对种群中个体的导向作用,选择上述算法中具有代表性的 DE/best/1 和 DE/rand/1 变异算法进行对比。为了便于在二维绘图下观察,且两变量测试函数 2 的数学形态比较特别。因而测试时选取测试函数 2,并设置为两个设计变量。图 5-3 为两变量测试函数 f2 的图形,可以看出函数图像中间部分有一个"香蕉"形态的峡谷区域,因此,该函数被称为香蕉函数(banana function)。对于两种算法除变异算法不同外,其他参数设置均采用下列方法: $N_p = 100$, $C_r = 0.7$, $F = \text{rand}[0, 1.2]$。需要说明的是: 种群数量 N_p 取 100 是为了更好的观察计算过程中种群中个体的变化情况。

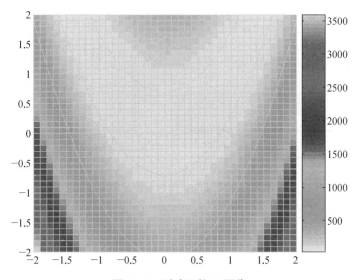

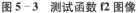
图 5-3　测试函数 f2 图像

　　计算结果如图 5-4 至图 5-9 所示,其中左图为 DE/best/1 算法计算情况,右图为 DE/rand/1 算法计算情况。

　　图 5-4 至图 5-7 为不同计算阶段时两种算法下种群中个体分布情况,图中每一个点代表种群中的一个个体。由图可以看出在初始状态时(图 5-4)两种算法下种群中个体都较均匀地分布在解空间中;进化进行了五代后(图 5-5),两种算法下种群中的个体都能向函数中间峡谷区域集聚,且 DE/best/1 算法比 DE/rand/1 算法集聚速度明显要快些;进化进行到第十代时(图 5-6),DE/best/1 算法

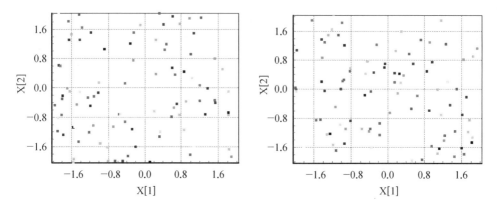

图 5-4　初始状态下种群中个体分布

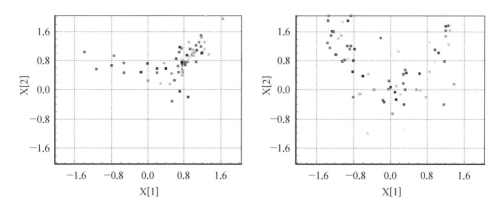

图 5-5　进化 5 代后种群中个体分布

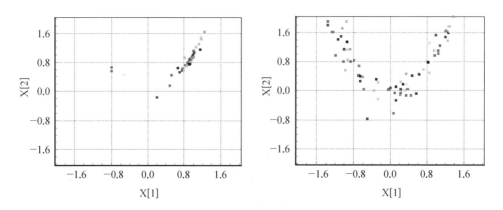

图 5-6　进化 10 代后种群中个体分布

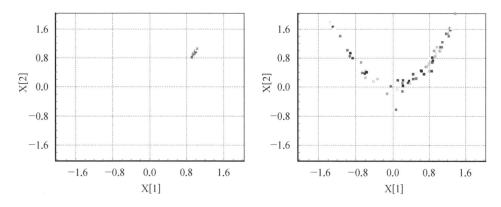

图 5-7　进化 20 代后种群中个体分布

下种群中的几乎所有个体都集聚在函数中间峡谷区域中,且大多数个体都集聚在了全局最优点(0,0)的邻域内,而 DE/rand/1 算法下种群中的个体只是集聚在峡谷区域中,而没有明显向全局最优点处靠拢的迹象;进化进行到第二十代时(图 5-7),DE/best/1 算法下种群中的个体几乎集聚成了一个点,目标函数已达到了 3.699e-7(全局最小值为 0),而 DE/rand/1 算法下种群中个体还比较分散,目标函数只达到 0.011 14。当 DE/rand/1 算法进行到 67 代时才达到了 4.710e-7。

图 5-8、图 5-9 为两种算法下设计变量及目标变量随进化代数的变化情况。由图可以看出 DE/best/1 算法下几乎在进化的每一代目标函数都有显著的下降,而 DE/rand/1 算法下,进化过程常常会出现进化好几代目标函数都没有下降的现象(图 5-9 右侧图中存在明显的"平台")。

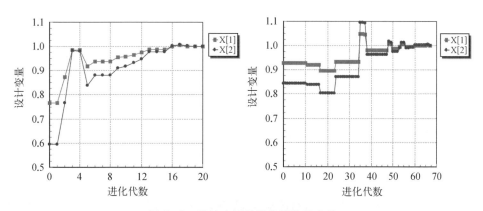

图 5-8　设计变量随进化代数的变化

总体来看,在当前算例下,DE/best/1 算法表现出来的计算性能要优于 DE/rand/1 算法。这也是归功于求解函数本身比较简单(单峰),两种算法均不会陷入局部最优解。而上面算例的主要目的是说明基向量对种群中个体的导向作

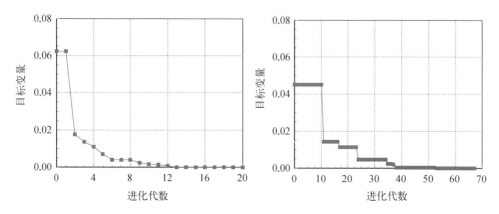

图 5‑9　目标函数值随进化代数的变化

用,且通过上面简单对比可以清楚地看出基向量对种群中的个体有非常大的导向作用。

　　为了进一步比较不同算法的差异性,选择极易陷入局部最优解的测试函数 f6,对上面提到的五种变异算法对应的差分进化算法分别进行 100 次测试。除变异算法不同外,其他操作过程均相同,且参数均按照如下方法设置:$N_p = 50$,$C_r = 0.7$,$F = \mathrm{rand}[0, 1.2]$;计算误差控制为相对误差 0.001;计算进化最大代数控制为 1 000 代。计算结果如表 5‑1 所示。

表 5‑1　函数 f6 对不同算法的测试结果

差分进化算法	Sr/%	AEG	AFC
DE/rand/1	98	182.78	7 268.83
DE/best/1	33	56.16	1 532.83
DE/rand/2	100	228.72	9 090.46
DE/best/2	72	112.95	4 494.7
DE/RtB/1	96	132.61	5 289.91
DE/RtB/1	96	132.61	5 289.91

　　由上表可以看出五种算法对测试函数 f6 计算表现出了很大的差异。从计算成功率来看,DE/best/1 算法最差,仅有 33%,而 DE/best/2 算法也只有 72%。可见 DE/best/ * 算法由于基本量采用当前种群中最优个体,使得种群多样性迅速失去,进化停滞,产生了“早熟”现象,极易陷入局部最优点。DE/rand/2 算法成功率最高达到了 100%,表现出很强的稳定性。从计算效率上来看,DE/best/ * 算法和 DE/

rand/＊算法相比,前者都有较快的收敛速度,且 DE/best/1 算法收敛速度最快,平均进化代数只有 56 代,这也说明了 DE/best/1 算法局部寻优能力很强,在未陷入局部最优的情况下,能够迅速收敛。相对于其他算法,DE/RtB/1 算法无论是从成功率还是计算效率方面来看,均处于 DE/rand/2 和 DE/best/2 之间,相当于两者的折中。

通过上面分析也可以看出,算法的稳定性与效率两个指标往往存在着矛盾,提高其中一个指标可能会牺牲另一个指标。为了全面对比不同变异算法的总的计算性能,对上述的五种变异算法,选取本书所引用的所有测试函数,分别进行 100 次测试。计算条件如下：N_p＝100, C_r＝0.7, F＝rand[0, 1.2];除测试函数 6 设置为二维外,其他函数均设置为 10 维,即 n＝10;最大进化代数,除函数 f2 取 2 000 代外(由于函数 f2 下降缓慢,取 2 000 代是为了保证能计算出结果),其他测试函数计算均取 1 000 代;相对误差限所有情况下均控制为 0.001。计算结果如表 5－2 所示。

表 5－2　不同差分进化算法计算结果对比

差分进化算法	DE/rand/1		DE/best/1		DE/rand/2		DE/best/2		DE/RtB/1	
测试函数	Sr/%	AEG	Sr/%	AEG	Sr/%	AEG	Sr/%	AEG	Sr/%	AEG
f1	100	199.26	100	75.27	100	250.04	100	105.41	100	123.02
f2	100	944.62	99	335.26	100	1 143.5	97	313.39	100	397.02
f3	100	212.86	82	581.02	100	382.34	87	261.55	98	228.37
f4	100	372	100	337.98	100	583.19	100	201.21	100	263.04
f5	100	286.02	35	128.98	100	506.04	63	155.04	92	205.25
f6	100	207.82	51	52.26	100	238.12	99	169.17	100	165.95

对于上表中的计算结果可以通过算法稳定性和计算效率两个方面来分析各个算法的性能：

从计算稳定性来看,DE/rand/1 算法和 DE/rand/2 算法表现出非常出色的稳定性,在所有 6 个测试函数下均达到了 100%的成功率。而 DE/best/1 算法和 DE/best/2 算法在 f1、f4 函数下也表现出优异的求解能力,但对于 f5、f6 求解 DE/best/1 算法就明显要差得多。DE/RtB/1 算法的稳定性介于 DE/rand/＊算法和 DE/best/＊算法之间,但更接近于 DE/rand/＊算法。

从计算效率来看,除求解 f3 函数有些反常外,DE/best/＊算法在其他所有测试函数下,计算效率都要优于 DE/rand/＊算法,且对于 f2 求解有着显著的提高,进化代数只有 DE/rand/* 的三分之一左右。同时 DE/RtB/1 也表现出很高的计算效率。

通过对不同变异算法的比较,可以看出五种变异算法各有优缺点。实际使用中,应尽可能地利用各个变异算法的优点,如所求解问题比较简单,则可以考虑选取计算效率高的 DE/best/* 算法;反之,则可以考虑采用 DE/rand/* 算法。同时可以通过其他操作或方法来弥补一些不足,如在进化初期应该选取能保持种群多样性的 DE/rand/* 变异算法,而末期则可采用局部收敛性较高的 DE/best/* 变异算法等。

5.2.4 差分进化算子改进

进行差分进化算法改进的主要目的是获取更好的算法稳定性与效率。从5.2.3 节分析可以看出,DE/best/* 算法具有很高的效率,DE/rand/* 算法却具有前者无法达到的计算稳定性。计算效率和计算稳定性都是衡量算法性能的主要指标。如何才能做到两者兼顾呢? 显然 DE/RtB/1 算法本身就是基于这点考虑设计的,然而 DE/RtB/1 算法在上面测试中表现得并不能让人完全满意。基于以上分析,从改进差分变异算法和设法提高种群多样性两个方面考虑,下文给出了两种改进方法。

1. 改进差分变异算法

通过观察,可以看出 DE/best/* 算法在能求解的情况下,一般都表现出很高的计算效率。虽然成功率很低,但从算法本身来看,成功求解也不属于小概率事件,所以可以通过一些方法或操作来提高算法稳定性。所有算法只是变异算法存在差异,变异算法实际上可以看作是一种算法的局部搜索能力,变异算法的基向量为局部搜索的中心,差分向量决定局部搜索的范围大小。在 DE/best/* 算法中以种群中最优个体作为差分基向量,这使得所有个体都围绕在最优个体邻域内搜索,能充分利用已搜索到的优秀区域,因而有很高的计算效率;而 DE/rand/* 算法,从种群中随机选取个体作为基向量,在一定程度上使得基向量有着很好的多样性,因而算法更加稳定。

可见,DE/best/* 算法之所以成功率低,其最根本的原因是:最优个体对种群中其他个体的强烈集聚作用,使得种群中个体的多样性很快丧失,从而陷入局部最优点,使得算法停滞。从提高种群多样性角度考虑,本书提出了一种改进方法,具体如下:

从种群中随机选取三个个体,对所选取的个体按照适应度进行排序,将其中最优个体作为差分变异操作的基向量,剩下的其他个体构成差分向量。可以用下式表示:

$$V_{i,g} = X_{r_b,g} + F \cdot (X_{r1,g} - X_{r2,g}) \tag{5-18}$$

其中，$X_{r1,g}$、$X_{r2,g}$ 及 $X_{r_b,g}$ 为随机选择的个体；$X_{r_b,g}$ 为三个个体中最优个体。

与 DE/rand/1 算法及 DE/best/1 算法相比，改进算法中基向量也来自随机选取的个体，这样不同的个体做基向量使得种群多样性有一定程度上的保证。同时改进算法基向量又是随机选择的个体里面最优个体，基向量具有较高的质量，使得以基向量为中心的搜索区域有一定多样性的同时也加快了局部收敛速度。可见改进算法从原理上能更好地兼顾算法稳定性与计算效率。从算法实现来看只需在 DE/rand/1 算法基础上增加随机选取个体的排序过程即可。可见改进方法具有基本差分进化算法原理简单，实现容易的特点。为了方便表述，将改进算法记为：DE/rb/1 算法。

为了验证改进算法的性能，分别用 6 个测试函数对 DE/rb/1 算法进行了测试，同时对 DE/rand/1 算法及 DE/best/1 算法在相同的计算条件下再次进行了测试，以方便对比。计算条件与 5.2.3 节相同，测试结果如表 5-3 所示。

表 5-3　DE/rb/1 差分进化算法结果对比

差分进化算法	DE/rb/1		DE/rand/1		DE/best/1	
测试函数	Sr/%	AEG	Sr/%	AEG	Sr/%	AEG
f1	100	109.22	100	201.4	100	74.77
f2	92	264.46	100	932.35	99	298.38
f3	99	112.75	100	213.89	82	511.49
f4	100	196.17	100	370.63	100	367.37
f5	90	144.36	100	288.76	21	43.8
f6	91	122.57	100	222.81	55	43.94

由计算结果可以看出 DE/rb/1 算法和 DE/rand/1 算法相比，从计算效率方面来看，对于所有测试函数均有非常显著的提高，已非常接近 DE/best/1 算法的计算效率。甚至在函数 f2、f3、f4 测试中计算效率超过了 DE/best/1 算法。在计算稳定性方面，DE/rb/1 算法对所有测试函数均表现出了很高的计算成功率，说明其有很好的计算稳定性。所有测试函数下，成功率均达到了 90% 以上，和 DE/best/1 算法相比在函数 f3、f5、f6 测试下的提高最为明显。综合算法稳定性和计算效率来看，DE/rb/1 算法为三者中最优算法，可见 DE/rb/1 算法是很成功的一个改进算法。

通过上面改进的成功过程，可以看出 DE/rb/1 算法之所以计算效率高，可以看作是在 DE/rand/1 算法基础上增加了适应度排序,使得变异过程在较优个体的导向作用下进行,局部搜索能力大大提高,因而计算效率得到了改善。按照同样的思路,是否可以从 DE/best/1 算法出发,进行类似的改进呢? 基于这点考虑本书提出了另一种改进方法,思路如下:

对种群中的个体按照适应度进行排序,对于排在前面的若干个个体(如可以设置为种群的前 10 个,或按种群大小设置前 10%等),随机选取一个作为差分基向量,再从种群中随机选取两个个体,构成差分向量。可用下式表示:

$$V_{i,g} = X_{b_r,g} + F \cdot (X_{r1,g} - X_{r2,g}) \tag{5-19}$$

其中,$X_{r1,g}$、$X_{r2,g}$ 为从种群中随机选择的个体;$X_{b_r,g}$ 为从适应度排在前若干个的个体中随机选取一个个体。

为了区分,将该差分进化算法记为: DE/br/1 算法。同样 DE/br/1 算法具有原理简单、易于实现的特点。只是增加的排序过程会增加系统的开销,在实际实现过程中,可以采用冒泡法(一种排序方法)只排需要的前若干个个体,同时可以对所有个体均定义为指针型,这样在排序过程中只用交换相关个体的指针,对于个体的所有基因、适应度等其他属性均无须交换,这样可以大大提高计算速度。

和 DE/rb/1 算法相比,在操作顺序上,DE/br/1 算法是采用先排序后随机选择,而 DE/rb/1 算法是先随机选择再排序。这样 DE/br/1 算法和 DE/rb/1 算法相比基向量的质量更加优良,同时由于基向量选取中也带有随机选择过程,和 DE/best/1 算法相比较 DE/br/1 算法又能更好的保持个体多样性。可见 DE/br/1 能够很好兼顾算法稳定性及计算效率两个方面。为了进一步说明两种算法的计算性能,本书对 DE/br/1 算法进行了类似的测试,其中计算条件同上。计算结果如表5-4 所示。

表 5-4 DE/br/1 差分进化算法结果对比

差分进化算法	DE/br/1		DE/rb/1	
测试函数	Sr/%	AEG	Sr/%	AEG
f1	100	120.87	100	109.22
f2	95	366.86	92	264.46
f3	98	129.03	99	112.75
f4	100	216.43	100	196.17
f5	88	154.96	90	144.36
f6	100	155.71	91	122.57

表中,DE/rb/1 算法的测试结果来自表 5-3,由上表可以看出 DE/br/1 算法和 DE/rb/1 算法有着非常相似的算法稳定性及计算效率。从算法稳定性来看,对于函数 f1、f4、f6 的求解 DE/br/1 算法都达到了 100% 的成功率,表现出非常高的算法稳定性。和 DE/rb/1 算法相比,对于函数 f6 的求解要优于后者;对于函数 f2、f3 的求解和 DE/rb/1 算法相当;而对于函数 f5 的求解要稍弱一点。同时对比表 5-3 和表 5-4 可以看出 DE/br/1 算法整体性能要优于 DE/rand/1 算法和 DE/best/1 算法,可见改进方法正确,思路可行,对算法性能有很好的提高。

上面提出的两种改进思路均只是以一个差分向量为例的改进方法,按照类似的思路可以提出具有两个差分向量的改进方法等,由于方法相似此处不再叙述。

2. 增加末位突变操作

从上面对比可以看出,两种改进方法对应的算法均具有良好的算法稳定性及较高的计算效率。然而,DE/rb/1 算法和 DE/br/1 算法的计算稳定性是否能够进一步提高呢? 为此,本书又从另外一个角度进行了探索。

仔细分析差分进化算法的进化过程,不难发现,差分进化算法通过变异、交叉、选择三个过程反复操作,使得种群中的个体向一个或多个点聚集,当进化进行到一定程度后,都将面临种群多样性下降或消失的情况。对于不同变异过程的不同点在于,DE/rand/*算法能延缓这个过程到来罢了,其并不能始终保持种群多样性。从图 5-4 至图 5-7 也可以看出,在进化进行过程中,种群多样性逐渐下降,当进化到一定代数后,种群多样性基本消失。

从数学角度来看,新个体的产生本质可以看作是在由设计变量上下界所确定的 n(n 个设计变量)维空间中,由初始化所形成的 N_p 个向量,通过线性组合产生新向量的过程。由线性代数的理论可知,只有当 N_p 个向量中包含有 n 个线性无关的向量时,才能形成对 n 维空间里的搜索。在差分进化算法中,当 N_p 取得较大时,可以认为 N_p 个向量中包含有 n 个线性无关的向量。然而在进化过程中,通过交叉、选择等其他操作以后,向量的若干分量趋近于同一化,使得 N_p 个向量中不再包含有 n 个线性无关的向量,此时搜索将进入局部进行,且随着进化过程进行,线性无关向量越来越少,搜索空间维度越来越低,最终进化停滞。在 3 维空间中,表现为:体中的搜索逐渐退化为面中的搜索,面中的搜索再退化为线上的搜索,最终停在一个点上。可见种群进化的过程,也伴随着基因的退化,这个过程可以用图 5-10 来说明。

图 5-10 示意了基因退化的过程,图中每一个矩形框代表一个个体。

图 5-10 差分进化算法中基因的退化

可以这样理解：在初始化后种群中个体具有多样性；在进化过程中，由于末位基因为"5"的个体均有较高的适应度并保留了下来；当进化进行到第 i 代时，所有个体中末位的基因均已变为了"5"；当进化再进行时，无论采用任何变异算法新个体中末位基因也只能是"5"，再也无法改变了。此时，算法有可能已经陷入局部最优点，且无法跳出。显然基本差分进化算法中，并没有解决此问题的操作或机制。

基于以上分析，本书从引入新个体来增加种群多样性的角度提出了另外一种改进思路，具体如下：

对于当前代种群中的个体按照适应度由高到低进行排序。对于排在后面的个体（适应度差），以概率进行全空间中的随机变异。为与差分进化算法本身变异操作区分，定义这个过程为：末位突变。可以用下式表示。

$$X_{i,g} = X_L + \text{rand}[0, 1]_i \cdot (X_U - X_L) \tag{5-20}$$

其中，X_U 为设计变量的上界；X_L 为设计变量的下界。

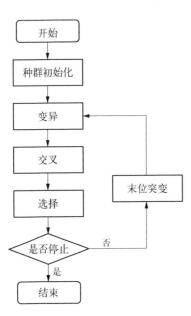

图 5-11　带有末位突变的差分进化算法流程

选择适应度差的个体进行变异，是为了尽量减少对原有算法性能的影响。末位突变产生的个体，由于是随机生成，一般适应度较差，会很快被淘汰掉，然而引入它的主要目的是通过变异个体来改善其他个体以增加种群多样性。算法流程如图 5-11 所示。

由图 5-11 可以看出末位突变操作原理简单易于实现，仍具有差分进化算法简单的风格。实现过程中需要对种群中个体进行排序，会在一定程度上增加系统开销。但在实际使用中，和复杂、耗时的目标函数分析过程相比，排序过程对系统的开销可以忽略不计。

同时，在实际使用中，为了保证算法的计算效率，末位突变不是在进化的每一代中都进行。可以在进化进行若干代后进行一次，也可以通过计算种群相似度来动态执行末位突变过程。

为分析增加末位突变操作对种群多样性的影响，按照上文中的观测种群分布的方法，仍选择测试函数 f2，并设置为二维。选择多样性最差的原始 DE/best/1 算法，并增加末位突变操作，进行测试，计算收敛后，种群中的个体分布如图 5-12。由图可以看出，在计算收敛时，除了大多数个体分布在中间峡谷区域中外，还有一些其他个体随机分布在解空间中。可见增加末位突变操作后,进化过程始终能够保证种群多样性。

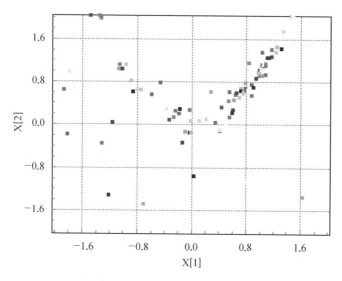

图 5-12　带有末位突变的 DE/best/1 算法计算收敛时种群分布

为了进一步说明增加末位突变后对差分进化算法整体性能的影响,本书对上文所研究的 7 种不同差分进化算法分别增加了末位突变操作,并按照前面测试过程进行了测试,计算条件同前面设置。测试结果如表 5-5 所示。

表 5-5　带末位突变的不同差分进化算法结果对比

算法	DE/rb/1		DE/br/1		DE/rand/1		DE/best/1		DE/rand/2		DE/best/2		DE/RtB/1	
函数	Sr/%	AEG	Sr/%	AEG	Sr/%	AEG	Sr/%	AEG	Sr/%	AEG	Sr/%	AEG	Sr/%	AEG
f1	100	109	100	142.01	100	261.34	100	90.55	100	410.88	100	150.19	100	162.57
f2	**100**	304.45	**100**	500.42	100	1 337.1	100	314.08	100	965.17	90	435.8	100	514.54
f3	99	126.19	**100**	133.46	100	252.71	**100**	279.97	100	483.38	**100**	226.88	**100**	215.33
f4	100	192.41	100	245.22	100	459.37	100	220.9	100	815.39	100	277.69	100	333.78
f5	90	158.88	**100**	231.6	100	360.53	**96**	482.67	100	711.36	**100**	408.82	**96**	280.27
f6	**95**	139.87	99	218.48	100	312.25	**83**	75.19	100	358.01	**100**	254.75	100	194.49

表中加粗字体表示改进后算法计算性能有显著提高的情况。从上面数据可以看出,增加末位突变后,由于种群多样性在一定程度上得到了保证,使得 DE/rb/1

算法、DE/br/1 算法、DE/best/ * 算法和 DE/RtB/1 算法的稳定性有很大的提高,且同时均能保证较高的计算效率。

对比表 5 - 2 和表 5 - 5,可以看出带末位突变的 DE/RtB/1 算法和原始 DE/rand/ * 算法都有着非常高的计算稳定性,但带末位突变的 DE/RtB/1 算法的计算效率要明显高于原始 DE/rand/ * 算法,尤其对 f2 函数的测试,在保证计算稳定性的前提下,进化代数只有原始 DE/rand/ * 算法的一半左右。带末位突变的 DE/br/1 算法对于所有测试函数几乎均达到了 100% 的成功率,且计算效率高于带末位突变的 DE/RtB/1 算法。

总体来看,增加末位突变对算法的稳定性提高有很大的改善,说明改进方法的正确性。同时也可以看出,对于在本书所有测试函数计算成功率已达到 100% 的 DE/rand/ * 算法,改进方法也未影响其本身高的算法稳定性,但使得计算效率有一定程度的下降。可见,改进算法的实质是以牺牲计算效率为代价的,但这对于要求计算稳定性高的发动机仿真系统来说是有效的。

5.2.5   方法测试

为了对本书所发展的优化算法收敛性及计算效率进行进一步检验与分析,下面对 2.6.1 节中介绍的涡扇发动机模型开展设计点循环参数优化,并对不同优化算法进行对比。

在方案设计阶段,设计点循环分析的目的是对发动机设计点进行初步确定。实际设计中发动机设计点的最终确定还需要满足发动机其他工作点的要求,只进行设计点优化计算是远远不够的。然而,设计点的优化可以为发动机总体方案设计提供参考,本节主要是通过发动机计算中的优化问题来对优化算法进行检验,其他因素先不予考虑。

传统方法进行设计点参数分析时,通常是对所研究的 m 个循环参数变量,在其范围内均匀取若干个点,设为 n 个,则总共得到 $m \times n$ 组设计点循环参数,其实质相当于采用本书前面章节所介绍的全因子试验设计得到的设计空间中的点。然后以这些点为输入进行设计点计算,得到 $m \times n$ 组设计变量和性能参数数据,再将得到的数据结果绘制成"地毯图",最后通过各种约束条件进行筛选,得到满足条件的方案。

图 5 - 13 为通过传统方法得到的发动机设计点循环参数"地毯图"示意,图中曲线为不同压气机压比、不同燃烧室出口温度下发动机单位推力及耗油率的变化情况。绘图时,选取两个设计变量,其他设计变量保持不变。对于选定的两个参数,先保持第一个参数不变,绘制第二个参数和性能参数之间的关系,得到一条曲线,再按步长变动第一个参数一次,绘制第二个参数和性能参数之间的关系,得到下一条曲线,如此重复得到第一组曲线;通过调换这两个参数得到另一组曲线。

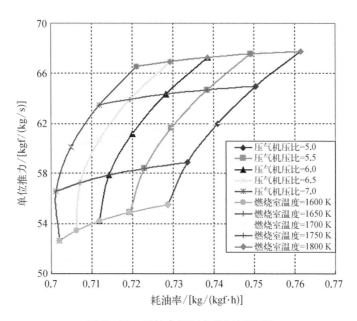

图 5‑13　设计点循环参数"地毯图"

显然这种"地毯图"不能很好地反映设计变量和状态变量之间的关系。由于每次只能反映两个设计变量和状态变量之间的关系,且只是在其他设计变量固定的情况下得到的,可见这种关系只是局部情况,并不能反映整个设计空间中的变化关系。再者,约束关系也很难同时在图中描述,这增加了选点难度。这些不足使得最优点的确定带有盲目性或精度不高。当设计变量和约束关系增加时,这种方法更是难以获取最优方案,必须采用优化方法进行计算。

本书所选的涡扇发动机循环参数是在已有的设计点方案基础上进行的,为了方便和原设计方案对比,保持耗油率 sfc 不大于原始设计方案,对单位推力 F_s 进行优化,其优化问题可表示为

$$
\begin{aligned}
&\max F_s \\
&\text{s. t. } sfc < sfc_{\max} \\
&\qquad T_{lpt} < T_{lpt,\,\max} \\
&\qquad \pi_h < \pi_{h\max} \\
&\qquad \pi_l < \pi_{l\max} \\
&\qquad X_L \leqslant X \leqslant X_U
\end{aligned}
\tag{5-21}
$$

其中, T_{lpt} 为低压涡轮出口温度,最大取 1 150 K; π_h 为高压涡轮落压比,最大取 3.4; π_l 为低压涡轮落压比,最大取 2.4; X 为设计变量, $X = [\pi_f,\ B_f,\ \pi_c,\ T_b]$; X_U 为设计变量的上限; X_L 为设计变量的下限。

其中设计变量取值范围如表 5-6 所示。

表 5-6　涡扇发动机设计变量取值范围

变 量 名	变 量 下 限	变 量 上 限
风扇压比 π_f	2	4
风扇涵道比 B_f	0.4	0.8
压气机压比 π_c	5	8
燃烧室出口温度 T_b /K	1 400	1 600

发动机引气设置及主要部件效率分别如表 5-7、表 5-8 所示。

表 5-7　涡扇发动机引气设置

引 出 位 置	引 入 位 置	引气量/%
压气机出口	高压涡轮导向器进口	3.39
压气机出口	高压涡轮转子	2.26
风扇出口	外界	6.5

表 5-8　涡扇发动机主要部件效率

风扇效率	压气机效率	燃烧室效率	高压涡轮效率	低压涡轮效率
0.834	0.846	0.99	0.863	0.94

计算条件：采用标准大气，高度为 0，马赫数为 0；优化算法采用 DE/rb/1 算法，其中种群大小取 50，交叉率取 0.7，突变率取 0.15。

按照上述条件对该问题进行了优化，优化中进化总共只进行了 16 代就达到了收敛条件，函数调用仅 883 次，即只进行 883 次设计点计算，总共耗时约 0.37 秒，计算效率非常高。若通过传统方法进行发动机循环参数分析，对于 4 个设计变量来说 883 次的计算量仅相当于各设计变量取 5~6 个水平，显然取 5~6 个水平计算精度是不能保证的，且设计点方案筛选也是个十分耗时的过程，总体来说效率远远低于优化计算。可见 DE/rb/1 算法对于求解发动机优化问题具有很高的效率。

表 5-9 给出了优化方案和初始方案的对比（初始方案主要设计参数与 2.6.1 节算例参数保持一致），表中优化方案 1 为在上述条件下的优化结果；优化方案 2

是为了进行对比,在初始方案基础上,保证单位推力不变以耗油率最小为目标进行优化的结果,优化计算中其他条件相同。由表 5 - 9 可以看出,优化方案 1 在相同的耗油率下,通过优化使得单位推力增加了 9.17%;优化方案 2 在相同的单位推力下,和初始方案相比耗油率下降 4.50%。两种优化方案均对发动机性能改善显著。

表 5 - 9　涡扇发动机优化结果

变 量 名	初始方案	优化方案 1	优化方案 2
风扇压比	2.795	3.457	3.101
风扇涵道比	0.620 8	0.708 3	0.800
压气机压比	6.914	8.00	7.793
燃烧室出口温度/K	1 437	1 600·	1 518
单位推力/(kgf·s/kg)	64.353	70.258	64.353
耗油率/[kg/(kgf·h)]	0.662 4	0.662 4	0.632 6
低压涡轮出口温度/K	957	1 028	969
高压涡轮落压比	3.162	3.374	3.400
低压涡轮落压比	2.061	2.389	2.399

式(5 - 22)给出了优化过程中适应度变化情况,在该优化模型下适应度定义为

$$\text{fitness} = (1 - F_s/a) + M_1[\min(0, T_{6\max} - T_6)]^2 \\ + M_2[\min(0, \pi_{h\max} - \pi_h)]^2 + M_3[\min(0, \pi_{l\max} - \pi_l)]^2 \quad (5 - 22)$$

其中,a 为常数,取值使得 $0 < (1 - F_s/a) < 1$,可取目标变量 F_s 初始值的 3~5 倍;M_i 为罚函数因子,取较大的常数,如取 $M_i = 10\ 000$。

按照上述适应度定义,当适应度函数小于 1 时,所有约束条件满足,即得到可行解。由图 5 - 14 可以看出进化一开始,设计变量就已经进入了可行域中,且适应度在进化过程中有很快的下降速度。

图 5 - 15、图 5 - 16 给出了优化方案 1 优化过程中设计变量及状态变量随进化代数的变化情况。由图可以看出,对于示例涡扇发动机在给定的约束条件下,为了获得最大单位推力,压气机压比、燃烧室出口温度取到了上限值,涵道比也取较大的值,这些参数的最终确定还需要综合考虑其他因素。

为了对本章所研究的优化算法进行全面的检验,选取该优化问题,按照上述优化方案 1 的计算模型分别对 7 种优化算法进行测试,各算法设置计算条件和上面

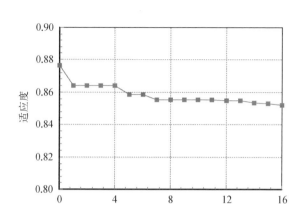

图 5 - 14　涡扇发动机优化中适应度函数迭代过程

相同。每种算法测试 100 次并统计算法成功率,平均进化代数及平均函数调用,得到结果如表 5 - 10 所示。

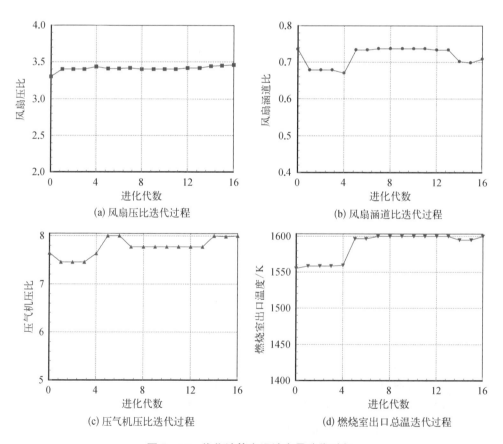

图 5 - 15　优化计算中设计变量迭代过程

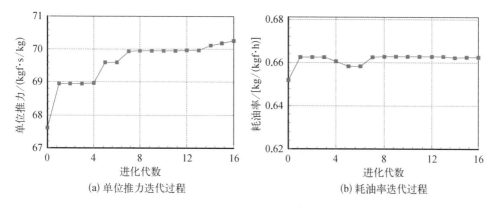

图 5-16 优化计算中状态变量迭代过程

表 5-10 不同优化算法测试结果

算 法	Sr/%	AEG	AFC
DE/rb/1	100	19.32	1 016.31
DE/br/1	100	28.38	1 512.80
DE/rand/1	100	88.81	4 795.76
DE/best/1	100	21.22	1 166.91
DE/rand/2	100	79.98	4 440.42
DE/best/2	100	24.55	1 378.99
DE/RtB/1	100	34.32	1 953.88

由表 5-10 可以看出,在所有算法中,成功率均为 100%,且进化代数均较小,可见所有算法对于发动机循环参数优化问题都能进行很好求解。其中 DE/rb/1 算法效率最高,表现出非常高的算法性能,平均进化代数只有 19 代;DE/best/1 算法及 DE/best/2 算法效率也非常接近 DE/rb/1 算法;DE/br/1 算法及 DE/RtB/1 算法计算效率次之,也有很好的效率;DE/rand/1 算法、DE/rand/2 算法计算效率最低,且和其他算法计算效率相差较大。

5.3 代理模型建模方法

5.3.1 样本设计方法

1. 一次采样方法

在进行近似模型建立时需要一定量样本点作为基础,这些样本点一般是通过系统精确模型分析计算所得到的。对于复杂系统来说精确模型分析计算非常耗时,这就希望样本点尽可能地少,以便减少系统精确模型分析的次数。同时,样本点数量又必须满足近似建模需要。如何选取较少的样本点同时又能保证近似模型建立的精度这就需要通过试验设计方法来合理安排。

试验设计(design of experiments, DOE)(Sehonlau,1997)是数量统计学的一个分支,是参数优化、模型评估等过程中主要的统计方法之一。试验设计主要用于:辨识关键试验因子、确定最佳参数组合、构建经验公式和近似模型等。本处研究试验设计的主要目的是合理安排试验方案建立近似模型。为了便于理解,试验设计中所用的术语说明如下。

试验: 在数值计算中,特指数值试验,即对仿真系统进行一次系统计算;

因子: 影响试验指标的因变量,即对应于仿真系统中的设计变量;

水平: 试验中因子不同取值的多少,如两水平代表取两个值,以此类推。

目前常见的试验设计方法主要有: 全因子试验设计、正交数组设计、中心点复合设计及拉丁超立方设计(刘晓路 等,2011;梁煜 等,2010;刘新亮 等,2009)等。

全因子试验设计(full factorial design)是最基本的试验设计方法,它是把各个水平试验因子进行完全组合。全因子试验设计试验点的个数是每个因子个数的乘积,即为 m^n,其中,m 表示水平数,n 表示因子数。最常用的为两水平(2^n)和三水平(3^n)的全因子试验设计,其中两水平三因子的全因子试验设计如图 5-17(a)所示(图中"●"表示选择的试验点)。全因子试验设计方法简单,精度高,但是全因子试验设计试验点数随着因子数目及各因子水平数呈指数增长。如试验中若有 3 个因子,各个因子均有 5 个水平,则有 5^3 种不同的组合,若每一种组合进行一次数值试验,总共需进行 125 次试验。在多学科设计中,往往系统设计变量较多,若按照全因子试验设计方法来构造近似模型,将会十分耗时。因此,该方法只适应于因子很少且各因子水平也较少的情况。

正交数组设计(orthogonal arrays)通过采用预先编制好的正交表格合理安排试验,它是一种高效、快速的试验设计方法。常用的正交表格有 L_4、L_8、L_9、L_{27} 等,表 5-11 为四因子三水平正交数组设计表,更多正交数组设计表及使用方法可参考相关文献。正交设计的优点是: 各因子水平搭配均衡,数据点分布均匀,能大大减少试验分析的次数。图 5-17(b)为三因子两水平的正交数组设计选择试验点示意。由图可以看出,和全因子试验设计相比,正交数组设计能有效减少试验次数。

中心点复合设计(central composite design, CCD)又称二次回归旋转设计,该方法扩展了设计空间的高阶信息,具有设计简单、预测性好等优点。它是在 2^n 全因子设计基础上增加了中心点,以及对每个因子增加两个位于中心点轴线上的距中心点距离为 α 试验点,这些点又称为星点。三因子中心点复合设计示意如图 5-17(c)所示,当 $\alpha=1$ 时,星点则会位于立方体的各个平面中心上。此时的中心点复合

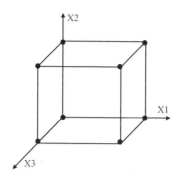

(a) 全因子试验设计

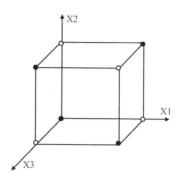

(b) 正交数组设计

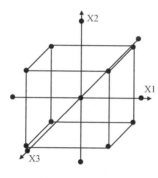

(c) 中心点复合设计

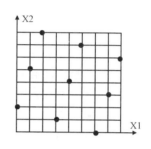

(d) 拉丁超立方设计

图 5 - 17　不同试验设计方法示意

表 5 - 11　正交数组设计表

序　　号	X1	X2	X3	X4
1	1	1	1	1
2	1	2	2	2
3	1	3	3	3
4	2	1	2	3
5	2	2	3	1
6	2	3	1	2
7	3	1	3	2
8	3	2	1	3
9	3	3	2	1

设计又称为面中心点复合设计。在面中心点复合设计中,可用一个中心点坐标及一个半径因子即可以表示所有的试验点,非常易于编程,且也适用于因子数大于3的情况,基于此考虑,本书所采用的中心点复合设计中一般取 $\alpha = 1$。

中心点复合设计试验次数为 $2^{n-k} + 2n + 1$ 次,其中 n 为因子数,k 为试验控制系数。当因子数目增加时,为了避免试验点急剧增长,可以通过增大 k 值,从而有效控制试验次数。和全因子试验设计相比中心点复合设计具有试验次数少的特点,因而该方法得到了广泛应用。

拉丁超立方设计(latin hypercube design, LHD)是由 Mckay、Beckman 等首先提出的,是专门为计算机仿真试验提出的一种试验设计方法。其基本原理是在包含有 n 个因子的设计空间中,将每个因子在其设计范围内等分为 m 个区间,即 m 水平。然后随机选取 m 个点,且满足每个因子的每一水平只被选中一次。

拉丁超立方设计由于每个因子设计空间都均匀划分,且每个水平只使用一次。因而,所选取的试验点能相对均匀地充满整个设计空间。且能够以较少的样本点反映整个设计空间的特征,能有效地缩减样本点数。如一个两因子九水平试验,如采用全因子设计需要81(9×9)个点,而采用拉丁超立方设计只需 9 个样本点,其中拉丁超立方设计如图 5-17(d)所示。

以二次多项式响应面建立为例,表 5-12 分别给出了全因子试验设计、中心点复合设计及拉丁超立方设计所需要的样本点数。从表中可以看出,随着因子数量的增加,全因子试验设计样本数量急剧增加;中心点复合设计可以通过调节 k 值,在保证二次多项式响应面模型精度的情况下,选取较少的样本点;拉丁超立方设计则可以始终保持为响应面模型构造所需要的最少点数,但在实际设计中,为了提高响应面模型精度,拉丁超立方设计中通常根据问题情况适当增加样本点。

表 5-12 不同试验设计方法下二次多项式代理模型样本点数

因子数	二次响应面系数	全因子试验设计	中心点复合设计	拉丁超立方设计
1	3	2	5	3
2	6	4	9	6
3	10	8	15	10
4	15	16	25	15
5	21	32	27	21
6	28	64	45	28
7	36	128	47	36

因子数	二次响应面系数	全因子试验设计	中心点复合设计	拉丁超立方设计
8	45	256	81	45
9	55	512	83	55
10	66	1 024	149	66

2. 序列采样方法

上文中给出了几种一次采样方法,一次采样方法的基本思路均是以样本点分布足够均匀为目的而建立的,即根据模型的输入来生成样本点。但是在输入空间中分布均匀的样本点,映射到输出空间时,几乎必定是不均匀的。尤其当待拟合模型具有强非线性、梯度变化剧烈等特征时,样本点在输出空间上的分布必定是非常散乱的,这就导致样本点无法很好地反映待拟合模型的变化趋势,增大代理模型建模的难度。

而序列采样方法的基本思想就是,首先生成一些初始样本点,然后逐渐向样本点中增添新的样本点,而在确定新增样本点的过程中,就考虑已有样本点的响应值的变化趋势等,判断待拟合模型梯度变化较剧烈、代理模型较难建模的区域,在加点时则更偏向于在这些区域进行加点。

一般来说,在序列采样方法中,会估计代理模型误差较大的区域,然后逐步向这些区域进行加点。本书在此讨论两种比较通用的序列采样加点准则。

1)基于交叉验证误差

交叉验证误差是一种基于数据的误差估计方法,其只与代理模型的预测值和样本点的响应值相关,可以为任意代理模型提供在某一样本点处的误差估计值,具有误差估计通用性。

基于交叉验证误差建立的序列采样方法的基本思路是,利用代理模型在各个样本点处的交叉验证误差,获得误差估计值较大的区域,然后在此区域中进行加点。在实际算法实现时,可以采用距离平方反比等方式,根据代理模型在各个样本点处的交叉验证误差,建立代理模型误差估计函数,然后采用优化算法获得误差估计函数的极大值处,将极大值处增添为新样本点,并建立新的代理模型,再继续重复这一过程直至满足最终计算结束条件。

2)基于多代理模型预测值

除了采用交叉验证误差以外,还可以采用其他方式来确定代理模型可能不精确的区域,Goel 等(Goel et al.,2007)在研究组合代理模型时指出,如果在某一区域内,多个不同的单一代理模型的预测值偏差较大,则可以说明代理模型在该区域的误差较大,但是如果在某一区域内,多个不同的单一代理模型的预测值偏差较小,并不能说明代理模型在该区域的误差较小。

因此,基于多代理模型预测值的序列采样方法的基本思路是,采用相同的初始样本点建立多个不同的代理模型,然后获得各个代理模型预测值偏差较大的区域,然后在此区域中进行加点。在实际算法实现时,可以基于各个代理模型的预测值函数建立多代理模型预测值偏差函数,然后采用优化算法获得该预测偏差函数的极大值处,将极大值处增添为新样本点,并建立新的代理模型,再继续重复这一过程直至满足最终计算结束条件。

序列采样方法可以在对初始代理模型精度要求较高,可以及时调用目标函数仿真模型时使用,以获得精度更高的初始代理模型。除了在生成初始样本点时可以采用序列采样方法,生成分布性更好的样本集,也可以在优化过程中,以提升代理模型精度为目的,采用序列采样方法对样本点进行加密,从而获得精度更高的代理模型。

5.3.2 单一代理模型建模方法

1. 多项式拟合法

多项式拟合法是采用多项式对试验点进行回归拟合,得到响应与输入变量之间的近似函数关系来建立响应面的方法,是建立响应面最常用的方法。根据 Weierstrass 多项式最佳逼近定理,任何类型的函数都可以采用多项式逼近。因而复杂系统总可以用相应的多项式拟合来进行逼近。同时,由于采用多项式拟合法建立响应面,建模过程简单,且具有较高的拟合精度、非常高的计算效率,因而在实际计算中被广泛采用(刘金辉 等,2006;熊俊涛 等,2006)。多项式响应面模型的拟合函数一般可用下式表示:

$$\hat{y}(x) = \sum_{i=1}^{n} b_i f_i(x) \tag{5-23}$$

式中,$f_i(x)$ 为多项式基函数;b_i 为多项式拟合系数;n 为拟合系数个数。

多项式拟合中多项式阶数并不是越高越好,当阶数增加时,多项式中待定系数的个数将呈指数增长,待定系数个数的增加进而会影响近似模型建立过程及分析过程;同时,阶数越高需要的试验点数量也会大大增加,这样也会增加数值试验设计的难度,且这些试验点响应值的获得也需要通过精确模型计算得到,这样会大大影响计算效率。因而实际使用中通常采用二次多项式进行拟合。也可根据具体问题加以选择,对于线性问题可以采用一次多项式进行拟合;对于非线性问题,则采用二次多项式拟合。但是,二次多项式对于高阶非线性问题不能很好地描述,因而不适合拟合高阶非线性模型。下式所示为二次拟合多项式一般表达形式。

$$\hat{y}(x) = b_0 + \sum_{i=1}^{n} b_i x_i + \sum_{i=1}^{n} b_{ii} x_i^2 + \sum_{1 \leqslant i < j \leqslant n} b_{ij} x_i x_j \qquad (5-24)$$

式中, n 为拟合系数个数; b_i 为多项式拟合系数,在多项式拟合中也称为回归系数。对于二次多项式拟合,其回归系数的个数为 $(n+1)(n+2)/2$,当变量为二维时,回归系数个数为 6 个。

对于上式中回归系数的求解可以采用最小二乘法,以二元二次多项式拟合为例,下文给出采用最小二乘法求解拟合多项式回归系数的具体过程。

设有两变量 x_1 和 x_2,则二次多项式拟合模型可以表示为

$$\hat{y}(x) = b_0 + b_1 x_1 + b_2 x_2 + b_{11} x_1^2 + b_{22} x_2^2 + b_{12} x_1 x_2 \qquad (5-25)$$

为了方便叙述及求解,可以把上式等价改写为

$$\hat{y}(x) = b_0 + b_1 x_1 + b_2 x_2 + b_3 x_3 + b_4 x_4 + b_5 x_5 \qquad (5-26)$$

式中, b_i 为回归系数,有 6 个,至少需要 6 个试验点; x_i 为回归变量。

采用最小二乘法求解上式中回归系数,设有 $n(n \geqslant 6)$ 个数值试验点, y_i 表示第 i 个试验点数值, x_{ji} 表示回归变量 x_i 在第 j 个试验点中对应的值。将 n 个试验点代入上式,则得到下式:

$$Y = Xb + \varepsilon \qquad (5-27)$$

式中,

$$Y = \begin{bmatrix} y_1 \\ y_2 \\ \vdots \\ y_n \end{bmatrix}, \quad X = \begin{bmatrix} 1 & x_{11} & x_{12} & x_{13} & x_{14} & x_{15} \\ 1 & x_{21} & x_{22} & x_{23} & x_{24} & x_{25} \\ \vdots & \vdots & \vdots & \vdots & \vdots & \vdots \\ 1 & x_{n1} & x_{n2} & x_{n3} & x_{n4} & x_{n5} \end{bmatrix}, \quad b = \begin{bmatrix} b_0 \\ b_1 \\ \vdots \\ b_5 \end{bmatrix}, \quad \varepsilon = \begin{bmatrix} \varepsilon_0 \\ \varepsilon_1 \\ \vdots \\ \varepsilon_n \end{bmatrix}$$

$$(5-28)$$

按照最小二乘法意义可得

$$L(b) = \varepsilon^{\mathrm{T}} \varepsilon = (Y - Xb)^{\mathrm{T}} (Y - Xb) = Y^{\mathrm{T}} Y - 2b^{\mathrm{T}} X^{\mathrm{T}} Y + b^{\mathrm{T}} X^{\mathrm{T}} Xb \qquad (5-29)$$

对上式求其最小值,可得

$$\left. \frac{\partial L}{\partial b} \right|_b = -2X^{\mathrm{T}} Y + 2X^{\mathrm{T}} Xb = 0 \qquad (5-30)$$

即

$$X^{\mathrm{T}} Xb = X^{\mathrm{T}} Y \qquad (5-31)$$

当 $X^{\mathrm{T}}X$ 非奇异时,可得

$$\boldsymbol{b} = (\boldsymbol{X}^{\mathrm{T}}\boldsymbol{X})^{-1}\boldsymbol{X}^{\mathrm{T}}\boldsymbol{Y} \tag{5-32}$$

式(5-31)代入试验点数据整理后,最终得到关于回归系数的线性方程组:

$$\begin{cases} b_0 n + b_1 \sum_{i=1}^{n} x_{i1} + b_2 \sum_{i=1}^{n} x_{i2} + b_3 \sum_{i=1}^{n} x_{i3} + b_4 \sum_{i=1}^{n} x_{i4} + b_5 \sum_{i=1}^{n} x_{i5} = \sum_{i=1}^{n} y_i \\ b_0 \sum_{i=1}^{n} x_{i1} + b_1 \sum_{i=1}^{n} x_{i4}x_{i1} + b_2 \sum_{i=1}^{n} x_{i4}x_{i2} + b_3 \sum_{i=1}^{n} x_{i4}x_{i3} + b_4 \sum_{i=1}^{n} x_{i4}x_{i4} + b_5 \sum_{i=1}^{n} x_{i4}x_{i5} = \sum_{i=1}^{n} x_{i4}y_i \\ \cdots \\ b_0 \sum_{i=1}^{n} x_{i1} + b_1 \sum_{i=1}^{n} x_{i5}x_{i1} + b_2 \sum_{i=1}^{n} x_{i5}x_{i2} + b_3 \sum_{i=1}^{n} x_{i5}x_{i3} + b_4 \sum_{i=1}^{n} x_{i5}x_{i4} + b_5 \sum_{i=1}^{n} x_{i5}x_{i5} = \sum_{i=1}^{n} x_{i5}y_i \end{cases}$$

$$\tag{5-33}$$

对于上述线性方程组求解可采用 Gauss 消去法、Jacobi 迭代法等方法,此处不再详细叙述求解过程。求解上式即可得到全部回归系数。求解上述方程时还需要注意,当拟合变量之间相差很大时,矩阵 $X^{\mathrm{T}}X$ 可能会奇异,因此在进行拟合之前,一般需要对试验点数据进行归一化处理,再对处理后的试验点进行拟合。

其中,归一化处理方法如下,设设计变量 x_i 的变化区间为 $[x_{\min}, x_{\max}]$,则归一化处理后为

$$x_i' = 2\frac{x_i - x_{\min}}{x_{\max} - x_{\min}} - 1 \tag{5-34}$$

式中,x_i' 为变化后的设计变量,变化范围为 $[-1, 1]$。

2. Kriging 方法

Kriging 方法最早是由南非地质学者 D. G. Krige 提出的,最先是用来估算矿产储量分布。到 20 世纪 80 年代末,Sacks 等研究了基于 Kriging 方法的计算机试验设计,并将其应用于近似建模领域。近年来 Kriging 方法作为一种响应面近似建模技术在工程优化领域得到了广泛研究(夏露 等,2013;韩永志 等,2007;王晓锋 等,2005)。

Kriging 近似建模方法是一种半参数化的插值方法,通过已知的样本信息去估计某一点未知信息。传统的拟合方法(如多项式拟合法)大多都是参数化的模型,一般都要先选取一个参数化的数学模型(如二次多项式),然后在确定的数学模型下,通过回归方法确定回归系数,最后形成近似模型。其过程也可以通过多项式拟合法所介绍内容看出。而半参数化的 Kriging 方法并不需要选取确定的数学模型,

因而更加灵活和方便。同时,Kriging 方法具有局部和全局的统计特性,这使得该方法可以很好地估计已知样本的趋势及动态等。

Kriging 方法的一般表达式为

$$y(x) = f(x) + z(x) \tag{5-35}$$

式中,$f(x)$ 为确定性函数,相当于对设计空间的全局近似,一般为低阶多项式函数,常用的有一次多项式或二次多项式;$z(x)$ 为均值为零,方差为 σ^2 的随机函数,可看作是对全局近似的修正,其协方差如下。

$$\mathrm{cov}[z(x^i), z(x^j)] = \sigma^2 \boldsymbol{R}[R_F(x^i, x^j)] \quad (i, j = 1, 2, \cdots, n) \tag{5-36}$$

其中,$\boldsymbol{R}$ 为相关矩阵,是 $n \times n$ 阶的对称正定对角阵,n 表示样本点个数;R_F 为相关函数。

常用的相关函数有多种形式,其中 GAUSS 型及 EXP 型的如下。

GAUSS 型:

$$R_F(x^i, x^j) = \exp\Big[-\sum_{k=1}^{n} \theta_k \mid x_k^i - x_k^j \mid^2 \Big] \tag{5-37}$$

EXP 型:

$$R_F(x^i, x^j) = \exp\Big[-\sum_{k=1}^{n} \theta_k \mid x_k^i - x_k^j \mid \Big] \tag{5-38}$$

其中,θ_k 为未知相关参数,n 个 θ_k 组成相关参数矢量,记为 $\boldsymbol{\theta}$。关于更多相关函数形式可参考其他相关文献。

确定了相关函数后,就可以建立估计点 x 处对应的响应值 $y(x)$ 与估计值 $\hat{y}(x)$ 之间的表达式。其形式如下:

$$\hat{y}(x) = \hat{f}(x) + \boldsymbol{r}^{\mathrm{T}}(x) \boldsymbol{R}^{-1}(\boldsymbol{Y} - \hat{\boldsymbol{Y}}) \tag{5-39}$$

式中,$\boldsymbol{Y}$ 为 n 维列向量,表示样本响应值;$\hat{\boldsymbol{Y}}$ 为 $\boldsymbol{Y}$ 的估计值;$\hat{f}(x)$ 为全局近似函数的估计值,满足:

$$\hat{f}(x) = \sum_{i=1}^{n} b_i f_i(x) \tag{5-40}$$

其中,$f_i(x)$ 为多项式基函数;b_i 为多项式拟合系数,b_i 构成的多项式系数矢量记为 $\boldsymbol{b}$。

对于求解拟合系数 $\boldsymbol{b}$,可参考上节所述的多项式回归方法,此处不再复述。

$\boldsymbol{r}^{\mathrm{T}}(x)$ 是未知点和样本数据之间的相关向量,由下式确定:

$$\boldsymbol{r}^{\mathrm{T}}(x) = [R_F(x, x^1), R_F(x, x^2), \cdots, R_F(x, x^n)]^{\mathrm{T}} \tag{5-41}$$

方差估计由下式给出：

$$\hat{\sigma}^2 = (\boldsymbol{Y} - \hat{\boldsymbol{Y}})^{\mathrm{T}} \boldsymbol{R}^{-1} (\boldsymbol{Y} - \hat{\boldsymbol{Y}})/n \tag{5-42}$$

$\boldsymbol{\theta}$ 使用最大似然估计法确定，即 $\theta_k > 0$ 时，使得下式最大。

$$\max(-n\ln(\hat{\sigma}^2) + \ln|\boldsymbol{R}|)/2 \tag{5-43}$$

Kriging 方法的近似模型建立最终即为求解上式所示的非线性优化问题。

3. 径向基函数法

径向基函数是一类输入为距中心点的径向距离的函数，一般来说，会采用欧几里得距离作为径向基函数的输入，表 5-13 中给出了常见的全局支撑径向基函数。

表 5-13　常见的全局支撑径向基函数

径向基函数名	径向基函数表达式
BH	r
MQ	$(r^2 + c^2)^{-k}$
IMQ	$(r^2 + c^2)^k$
TPS	$r^{2k} + \ln(r)$
G	e^{-r^2/c^2}

表 5-13 中的 k 为整数，c 为任意常数，一般称其为形状参数，可以决定径向基函数的形状，r 为径向基函数的中心位置和输入点的距离。

除此之外，还有局部紧支撑径向基函数，但在工程实际中使用较少，关于局部紧支撑径向基函数的更多详细介绍，可以参阅相关文献资料（Fasshauer，2007；Wendland，2005；Buhmann，2003）。

径向基函数代理模型是由不同的径向基函数，采用加权求和的方式获得的，其表达式如式（5-44）所示。

$$y = \sum_{i=1}^{n} a_i \phi_i(r_i) \tag{5-44}$$

式中，a_i 为第 i 个径向基函数的加权权值，该权值为径向基函数代理模型的待定系数；ϕ_i 为第 i 个径向基函数，其表达式如表 5-13 所示；r_i 为输入点和第 i 个径向基函数的中心位置的欧几里得距离，其可用式（5-45）计算得到。

$$r_i = \| x - x_i \|_2 \tag{5-45}$$

式中，x 为输入点的坐标；x_i 为第 i 个径向基函数的中心位置的坐标。

因此，在建立径向基函数代理模型时，首先需要确定径向基函数的个数，然后则需要确定每个径向基函数的三个待定参数：加权权值 a、形状参数 c、中心点位置 x。

常见的径向基函数代理模型建模方法可分为以下三种。

1）插值法

在插值法中，径向基函数的个数与建立代理模型所使用的样本点的数量相等，而各个径向基函数的中心位置则就位于各个样本点处，每个径向基函数对应一个样本点。那么，将各个样本点的输入点坐标及其响应值 (x_j, y_j) 带入式（5-44）可得

$$y_j = \sum_{i=1}^{n} a_i \phi_i(r_i(x_j)) \tag{5-46}$$

式中，x_j 为第 j 个样本点的输入点坐标；y_j 为第 j 个样本点的响应值；a_i 为第 i 个径向基函数的加权权值；ϕ_i 为第 i 个径向基函数；n 为径向基函数的个数、样本点的个数；$r_i(x_j)$ 为第 i 个径向基函数的中心位置与第 j 个样本点之间的距离。

式（5-46）实际上是一个 n 阶线性方程组，其可以表达为如（5-47）所示的矩阵运算形式。

$$Aa = b \tag{5-47}$$

式中，A 为径向基函数矩阵，由将各个样本点数据输入至各个径向基函数获得的结果组成；a 为径向基函数加权权值向量，由各个径向基函数的加权权值组成；b 为样本点响应值向量，由各个样本点的响应值组成。

其中，径向基函数矩阵 A 的计算式如式（5-48）所示，在矩阵 A 中，给定每个径向基函数的形状参数 c 后，即可获得矩阵 A 中每个元素的值。

$$A = \begin{bmatrix} \phi_1(x_1) & \phi_2(x_1) & \cdots & \phi_i(x_1) & \cdots & \phi_n(x_1) \\ \phi_1(x_2) & \phi_2(x_2) & \cdots & \phi_i(x_2) & \cdots & \phi_n(x_2) \\ \vdots & \vdots & \ddots & \vdots & \ddots & \vdots \\ \phi_1(x_i) & \phi_2(x_i) & \cdots & \phi_i(x_j) & \cdots & \phi_n(x_i) \\ \vdots & \vdots & \ddots & \vdots & \ddots & \vdots \\ \phi_1(x_n) & \phi_2(x_n) & \cdots & \phi_i(x_n) & \cdots & \phi_n(x_n) \end{bmatrix} \tag{5-48}$$

式中，$\phi_i(x_j)$ 为将第 j 个样本点的数据输入至第 i 个径向基函数中获得的计算结果。

径向基函数加权权值向量 $\boldsymbol{a}$ 的计算式如式(5-49)所示,在向量 $\boldsymbol{a}$ 中,所有数据均为未知量。

$$\boldsymbol{a} = \begin{bmatrix} a_1 \\ a_2 \\ \vdots \\ a_i \\ \vdots \\ a_n \end{bmatrix} \tag{5-49}$$

式中, a_i 为第 i 个径向基函数的加权权值。

样本点响应值向量 $\boldsymbol{b}$ 的计算式如式(5-50)所示,在向量 $\boldsymbol{b}$ 中,所有数据均为已知量。

$$\boldsymbol{b} = \begin{bmatrix} y_1 \\ y_2 \\ \vdots \\ y_j \\ \vdots \\ y_n \end{bmatrix} \tag{5-50}$$

式中, y_j 为第 j 个样本点的响应值。

因此,如果能够给定每个径向基函数的形状参数 c,式(5-47)中就仅有径向基函数加权权值向量 $\boldsymbol{a}$ 为未知量,可以采用式(5-51)获得向量 $\boldsymbol{a}$ 的理论解。

$$\boldsymbol{a} = \boldsymbol{A}^{-1}\boldsymbol{b} \tag{5-51}$$

在采用插值法建立径向基函数代理模型时,一般会将每个径向基函数的形状参数 c 取同样的值。一种常见的处理方式是:将待拟合模型的输入量归一化,然后所有径向基函数的形状参数取 1。除此之外,还有许多研究人员采用理论推导或经验公式的方式确定形状参数 c 的取值,本书在此不再赘述,关于形状参数 c 选取的更多方法,可以参阅相关文献资料(Fornberg et al. , 2004; Rippa, 1999; Foley, 1994; Carlson et al. , 1992; Franke, 1982; Hardy, 1971)。

2) 最小二乘法

在采用插值法建立径向基函数代理模型时,径向基函数的个数与样本点的个数相等,各个径向基函数的中心位置就在各个样本点处。这种建模方法在工程实际中可能会遇到一些问题,例如,如果样本点分布不均匀,那么径向基函数的分布也不均匀,就会导致最终建立的模型精度较差。另外,如果样本点数量较多且不均匀,采用插值法建立径向基函数代理模型时,不仅计算代价较大,而且在不同样本密度区域内采用相同的径向基函数形状参数也是不合适的。在这种情况下,解除径向基函数个数及中心位置与样本点的关联关系,根据实际需求选择合适的径向基函数个数,同时采用均匀分布或其他准确确定径向基函数的中心点位置,最后确定各个径向基函数的待定参数,这就是采用最小二乘法建立径向基函数代理模型的思路。

在采用最小二乘法建立径向基函数代理模型时,首先将 m 个样本点的输入点坐标及其响应值$(x_j,\ y_j)$带入式$(5-44)$可得

$$y_j = \sum_{i=1}^{n} a_i \phi_i [r_i(x_j)] \qquad (5-52)$$

式中, x_j 为第 j 个样本点的输入点坐标; y_j 为第 j 个样本点的响应值; a_i 为第 i 个径向基函数的加权权值; ϕ_i 为第 i 个径向基函数; n 为径向基函数的个数; m 为样本点的个数; $r_i(x_j)$ 为第 i 个径向基函数的中心位置与第 j 个样本点之间的距离。

式$(5-52)$和式$(5-46)$在形式上是一致的,区别在于径向基函数的个数与样本点的个数不相等,即 i 的最大取值与 j 的最大取值不等,式$(5-52)$也是一个线性方程组,其可以表达为如式$(5-53)$所示的矩阵运算形式。

$$Aa = b \qquad (5-53)$$

式中, A 为径向基函数矩阵,由将各个样本点数据输入至各个径向基函数获得的结果组成; a 为径向基函数加权权值向量,由各个径向基函数的加权权值组成; b 为样本点响应值向量,由各个样本点的响应值组成。

其中,径向基函数矩阵 A 的计算式如式$(5-54)$所示,在矩阵 A 中,给定每个径向基函数的形状参数 c 后,即可获得矩阵 A 中每个元素的值。

$$A = \begin{bmatrix} \phi_1(x_1) & \phi_2(x_1) & \cdots & \phi_i(x_1) & \cdots & \phi_n(x_1) \\ \phi_1(x_2) & \phi_2(x_2) & \cdots & \phi_i(x_2) & \cdots & \phi_n(x_2) \\ \vdots & \vdots & \ddots & \vdots & \ddots & \vdots \\ \phi_1(x_i) & \phi_2(x_i) & \cdots & \phi_i(x_j) & \cdots & \phi_n(x_i) \\ \vdots & \vdots & \ddots & \vdots & \ddots & \vdots \\ \phi_1(x_m) & \phi_2(x_m) & \cdots & \phi_i(x_m) & \cdots & \phi_n(x_m) \end{bmatrix} \qquad (5-54)$$

式中, $\phi_i(x_j)$ 为将第 j 个样本点的数据输入至第 i 个径向基函数中获得的计算结果。

式$(5-54)$所示的矩阵 A 与式$(5-48)$所示的矩阵 A 的区别在于,前者是一个

m 行 n 列的矩阵,不能直接求逆,后者是一个 n 行 n 列的矩阵,可以直接求逆。

径向基函数加权权值向量 $\boldsymbol{a}$ 的计算式如式(5-55)所示,在向量 $\boldsymbol{a}$ 中,所有数据均为未知量。

$$\boldsymbol{a} = \begin{bmatrix} a_1 \\ a_2 \\ \vdots \\ a_i \\ \vdots \\ a_n \end{bmatrix} \quad (5-55)$$

式中, a_i 为第 i 个径向基函数的加权权值。

式(5-55)所示的向量 $\boldsymbol{a}$ 和式(5-49)所示的向量 $\boldsymbol{a}$ 相同。

样本点响应值向量 $\boldsymbol{b}$ 的计算式如式(5-56)所示,在向量 $\boldsymbol{b}$ 中,所有数据均为已知量。

$$\boldsymbol{b} = \begin{bmatrix} y_1 \\ y_2 \\ \vdots \\ y_j \\ \vdots \\ y_m \end{bmatrix} \quad (5-56)$$

式中, y_j 为第 j 个样本点的响应值。

式(5-56)所示的向量 $\boldsymbol{b}$ 和式(5-50)所示的向量 $\boldsymbol{b}$ 的区别在于,前者长度为 m,后者长度为 n。

由于式(5-54)所示的矩阵 $\boldsymbol{A}$ 不能直接求逆,因此需要采用最小二乘法才能获得向量 $\boldsymbol{a}$ 中的待定系数:

$$\boldsymbol{a} = (\boldsymbol{A}^{\mathrm{T}}\boldsymbol{A})^{-1}\boldsymbol{A}^{\mathrm{T}}\boldsymbol{b} \quad (5-57)$$

此时,首先确定径向基函数的个数、中心点位置、形状参数,就可以采用式(5-57)获得向量 $\boldsymbol{a}$ 的理论解,从而获得径向基函数代理模型。一般来说,可以从已有样本点中选取部分样本点,将径向基函数的中心点位置放在这些样本点处,或者直接给定一个合适的径向基函数个数,然后采用均匀分布的方式确定径向基函数的中心点位置。而形状参数 c 的选取仍可参照插值法中给出的各类方法,根据样本空间的大小和径向基函数的个数来确定。

3）参数优化法

不论是在插值法还是在最小二乘法中,都是人为给定某些待定参数,然后采用矩阵求逆法获得其余待定参数。在优化法中,会将这些待定参数均作为优化变量,然后对代理模型的误差进行估计,以其误差估计值最小为优化目标,对径向基函数代理模型的各个待定参数进行优化。

参数优化法也可以再细分为插值法和最小二乘法两种,其中,插值法中需要优化的待定参数只有形状参数,可以保持所有径向基函数的形状参数相等进行优化,也可以令各个径向基函数的形状参数不同进行优化,各个径向基函数的加权权值则采用矩阵求逆运算获得,优化目标可设置为径向基函数代理模型的均方根交叉验证误差最小。

最小二乘法中需要优化的待定参数有径向基函数的位置和形状参数,可以从两者之中进行选择或者全部作为优化变量,各个径向基函数的加权权值则采用矩阵求逆运算获得,优化目标可以设置为径向基函数代理模型在样本点处的均方根误差,也可以设置为径向基函数代理模型的均方根交叉验证误差。

实际上,参数优化法的形式较为开放,除了以上两种形式外,还可以构造其他的参数优化模型。例如在选取优化变量时,可以在径向基函数的个数、形状参数及加权权值中任意选择,在建立优化目标时,可以在径向基函数代理模型在样本点处的均方根误差、径向基函数代理模型的均方根交叉验证误差中任意选择,可以根据具体工程应用场景和需求,采用不同的参数优化方法建立径向基函数代理模型。

5.3.3　代理模型建模方法测试

为了对上面所述的不同近似建模方法进行比较,本节选择了具有代表性的三个测试函数进行分析对比(窦毅芳 等,2007)。需要说明的是,本节所选取的测试函数均为低维函数,其目的是便于通过图形观察及分析计算结果。

测试函数 1:

$$f_1(x) = x\cos(x) \quad (x \in [1, 5]) \tag{5-58}$$

该函数为一维非线性函数。对于该函数选取 9 个均匀分布于设计空间的样本点,分别采用二次多项式拟合法和 Kriging 方法进行近似模型建立。计算结果如图 5-18 所示,其中图 5-18(a)为二次响应面法建立的近似模型与函数原型对比,由图可以看出,在当前测试函数下,二次响应面基本能够体现原函数的变化趋势,然而和原函数精确曲线存在较大的误差,同时,近似模型曲线也未贯穿 9 个样本点,总体近似效果不够理想。图 5-18(b)为 Kriging 方法建立的近似模型与函数原型对比,由图可以看出,在当前测试函数下,Kriging 方法建立的近似模型曲线与原函

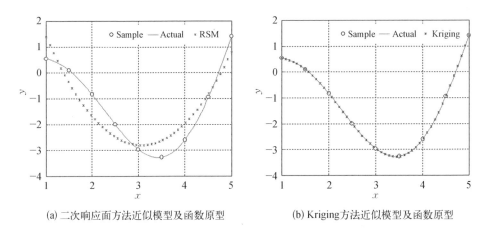

(a) 二次响应面方法近似模型及函数原型   (b) Kriging方法近似模型及函数原型

图 5 - 18   测试函数 1 不同近似建模方法对比

数曲线几乎重合,具有非常高的近似精度。

测试函数 2:

$$f_2(x) = [30 + x_1\sin(x_1)]\{4 + \exp[-(0.5x_2 - 1)^2]\}$$
$$(x_1, x_2 \in [-5, 5]) \tag{5 - 59}$$

该函数为二维多峰函数,代表低维高阶非线性问题。由于计算量不大,为了提高精度,计算中采用 2 因子 11 水平全因子试验设计,选取了 121 个样本点。对于该函数选取的样本点,分别采用二次多项式拟合法和 Kriging 方法进行近似模型建立。计算结果如图 5 - 19 所示,图 5 - 19(a) 为该函数原型图像及所选取的样本点。图 5 - 19(b) 为二次响应面建立的近似模型与样本点对比。由图可以看出,二次响应面近似模型和原函数形态有很大的差异,已经不能反映原函数的变化趋势,同时由图 5 - 20(a) 也可以看出,二次响应面近似模型存在较大的误差,且误差分布极为不均,尤其是在原函数峰值处,存在很大的背离。图 5 - 19(c) 为 Kriging 方法建立的近似模型与样本点对比。由图可以看出,该近似模型和原函数具有相似的形态,且能够很好地反映原函数的变化趋势。由图 5 - 20(b) 也可以看出该近似模型误差很小,可见当前测试函数下 Kriging 方法建模的近似模型具有很高的精度。

测试函数 3:

$$f_3(x) = 0.5x_1^2 + x_2^2 - x_1x_2 - 7x_1 - 7x_2$$
$$(x_1, x_2 \in [-5, 5]) \tag{5 - 60}$$

该函数为二次函数,代表低阶非线性问题。由于该函数比较简单,因此采用 2 因子 5 水平全因子试验设计选取 25 个样本点。对所选取的样本点按照上述步骤

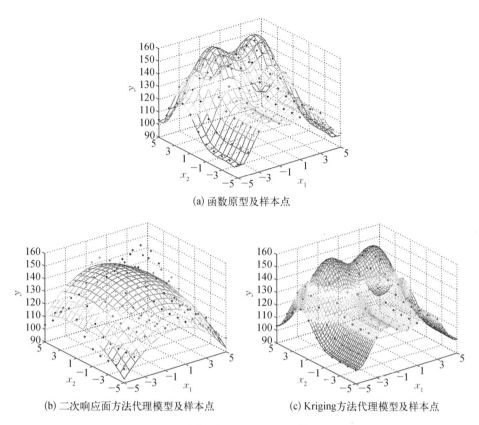

(a) 函数原型及样本点

(b) 二次响应面方法代理模型及样本点　　　(c) Kriging方法代理模型及样本点

图 5 - 19　测试函数 2 不同近似建模方法对比

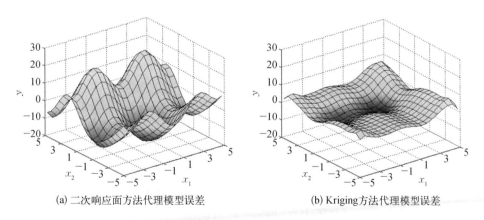

(a) 二次响应面方法代理模型误差　　　(b) Kriging方法代理模型误差

图 5 - 20　测试函数 2 不同近似模型误差对比

分别进行两种近似模型建立。计算结果如图 5 - 21 示。由图可以看出,两种方法所建立的的近似模型均有和原函数相同的形态,表现出很高的计算精度。其中,二次响应面法近似模型系数几乎和原函数相同,而 Kriging 模型稍差,但也只存在较小的误差。可见在该测试函数下,二次响应面法要优于 Kriging 方法。

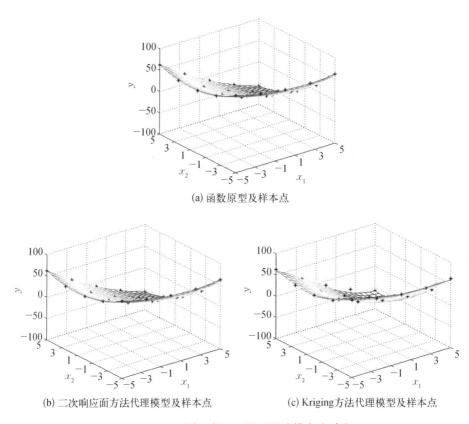

(a) 函数原型及样本点

(b) 二次响应面方法代理模型及样本点   (c) Kriging方法代理模型及样本点

图 5 - 21   测试函数 3 不同近似建模方法对比

通过以上三个测试函数的计算可以看出,对于低阶非线性问题两种近似建模方法均表现出非常高的计算精度;对于高阶非线性问题二次响应面法所建近似模型存在较大的误差,而 Kriging 方法所建立的近似模型能很好地描述原问题。总的来看,从计算精度上看 Kriging 方法要优于二次响应面法。

为了进一步对比两种近似建模方法的适用性,本书从计算效率角度对两种方法进行了对比。其中测试环境为操作系统: Windows xp;CPU: Intel Core i3 2.93 GHz;编程环境: C++ Builder 6.0。选取上面测试函数三,测试时为减少系统误差,两种方法均连续计算若干次,再求平均近似模型构造时间进行对比。对于二次响应面近似模型,由于测试函数计算量过于小,采取连续计算 1.0×10^6 次,总耗时 7.906 s,单次计算时间不超过 0.008 ms;对于 Kriging 近似模型连续计算 100 次,总耗时 8.753 s,单次计算时间为 87.53 ms。由测试结果可以看出,由于测试函数比较简单,两种方法均表现出很高的计算速度,然而 Kriging 方法和二次响应面相比较,在该测试函数下,计算时间相差达 4 个数量级。

通过上面对比可以看出,Kriging 方法虽然计算精度高,然而计算时间却远大于二次响应面法。因而,在实际应用中,需根据具体问题来选取相应的方法。若所研究的系统为低阶非线性,则宜选取二次响应面法;反之,若研究系统为高阶非线性问题且计算量不是很大或计算对实时性要求不是很高,则可选取计算精度更高的Kriging 方法。

以涡扇发动机设计点循环参数研究为例,说明采用近似建模的过程。发动机设计点循环参数研究是为了确定设计参数对发动机性能的影响,以便选取合理的设计方案。一般在某些设计参数不变的情况下,令另外某一个或多个设计参数变化,看它对发动机性能参数的影响。这里任何一个设计参数的不同,就代表不同的发动机硬件。

进行设计点循环参数分析时,需要输入的参数包括以下几个方面。

(1) 飞行条件(高度、马赫数)、大气条件(温度、压力、湿度)的选取。飞行条件的选取,对于军机一般取地面状态(高度为 0,马赫数为 0)作为发动机设计点,而民机一般取巡航状态(如高度 11 km,马赫数 0.8)作为发动机设计点。采用国际标准大气来确定所选择的飞行条件下发动机进口大气的温度、压力等。对于本节所研究的涡扇发动机飞行条件取高度为 0,马赫数为 0。

(2) 循环参数选取及其取值范围的确定。循环参数即为总体设计中的设计变量,这些变量的个数及类型随所研究发动机类型的不同而不同。对于涡扇发动机来说循环参数包括:风扇压比、涵道比、压气机压比、燃烧室出口温度。这些变量的取值范围是基于当前设计水平及技术发展进行确定。如对于第四代战斗机所用发动机,燃烧室出口温度最高可达 1 850~2 000 K。

(3) 性能指标参数。如发动机推力、耗油率等。发动机的性能指标通常是由飞机设计部门在需求中提出的,在发动机总体设计时,要满足这些性能指标。

(4) 根据当前设计水平结合技术发展预估的各主要部件效率及流路损失等。通常在发动机总体设计中将这些量当作常数,不作为变量处理。

示例中选取发动机为双轴涡扇发动机,其部件布局及引气方案如图 5-22所示,其中使用的发动机性能计算模型将在后续发动机总体学科建模的相关内容中进行介绍。发动机设计点循环参数研究中所选设计变量为:风扇压比 π_f、压气机压比 π_c、燃烧室出口温度 T_4。发动机性能主要以推力、耗油率等为指标,此处以发动机推力为例进行说明,若选取其他性能指标计算过程与此类似。所选取的 3 个设计变量取值范围如表 5-14 所示,发动机其他参数取值如表5-15 所示。

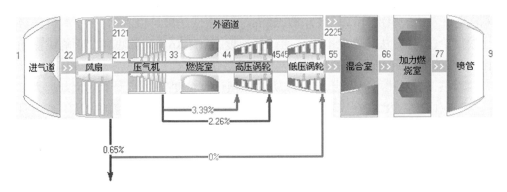

图 5 - 22   示例涡扇发动机布局

表 5 - 14   示例发动机循环参数取值范围

参 数 名	原始设计点值	参数上限	参数下限
风扇压比	2.795	2.500	2.900
压气机压比	6.914	3.000	7.000
燃烧室出口温度/K	1 437	1 400	1 500

表 5 - 15   示例发动机设计点其他参数取值

参 数 名	数 值	单 位
发动机进口流量	92.80	kg/s
风扇效率	0.834	—
高压压气机效率	0.846	—
燃烧室效率	0.99	—
燃烧室压力损失系数	0.04	—
高压涡轮效率	0.863	—
低压涡轮效率	0.894	—
外涵压力损失系数	0.04	—
喷管速度系数	1.00	—

对于三个输入变量采用二次响应面构建近似模型,得到以三个循环参数所表示的发动机推力的二次多项式拟合公式为

$$F_n = b_0 + b_1\pi_f + b_2\pi_c + b_3T_4 + b_4\pi_f^2 + b_5\pi_c^2$$
$$+ b_6T_4^2 + b_7\pi_f\pi_c + b_8\pi_fT_4 + b_9\pi_cT_4 \tag{5-61}$$

将上述表示为标准拟合模型形式,即

$$Y = b_0 + b_1X_1 + b_2X_2 + b_3X_3 + b_4X_4 + b_5X_5$$
$$+ b_6X_6 + b_7X_7 + b_8X_8 + b_9X_9 \tag{5-62}$$

由所建立的二次多项式模型可知,共有 10 个待定系数。为了比较不同试验设计对二次响应面近似模型精度的影响,下面分别按照全因子试验设计、正交数组设计、中心点复合设计及拉丁超立方设计四种样本点选取进行二次响应面的建立。为了便于计算对于前三种试验设计方法,可先采用全因子试验设计,再在此基础上进行正交数组设计、中心点复合设计。具体如下:

由于有 3 个因子(3 个输入变量),每个因子取 3 个水平,各水平在设计范围内均匀选取,共需进行 27 次试验。通过调用发动机设计点性能计算程序 27 次,得到的试验样本点如表 5-16 所示。对于正交数组及中心点复合设计是在以上得到的样本点中,分别按照各自设计方法选择性选取样本点的,对于表 5-16 可以这样理解,表中各试验方法下的"1",代表该样本为当前试验方法所产生的样本。由表可以看出全因子试验设计选择样本点数为 27 个,正交数组设计采用 L_9 设计选择样本点为 9 个,中心点复合设计选择样本点为 15 个。

表 5-16　不同试验设计样本点选取

样本点	风扇压比	压气机压比	燃烧室出口温度/K	推力/kgf	全因子试验设计	正交数组设计	中心点复合设计
1	2.5	3	1 400	5 871.02	1	1	1
2	2.5	3	1 450	6 076.75	1		
3	2.5	3	1 500	6 255.01	1		1
4	2.5	5	1 400	5 826.4	1		
5	2.5	5	1 450	6 016.41	1	1	1
6	2.5	5	1 500	6 188.62	1		
7	2.5	7	1 400	5 688.19	1		1
8	2.5	7	1 450	5 882.83	1		
9	2.5	7	1 500	6 067.5	1	1	1

续　表

样本点	风扇压比	压气机压比	燃烧室出口温度/K	推力/kgf	全因子试验设计	正交数组设计	中心点复合设计
10	2.7	3	1 400	5 887.76	1		
11	2.7	3	1 450	6 127.49	1	1	1
12	2.7	3	1 500	6 345.51	1		
13	2.7	5	1 400	5 888.51	1		1
14	2.7	5	1 450	6 105.48	1		
15	2.7	5	1 500	6 294.96	1	1	1
16	2.7	7	1 400	5 736.79	1	1	
17	2.7	7	1 450	5 961.93	1		1
18	2.7	7	1 500	6 158.86	1		
19	2.9	3	1 400	5 883.31	1		1
20	2.9	3	1 450	6 136.59	1		
21	2.9	3	1 500	6 374.41	1	1	1
22	2.9	5	1 400	5 868.08	1	1	
23	2.9	5	1 450	6 145.52	1		1
24	2.9	5	1 500	6 369.41	1		
25	2.9	7	1 400	5 690.91	1		1
26	2.9	7	1 450	5 995.75	1	1	
27	2.9	7	1 500	6 222.01	1		1

对于拉丁超立方设计由于和上述试验方法存在较大差异,需单独设计,采用 12 水平选取 12 个样本点,其样本点选取结果如表 5-17 所示。

表 5-17　拉丁超立方设计样本点选取

样本点	风扇压比	压气机压比	燃烧室出口温度/K	推力/kgf
1	2.755	3.00	1 472.73	6 237.28
2	2.609	6.64	1 490.91	6 111.57
3	2.900	4.45	1 463.64	6 243.21

续　表

样本点	风扇压比	压气机压比	燃烧室出口温度/K	推力/kgf
4	2. 645	5. 18	1 400. 0	5 866. 95
5	2. 718	7. 00	1 436. 36	5 909. 22
6	2. 791	3. 36	1 409. 09	5 963. 92
7	2. 682	4. 82	1 454. 55	6 129. 65
8	2. 573	4. 09	1 500. 0	6 278. 41
9	2. 864	5. 55	1 418. 18	5 943. 19
10	2. 536	3. 73	1 427. 27	6 014. 87
11	2. 500	5. 91	1 445. 45	5 937. 71
12	2. 827	6. 27	1 481. 82	6 182. 66

对上边产生的四种试验设计方法下的样本点,分别按照上文所述的多项式回归系数的方法计算得到四种试验方法下式(5-62)中多项式系数,结果如表 5-18 所示。

表 5-18　不同试验设计方法下二次响应面模型系数

响应面系数	全因子试验设计	正交数组设计	中心点复合设计	拉丁超立方设计
b_0	-5 496. 61	1 494. 1	-3 861. 37	-2 112. 32
b_1	-1 246. 33	1 336. 15	-1 219. 63	-2 033. 79
b_2	58. 092 4	139. 453	22. 217 6	-26. 600 7
b_3	13. 478 8	-1. 392 47	11. 320 5	10. 643 3
b_4	-633. 139	-213. 688	-611. 819	-531. 38
b_5	-14. 502 2	-7. 352 3	-15. 181 9	-15. 169 2
b_6	-0. 006 23	0. 002 774	-0. 005 48	-0. 005 44
b_7	16. 379 2	90. 120 7	7. 981 25	40. 045 1
b_8	3. 316 75	-0. 316 16	3. 236 25	3. 432 8
b_9	-0. 000 3	-0. 246 75	0. 044 15	0. 015 363

将上表所示数据分别代入式(5-61)得

$$
\begin{aligned}
F_{n1} = & -5\,496.61 - 1\,246.33\pi_f + 58.092\,4\pi_c + 13.478\,8T_4 \\
& - 633.139\pi_f^2 - 14.502\,2\pi_c^2 - 0.006\,227\,56T_4^2 \\
& + 16.379\,2\pi_f\pi_c + 3.316\,75\pi_fT_4 - 0.000\,3\pi_cT_4
\end{aligned}
\tag{5-63}
$$

$$
\begin{aligned}
F_{n2} = & \,1\,494.1 + 1\,336.15\pi_f + 139.453\pi_c - 1.392\,47T_4 \\
& - 213.688\pi_f^2 - 7.352\,3\pi_c^2 + 0.002\,773\,66T_4^2 \\
& + 90.120\,7\pi_f\pi_c - 0.316\,161\pi_fT_4 - 0.246\,749\pi_cT_4
\end{aligned}
\tag{5-64}
$$

$$
\begin{aligned}
F_{n3} = & -3\,861.37 - 1\,219.63\pi_f + 22.217\,6\pi_c + 11.320\,5T_4 \\
& - 611.819\pi_f^2 - 15.181\,9\pi_c^2 - 0.005\,481\,11T_4^2 \\
& + 7.981\,25\pi_f\pi_c + 3.236\,25\pi_fT_4 + 0.044\,15\pi_cT_4
\end{aligned}
\tag{5-65}
$$

$$
\begin{aligned}
F_{n4} = & -2\,112.32 - 2\,033.79\pi_f - 26.600\,7\pi_c + 10.643\,3T_4 \\
& - 531.38\pi_f^2 - 15.169\,2\pi_c^2 - 0.005\,435\,11T_4^2 \\
& + 40.045\,1\pi_f\pi_c + 3.432\,8\pi_fT_4 + 0.015\,362\,5\pi_cT_4
\end{aligned}
\tag{5-66}
$$

可以看出不同试验设计方法获取的样本点拟合得到的二次多项式系数有较大的差异,为此分别对上述的四个近似模型采用相对均方根误差法和 R^2 判定系数法进行评估。得到结果如表 5-19。

表 5-19　不同试验设计方法下代理模型评估结果

评估方法	全因子试验设计	正交数组设计	中心点复合设计	拉丁超立方设计
RMSE	0.000 374 308	0.001 406 139	0.000 408 815	0.000 490 843
R^2	0.996 531 361	0.951 049 589	0.995 862 357	0.994 547 776

由上表可以看出,无论采用何种模型评估方法,四种近似模型均表现出来较高的精度,其中全因子试验设计、中心点复合设计及拉丁超立方设计下近似模型的 R^2 非常接近1,具有非常高的精度。正交数组试验设计下的近似模型较其他三种近似模型精度较低。这是因为正交数组设计中选取的样本点数偏少,导致拟合模型精度有所下降。

需要指出的是采用二次响应面所建立的近似模型能很好地逼近精确模型,说明对于该问题采用二次响应面法进行近似建模是合适的。同时,从侧面也反映出精确模型所代表的数学问题属于低阶非线性问题,这对理解精确模型的数学特征提供了重要的信息,便于后续就该问题进行其他方面分析(如循环参数优化等)

时,可以有针对性地选取相应的算法。

为了进一步说明四种近似模型给出的发动机推力和通过精确模型计算所得到的发动机真实推力之间的差异,对算例模型中所选取的发动机三个设计参数在其设计范围内中随机产生 150 组输入数据,其他参数保持不变,分别用上面得到的三种近似模型计算这 150 组输入数据所对应的发动机推力,并和由发动机设计点性能计算程序得到的结果分别进行对比,得到发动机推力相对误差如图 5 - 23 所示。

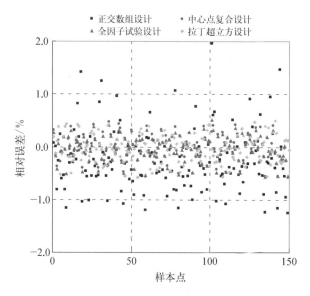

图 5 - 23　不同试验设计方法下各试验点相对误差

由图可以看出,对这 150 组随机输入数据来说,四种近似模型最大误差均未超过 2%,验证了本书所述方法建立的四种近似模型均有较高的精度。其中,正交数组设计对应的近似模型精度最低,相对误差最大为 1.956%,均值为 0.506%;中心点复合设计对应的近似模型相对误差最大为 0.556%,均值为 0.213%;全因子试验设计对应的近似模型相对误差最大为 0.557%,均值为 0.193%;拉丁超立方设计对应的近似模型相对误差最大为 0.564%,均值为 0.224%。

可以看出,中心点复合设计、拉丁超立方设计及全因子试验设计对应的近似模型具有相似的拟合精度,相对误差基本在 0.5%以内,表现出很高的精度及稳定性。综合考虑试验设计复杂度、计算量及近似模型可靠性,中心点复合设计和拉丁超立方设计对于构造二次多项式响应面来说优于其他两种方式。

需要说明的是,算例中所有设计变量取值范围较大,且对于每一个设计变量只选取了三水平试验设计,这是影近似模型精度的主要原因。而实际计算中,往往是在某一设计点邻域内构造响应面,而非整个设计空间中,这就在很大程度上影响了近似模型的精度。同时,在多学科设计优化中引入近似模型计算的目的是减少计算量,而不是完全替代精确模型。随着计算进行,近似模型会在计算若干步后根据新的试验样本点进行更新。这样也会保证近似模型的精度。对于如何将这些近似模型进一步应用到多学科设计优化中将在第 6 章做具体介绍。

5.4　基于组合代理模型的建模方法

5.4.1　组合代理模型建模方法

1. 经典组合代理模型

目前建立组合代理模型的一类常用方法是:首先同时建立多种不同类型,或不同建模参数的组分代理模型,然后获得各个组分代理模型的误差估计值,接着再确定各个组分代理模型的权重,最后采用加权平均的方式将组分代理模型进行组合,形成组合代理模型:

$$y_e = \sum_{i=1}^{n} w_i y_i' \tag{5-67}$$

式中, y_e 为组合代理模型; w_i 为第 i 个组分代理模型的权重; y_i' 为第 i 个组分代理模型; n 为组分代理模型的个数。

本节分别选取了采用这种方式建模的两种平均组合代理模型和两种逐点组合代理模型进行简要介绍,并对其建模方法进行总结和分析。

1) Goel 等提出的平均组合代理模型

Goel 等(Goel et al., 2007)采用 GMSE 作为各个组分代理模型的全局误差估计值,并以此确定各个组分代理模型的权重:

$$w_i = \frac{(E_i + \alpha E_{avg})^\beta}{\sum_{j=1}^{n} (E_j + \alpha E_{avg})^\beta} \tag{5-68}$$

$$E_{avg} = \frac{\sum_{i=1}^{n} E_i}{n} \tag{5-69}$$

式中, w_i 为第 i 个组分代理模型的权重; E_i 为第 i 个组分代理模型的 GMSE; E_{avg} 为全部组分代理模型的 GMSE 的均值; α, β 为自定义参数,控制权重更趋向于平均分配还是更趋向于某个组分代理模型,取值需要保证 $\beta < 0$, $\alpha < 1$; n 为组分代理模型的个数。

GMSE 采用下式计算:

$$E_i = \sqrt{\frac{\sum\limits_{k=1}^{m} \left[y(x_k) - y'(x_k) \right]^2}{m}} \qquad (5-70)$$

式中, $y(x_k)$ 为第 k 个样本点 x_k 处的目标函数真实值; $y'(x_k)$ 为由除了第 k 个样本点 x_k 以外的所有样本点建立的代理模型在 x_k 处的预测值; m 为样本点的个数。

该方法中存在两个自定义参数 α 和 β, Goel 等在研究时选取了 $\alpha = 0.05$ 和 $\beta = -1$。

2) Acar 和 Rais 提出的平均组合代理模型

Acar 和 Rais(Acar, 2009)将平均组合代理模型的权重确定问题转化为了一个优化问题:

$$\min_{w_i} E_{\text{GMSE, e}}$$
$$\text{s. t.} \sum_{i=1}^{n} w_i = 1 \qquad (5-71)$$

式中, w_i 为第 i 个组分代理模型的权重系数; $E_{\text{GMSE, e}}$ 为组合代理模型的 GMSE; n 为组分代理模型的个数。

3) Viana 等(Viana et al., 2009)提出的平均组合代理模型

Viana 等首先定义了组合代理模型的 MSE,然后再通过最小化 MSE 的方式确定各个组分代理模型的权重。Viana 等定义的 MSE 如式(5-72)所示:

$$E_{\text{MSE}} = \frac{\int_V e^2(x)\, dx}{V} = w^{\text{T}} C w \qquad (5-72)$$

式中, E_{MSE} 为组合代理模型的 MSE,代表组合代理模型的全局误差; $e(x)$ 为组合代理模型在点 x 处的误差; V 为样本空间; w 为各个组分代理模型的权重组成的向量; C 为组分代理模型误差估计矩阵。

Viana 等利用组分代理模型在各个样本点处的交叉验证误差组成能够估计其全局误差的向量 e^*,然后利用 e^* 计算矩阵 C 中元素的近似值:

$$c_{ij} \approx \frac{e_i^{*\text{T}} e_j^*}{m} \qquad (5-73)$$

式中, c_{ij} 为矩阵 C 中第 i 行第 j 列的元素; e_i^* 为第 i 个组分代理模型的全局误差估计向量; m 为样本点的个数。

获得矩阵 $\boldsymbol{C}$ 后,针对 MSE 建立最小化优化问题:

$$\min_{\boldsymbol{w}} E_{\mathrm{MSE}} = \boldsymbol{w}^{\mathrm{T}} \boldsymbol{C} \boldsymbol{w} \qquad (5-74)$$

其约束为

$$\boldsymbol{1}^{\mathrm{T}} \boldsymbol{w} = 1 \qquad (5-75)$$

式中, $\boldsymbol{1}$ 表示元素全为 1 的列向量。

Viana 等采用拉格朗日算子法获得了该优化问题的理论解:

$$\boldsymbol{w} = \frac{\boldsymbol{C}^{-1} \boldsymbol{1}}{\boldsymbol{1}^{\mathrm{T}} \boldsymbol{C}^{-1} \boldsymbol{1}} \qquad (5-76)$$

但是,直接通过式(5-76)计算得到的权重可能会出现负值或者大于 1 的情况,Viana 等建议在采用式(5-76)计算权重时,可以仅采用矩阵 $\boldsymbol{C}$ 的对角矩阵以保证计算得到的权重为正数且不大于 1。

4) Acar(Acar, 2010)提出的逐点组合代理模型

Acar 采用各个组分代理模型在各个样本点处的交叉验证误差,来估计组分代理模型的局部误差,然后将在某一样本点处具有最小交叉验证误差的组分代理模型的权重赋 1,其他组分代理模型的权重赋 0,最后再将这些离散的权重通过距离平方反比的方式扩展至整个样本空间:

$$w_i(x) = \left(\sum_{k=1}^{n} \frac{w_{ik}}{\| x - x_k \|_{p=2}^2} \right) \Big/ \left(\sum_{k=1}^{n} \frac{1}{\| x - x_k \|_{p=2}^2} \right) \qquad (5-77)$$

式中, $w_i(x)$ 为第 i 个组分代理模型在点 x 处的权重; x_k 为第 k 个样本点 x_k; w_{ik} 为第 i 个组分代理模型在第 k 个样本点 x_k 处的权重。

2. 误差估计方法分析

本书在 5.4.1 节中介绍了公开文献中几种经典的组合代理模型,这几种组合代理模型不仅广泛应用于各类工程应用研究中,还常常被作为组合代理模型建模方法研究领域的基准算法,因此在组合代理模型建模方法分析时,选取这几种组合代理模型作为分析的对象。这几种经典的组合代理模型的建模过程主要分为两步:① 获取各个组分代理模型的误差估计值;② 根据组分代理模型的误差估计值确定各个组分代理模型的权重。根据采用的组分代理模型的误差估计方法的类型,可将组合代理模型分为逐点组合代理模型和平均组合代理模型。其中,平均组合代理模型的权重在整个样本空间中保持不变,逐点组合代理模型的权重会随着模型输入量的变化而变化。

在建立组合代理模型时,往往采用基于数据的误差估计方法。这一方面是因为某些类型的代理模型本身无法提供误差估计值;另一方面则在于,确定组分代理

模型的权重时,需要各个组分代理模型提供的误差估计值是互相可对比的,即各个组分代理模型需要采用相同的方式计算误差估计值。例如,如果在构建组合代理模型时,采用 Kriging 插值代理模型、PRS 回归代理模型及 RBF 插值代理模型作为组分代理模型,其中基于极大似然估计法建立的 Kriging 插值代理模型可以提供误差估计值,而基于最小二乘回归法建立的 PRS 回归代理模型也可以提供误差估计值,但是 RBF 插值代理模型本身则无法提供类似的误差估计值。而且,Kriging 插值代理模型和 PRS 回归代理模型提供的误差估计值的计算原理不同,这就造成了即便两者之一的误差估计值更小,也不能就此判定该代理模型的精度就有较大的可能性高于另一代理模型,即通过不同方式获得的代理模型的误差估计值不具备互相可比性。因此,在建立组合代理模型的过程中,在计算各个组分代理模型的误差估计值时,往往针对所有组分代理模型统一采用基于数据的误差估计方法,一般采用 GMSE 作为代理模型的全局误差估计值,采用交叉验证误差作为代理模型的局部误差估计值。

式(5-78)给出了代理模型在样本点处的交叉验证误差的计算公式:

$$E_{CV}(x_i) = y(x_i) - y'(x_i) \tag{5-78}$$

式中, $E_{CV}(x_i)$ 为代理模型在第 i 个样本点 x_i 处的交叉验证误差; $y(x_i)$ 为第 i 个样本点 x_i 处的目标函数真实值; $y'(x_i)$ 为利用除去第 i 个样本点 x_i 以外的其他样本点建立的代理模型在 x_i 处的预测值。

式(5-79)给出了 GMSE 的计算公式:

$$E_{GMSE} = \sqrt{\frac{\sum_{i=1}^{m} E_{CV}^2(x_i)}{m}} \tag{5-79}$$

式中, E_{GMSE} 为代理模型的 GMSE; $E_{CV}(x_i)$ 为代理模型在第 i 个样本点 x_i 处的交叉验证误差; m 为样本点的个数。

交叉验证误差和 GMSE 分别可以用于估计代理模型在样本点附近区域和代理模型在整个样本空间中的误差,而不同组分代理模型的误差估计值的大小则决定了各个组分代理模型的权重。不论是采用何种权重确定方法,代理模型的误差估计值的准确性都直接影响着最终建立的组合代理模型的精度。GMSE 是交叉验证误差的均方根值,交叉验证误差相较于 GMSE 的优势在于其包含的误差估计信息的颗粒度更高,基于交叉验证误差建立的逐点组合代理模型具有更高的精度潜力。但是如果存在某一个或某几个样本点处的交叉验证误差对代理模型的局部误差估计不准确,就可能对建立的逐点组合代理模型的精度造成不利的影响。而 GMSE 相对来说对代理模型误差的估计更加稳定,部分样本点处的交叉验证误差的不准确性不会对 GMSE 的数值造成过大的影响。

3. 权重确定方法分析

在获得各个组分代理模型的误差估计值后,则可以根据误差估计值赋予各个组分代理模型不同的权重,从而形成组合代理模型。对于平均组合代理模型而言,直接通过各个组分代理模型的 GMSE 即可确定各个组分代理模型的权重。而对于逐点组合代理模型而言,则需要首先根据各个组分代理模型在各个样本点处的交叉验证误差,确定各个组分代理模型在各个样本点处的权重,然后采用距离平方反比等方式获得非样本点处的权重。

在现今经典的组合代理模型中,采用的权重确定方法主要有置 1 法、加权法和优化法三种。其中置 1 法即是给具有最小误差估计值的组分代理模型的权重赋 1,给其他组分代理模型的权重赋 0,而加权法和优化法则是根据一定准则给各个组分代理模型赋予不同的权重。

Acar 在建立逐点组合代理模型时,采用了置 1 法确定各个组分代理模型的逐点权重,根据置 1 法获得的权重可用式(5-80)表示:

$$w_i(x_k) = \begin{cases} 1 & E_i(x_k) = \min\limits_{j=1,2,\cdots,n}(E_j(x_k)) \\ 0 & \text{else} \end{cases} \quad (5-80)$$

式中, $w_i(x_k)$ 为第 i 个组分代理模型在第 k 个样本点 x_k 处的权重; $E_i(x_k)$ 为第 i 个组分代理模型在第 k 个样本点 x_k 处的局部误差估计值; n 为组分代理模型的个数。

置 1 法中使用到的实质上就是各个组分代理模型的误差估计值的次序信息,这也就说明了为何要采用相同的方式计算各个组分代理模型的误差估计值,因为只有这样才能使误差估计值的次序信息是有意义的。

在平均组合代理模型建模方法研究中,研究者往往采用加权法或优化法来确定组分代理模型的权重,在 Goel 等提出的平均组合代理模型中,就采用了加权法来建立权重确定方法。从式(5-80)中可以看出,加权法中使用到的实质上就是各个组分代理模型的误差估计值的相对大小,不像置 1 法中要求误差估计值可以准确反映最精确的组分代理模型,加权法仅需要误差估计值可以反映各个组分代理模型的精度的相对大小,更精确的组分代理模型就可以获得更高的权重。这也就导致加权法对代理模型的误差估计方法的精确度要求较低,即使针对某个组分代理模型的误差估计出现了偏差,也不会因此赋予其过高或过低的权重。

在加权法的基础上更进一步的则是优化法,优化法以组合代理模型的误差估计值最小为优化目标,以各个组分代理模型的权重之和为 1 为优化约束,以各个组分代理模型的权重为优化变量建立优化问题,通过求解该优化问题以获得各个组分代理模型的权重。在通过优化法确定组合代理模型的权重的研究中,以 Acar 等和 Viana 等的研究最为经典。Acar 等最早提出了可以采用优化的方式确定平均组合代理模型的权重,而 Viana 等则重新定义新的优化问题,并采用拉格朗日算子法进行求解,获得了可用公式表达的理论最优解。截至目前,这类采用优化法确定权重的方法只在平均组合代理模型中出现过。

5.4.2　基于组合代理模型的建模方法分析

要获得高精度的组合代理模型,准确地估计各个组分代理模型的精度最核心的工作。如果组分代理模型的误差估计方法能够做到绝对准确,那么就可以很容易地建立高精度的组合代理模型。例如,如果交叉验证误差能够准确地预测各个组分代理模型在各个样本点附近区域的局部误差,那么采用置 1 法就可以将各个组分代理模型的不同高精度区域拼接起来,形成比最精确的组分代理模型更加精确的逐点组合代理模型。甚至也可以在某个区域中选择一个预测值偏大的组分代理模型和另一个预测值偏小的组分代理模型,然后将两者按照一定权重累加起来,从而进一步提升逐点组合代理模型的精度。

但实际上,现有的代理模型的误差估计方法都无法做到对组分代理模型的误差进行完全准确的预估,并且也很难发展出完全准确的误差估计方法。但是提升代理模型的误差估计方法的准确程度,对建立更高精度的组合代理模型而言是必须的。因此本书首先将分别针对代理模型的全局误差估计方法和局部误差估计方法进行研究。

在代理模型的误差估计方法方面,逐点组合代理模型采用交叉验证误差来估计组分代理模型的局部误差,平均组合代理模型采用 GMSE 来估计组分代理模型的全局误差。与 GMSE 相比,交叉验证误差中包含的误差估计信息的颗粒度更高,因此逐点组合代理模型的理论精度更高,但是从公开文献中的结果来看,两者在精度上并没有明显的优劣关系。

这实质上是因为,在组合代理模型的权重确定方法确定的情况下,交叉验证误差和 GMSE 均是限制组合代理模型的精度进一步提升的原因。其中,交叉验证误差中包含的误差估计信息的颗粒度更高,但是其稳定性较差的缺陷会对逐点组合代理模型的精度造成不利的影响;而 GMSE 虽然稳定性较好,但是其作为交叉验证误差的均方根值,也浪费了一些可能隐含在代理模型在各个样本点处的交叉验证误差中的信息。因此,本书分别针对全局误差估计方法和局部误差估计方法开展研究,在全局误差估计方法中引入局部误差估计信息,在局部误差估计方法中引入全局误差估计信息,改进误差估计方法以进一步提升组合代理模型的精度。

另一方面,在 Viana 等建立的平均组合代理模型中,采用了优化法来确定各个组分代理模型的权重,该平均组合代理模型的精度较高。而优化法尚未应用在逐点组合代理模型的权重确定方法中,因此本书将在建立的局部误差估计方法的基础上,采用优化法来确定逐点权重,获得新的逐点组合代理模型。

5.4.3 平均组合代理模型建模方法研究

本节通过建立新的代理模型的全局误差估计方法,建立了新的平均组合代理模型。在平均组合代理模型中,一般采用 GMSE 来估计各个组分代理模型的全局误差。GMSE 是代理模型在各个样本点处的交叉验证误差的均方根值,该参数中包含了各个组分代理模型的交叉验证误差的均值信息。假设在数个组分代理模型中,挑选出两个 GMSE 较小的组分代理模型,并将两者进行组合形成组合代理模型。为了保证该组合代理模型的精度更高,挑选出的两个组分代理模型需要满足两个条件: ① 这两个组分代理模型的精度高于其他组分代理模型;② 这两个组分代理模型在整个样本空间中的精度差异不大。其中,提出第二个条件的原因是:平均组合代理模型的权重在整个样本空间中保持不变,其不具备在局部调整权重的能力,如果某一组分代理模型在某一区域的精度较高而在其他区域的精度较低,那么将该组分代理模型引入平均组合代理模型中,会对组合代理模型的精度造成不利的影响。而 GMSE 中仅包含了交叉验证误差的均值信息,无法考虑代理模型在不同区域的误差是否相差较大,因此基于 GMSE 建立的平均组合代理模型都无法满足上述的第二个条件。

因此,有必要在代理模型的全局误差估计方法中引入交叉验证误差的偏差信息,为此本书提出了一种基于交叉验证误差均值-偏差的代理模型的全局误差估计方法,称为均值-偏差误差(mean-variance error, MVE)。

本书采用式(5-81)来计算代理模型在各个样本点处的交叉验证误差的偏差,该偏差在确定各个组分代理模型的权重时,会被用于估计各个组分代理模型的全局误差。

$$
E_{\text{VAR}} = \frac{\sum_{i=1}^{m} \left| E_{\text{CV}}(x_i) - \sum_{i=1}^{m} E_{\text{CV}}(x_i)/m \right|}{m} \tag{5-81}
$$

式中, E_{VAR} 为代理模型在各个样本点处的交叉验证误差的偏差; $E_{\text{CV}}(x_i)$ 为代理模型在第 i 个样本点 x_i 处的交叉验证误差; m 为样本点的个数。

在确定平均组合代理模型的权重时,沿用 Viana 等采用的优化法来确定各个组分代理模型的权重,并在估计各个组分代理模型的全局误差时采用 MVE,即在构建矩阵 C 时,采用下式来计算各个组分代理模型的全局误差估计向量:

$$
e^* = \begin{bmatrix} E_{\text{CV},1} \cdot E_{\text{VAR}} \\ E_{\text{CV},2} \cdot E_{\text{VAR}} \\ \cdots \\ E_{\text{CV},m} \cdot E_{\text{VAR}} \end{bmatrix} \tag{5-82}
$$

式中, E_{CV} 为组分代理模型在样本点处的交叉验证误差; E_{VAR} 为组分代理模型在样本点处的交叉验证误差的偏差；m 为样本点的个数。

5.4.4　逐点组合代理模型建模方法研究

1. 误差估计方法研究

本节在现有代理模型的局部误差估计方法的基础上，发展了新的局部误差估计方法。在逐点组合代理模型中，一般采用交叉验证误差来估计各个组分代理模型的局部误差，然后根据各个组分代理模型在样本点处的误差估计值，确定各个组分代理模型在样本点处的逐点权重，最后再采用距离反比加权等方式，获得各个组分代理模型在非样本点区域的权重计算公式。

代理模型在某一样本点处的交叉验证误差的定义是：采用除了该样本点以外的所有样本点建立的代理模型，在该样本点处的预测值与真实值的差。而代理模型的局部误差估计方法的目的是：估计采用所有样本点建立的代理模型在某一样本点附近区域的误差。通过基于部分样本点建立的代理模型计算的交叉验证误差，与基于所有样本点建立的代理模型的局部误差之间，本身就不存在较强的关联关系。因此，采用交叉验证误差来估计代理模型的局部误差，会存在不可避免的偏差，因而稳定性较差。GMSE 作为所有样本点处的交叉验证误差的均值，其稳定性较强，因此可以较好地估计代理模型的全局误差，但是单点的交叉验证误差在经过多点平均后，虽然提高了稳定性，但也失去了代理模型的部分局部误差估计信息。

所以，在代理模型的局部误差估计方法中，采用多个样本点处的误差估计信息进行计算，可以提高局部误差估计方法的稳定性，但也要尽可能保留代理模型在各个样本点处的局部误差估计信息。因此，本书建立了一个误差估计向量 $e_i^*(x_j)$，用该误差估计向量估计第 i 个组分代理模型在第 j 个样本点 x_j 处的局部误差。与交叉验证误差相比，该误差估计向量的优势主要有以下两点：

（1）采用向量的方式估计代理模型的局部误差，可以在计算组分代理模型的逐点权重时，更好地匹配优化法的需求。在 Viana 等建立的采用优化法确定权重的平均组合代理模型中，采用了一个向量来估计各个组分代理模型的全局误差，本书将基于该优化法建立新的逐点权重确定方法，因此也需要一个向量来估计各个组分代理模型的局部误差。

（2）在该误差估计向量中，包含了代理模型在多个样本点处的交叉验证误差，因此与代理模型在单个样本点处的交叉验证误差相比，在估计代理模型的局部误差时，该误差估计向量的稳定性更强，而且尽管采用了多个样本点进行计算，也没有丢失代理模型在各个样本点处的局部误差估计信息，还可以通过对向量中的元素进行逐点修正的方式，进一步提升该误差估计向量的准确性。

本书在建立误差估计向量 $e_i^*(x_j)$ 时，首先采用代理模型在所有样本点处的交叉验证误差作为 $e_i^*(x_j)$ 中的元素，如式（5 - 83）所示。

$$e_i^*(x_j) = \begin{bmatrix} E_{\mathrm{CV},i}(x_1) \\ E_{\mathrm{CV},i}(x_2) \\ \cdots \\ E_{\mathrm{CV},i}(x_j) \\ \cdots \\ E_{\mathrm{CV},i}(x_m) \end{bmatrix} \qquad (5-83)$$

式中，$E_{\mathrm{CV},i}(x_j)$ 为第 i 个组分代理模型在第 j 个样本点 x_j 处的交叉验证误差；m 为样本点的个数。

然后本书采用了两种方法对 $e_i^*(x_j)$ 中的元素进行修正。

1) 采用样本点之间的距离进行修正

在式（5-83）中给出的 $e_i^*(x_j)$ 中，包含了代理模型在所有样本点处的交叉验证误差，在采用多个样本点估计代理模型在样本点 x_j 附近区域的局部误差时，不需要与 x_j 之间的距离较远的样本点，要尽可能选择与 x_j 之间的距离较近的样本点。因此，采用样本点之间的距离对 $e_i^*(x_j)$ 中的元素进行修正，修正后的 $e_i^*(x_j)$ 如式（5-84）所示。

$$e_i^*(x_j) = \begin{bmatrix} E_{\mathrm{CV},i}(x_1) \cdot l_{i,j}(x_1) \\ E_{\mathrm{CV},i}(x_2) \cdot l_{i,j}(x_2) \\ \cdots \\ E_{\mathrm{CV},i}(x_k) \cdot l_{i,j}(x_k) \\ \cdots \\ E_{\mathrm{CV},i}(x_m) \cdot l_{i,j}(x_m) \end{bmatrix} \qquad (5-84)$$

式中，$E_{\mathrm{CV},i}(x_k)$ 为第 i 个组分代理模型在第 k 个样本点 x_k 处的交叉验证误差；$l_{i,j}(x_k)$ 为计算第 i 个组分代理模型在第 j 个样本点 x_j 处的误差估计向量时，在第 k 个样本点 x_k 处的距离修正项；m 为样本点的个数。

在计算 $e_i^*(x_j)$ 时，为了使与 x_j 之间的距离较近的样本点起到更大的作用，同时避免使用与 x_j 之间的距离较远的样本点，采用下式计算距离修正项 $l_{i,j}(x_k)$：

$$l_{i,j}(x_k) = \begin{cases} 1 & d(x_j, x_k) \leqslant d_{\mathrm{low}} \\ \bar{d}_{j,k} & d_{\mathrm{low}} < d(x_j, x_k) \leqslant d_{\mathrm{high}} \\ 0 & d_{\mathrm{high}} < d(x_j, x_k) \end{cases}$$

$$d_{\mathrm{low}} = \min_{1 \leqslant p,\, q \leqslant m;\, p \neq q} d(x_p, x_q) \qquad (5-85)$$

$$d_{\mathrm{high}} = \operatorname*{avg}_{1 \leqslant p,\, q \leqslant m;\, p \neq q} d(x_p, x_q)$$

式中，$d(x_j, x_k)$ 为第 j 个样本点 x_j 和第 k 个样本点 x_k 之间的欧几里得距离；d_{high} 为距离上边界，定义为全部样本点之间的欧式距离的平均值；d_{low} 为距离下边界，定义为全部样本点之间的欧式距离的最小值。

从式(5-85)中可以看出，在计算 $e_i^*(x_j)$ 中第 k 个元素的距离修正项 $l_{i,j}(x_k)$ 时，需要首先计算距离上边界 d_{high} 和距离下边界 d_{low}，其中 d_{high} 为全部样本点之间的欧式距离的平均值，d_{low} 为全部样本点之间的欧式距离的最小值。当第 k 个样本点 x_k 与 x_j 之间的距离大于 d_{high} 时，$E_{\text{CV},i}(x_k)$ 的距离修正项为 0，即不采用代理模型在 x_k 处的交叉验证误差；当 x_k 与 x_j 之间的距离小于 d_{low} 时，$E_{\text{CV},i}(x_k)$ 的距离修正项为 1；当 x_k 与 x_j 之间的距离大于 d_{low} 但小于 d_{high} 时，$E_{\text{CV},i}(x_k)$ 的距离修正项为 $\bar{d}_{j,k}$，$\bar{d}_{j,k}$ 是 x_k 与 x_j 之间的距离的函数，其须满足两个条件：① 样本点之间的距离越大，$\bar{d}_{j,k}$ 越小；② $\bar{d}'_{j,k}$ 须保证 $l_{i,j}(x_k)$ 的函数曲线光滑。因此，当 x_k 与 x_j 之间的距离等于 d_{high} 或 d_{low} 时，$\bar{d}_{j,k}$ 和 $\bar{d}'_{j,k}$ 须满足：

$$\bar{d}_{j,k} = \begin{cases} 1 & d(x_j,\ x_k) = d_{\text{low}} \\ 0 & d(x_j,\ x_k) = d_{\text{high}} \end{cases} \tag{5-86}$$

$$\bar{d}'_{j,k} = \begin{cases} 0 & d(x_j,\ x_k) = d_{\text{low}} \\ 0 & d(x_j,\ x_k) = d_{\text{high}} \end{cases} \tag{5-87}$$

式中，$\bar{d}'_{j,k}$ 为 $\bar{d}_{j,k}$ 的一阶导数函数。

本书采用了一个三阶多项式函数计算 $\bar{d}_{j,k}$：

$$\bar{d}_{j,k} = 2\left(\frac{d(x_j,\ x_k) - d_{\text{low}}}{d_{\text{high}} - d_{\text{low}}}\right)^3 - 3\left(\frac{d(x_j,\ x_k) - d_{\text{low}}}{d_{\text{high}} - d_{\text{low}}}\right)^2 + 1 \tag{5-88}$$

采用如式(5-88)所示的 $\bar{d}_{j,k}$，可以使距离修正项 $l_{i,j}(x_k)$ 的函数曲线具有一阶连续导数。采用 $l_{i,j}(x_k)$ 对 $e_i^*(x_j)$ 进行修正后，不仅可以使与 x_j 之间的距离较远的样本点不参与估计 x_j 附近区域的局部误差，还可以使与 x_j 之间的距离较近的样本点在估计 x_j 附近区域的局部误差时起到更大的作用。

2）采用代理模型的 GMSE 进行修正

在建立全局误差估计方法时，本书在 GMSE 这一全局误差估计值中引入了局部误差估计信息，以期提高平均组合代理模型的精度。本书沿用这一思路对 $e_i^*(x_j)$ 进行修正，在局部误差估计方法中引入全局误差估计信息，如式(5-89)所示。

$$e_i^*(x_j) = \begin{bmatrix} E_{\text{GMSE},i} \cdot E_{\text{CV},i}(x_1) \cdot l_{i,j}(x_1) \\ E_{\text{GMSE},i} \cdot E_{\text{CV},i}(x_2) \cdot l_{i,j}(x_2) \\ \cdots \\ E_{\text{GMSE},i} \cdot E_{\text{CV},i}(x_k) \cdot l_{i,j}(x_k) \\ \cdots \\ E_{\text{GMSE},i} \cdot E_{\text{CV},i}(x_m) \cdot l_{i,j}(x_m) \end{bmatrix} \tag{5-89}$$

式中，$E_{\mathrm{GMSE},i}$ 为第 i 个组分代理模型的 GMSE；$E_{\mathrm{CV},i}(x_j)$ 为第 i 个组分代理模型在第 j 个样本点 x_j 处的交叉验证误差；$l_{i,j}(x_k)$ 为计算第 i 个组分代理模型在第 j 个样本点 x_j 处的误差估计向量时，在第 k 个样本点 x_k 处的距离修正项；m 为样本点的个数。

式（5 – 89）中给出的 $e_i^*(x_j)$ 由各个样本点处的交叉验证误差组成，交叉验证误差用于估计代理模型的局部误差时的稳定性较差，采用 GMSE 进行修正不仅可以提高 $e_i^*(x_j)$ 的稳定性，还可以在确定组分代理模型的逐点权重时，使全局精度和局部精度均更好的组分代理模型才能获得更高的权重。在 Liu 等（Liu，2016）建立的逐点组合代理模型中，就采用了 GMSE 和交叉验证误差的乘积来估计代理模型的局部误差，并取得了较好的效果。

2. 权重确定方法研究

针对逐点组合代理模型，本节在 Viana 等建立的全局最优权重确定方法的基础上，建立了逐点最优权重确定方法，并结合 5.4.4 节中发展的局部误差估计方法，建立了新的逐点组合代理模型。

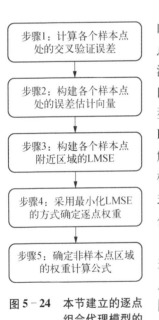

图 5 – 24 中给出了本书建立的逐点组合代理模型的建模流程，首先计算各个组分代理模型在所有样本点处的交叉验证误差，然后按照 5.4.4 节中给出的方法建立各个组分代理模型在所有样本点处的误差估计向量 $e_i^*(x_j)$，再基于 $e_i^*(x_j)$ 建立能够代表组合代理模型的局部误差的局部均方误差（local mean square error，LMSE），接着针对 LMSE 建立最小化优化问题，通过求解该最小化优化问题，获得各个组分代理模型在所有样本点处的逐点权重，最后再采用距离平方反比的方式获得各个组分代理模型在非样本点区域的权重计算公式。

Viana 等采用 MSE 代表组合代理模型的全局误差，并通过最小化 MSE 的方式确定各个组分代理模型的全局权重。本书则采用 LMSE 代表组合代理模型在样本点附近区域的局部误差，并通过最小化 LMSE 的方式确定各个组分代理模型的逐点权重，LMSE 的表达式如式（5 – 90）所示。

图 5 – 24　本节建立的逐点组合代理模型的建模流程

步骤1：计算各个样本点处的交叉验证误差

步骤2：构建各个样本点处的误差估计向量

步骤3：构建各个样本点附近区域的LMSE

步骤4：采用最小化LMSE的方式确定逐点权重

步骤5：确定非样本点区域的权重计算公式

$$E_{\mathrm{LMSE}}(x_k) = \frac{\displaystyle\int_{V_k'} e^2(x)\,\mathrm{d}x}{V_k'} = \boldsymbol{w}(x_k)^{\mathrm{T}}\boldsymbol{C}(x_k)\boldsymbol{w}(x_k) \qquad (5 – 90)$$

式中，$E_{\mathrm{LMSE}}(x_k)$ 为组合代理模型在第 k 个样本点 x_k 附近区域的局部误差；$e(x)$ 为组合代理模型在点 x 处的误差；V'_k 为第 k 个样本点 x_k 附近区域；$w(x_k)$ 为各个组分代理模型在第 k 个样本点 x_k 处的权重组成的向量；$C(x_k)$ 为组分代理模型在第 k 个样本点 x_k 附近区域的误差估计矩阵。

LMSE 的表达式与 MSE 相似，两者的区别在于在 LMSE 的表达式中，权重 w 和矩阵 C 都是样本点 x_k 的函数。矩阵 $C(x_k)$ 的元素通过下式计算：

$$c_{ij}(x_k) = \frac{\displaystyle\int_{V'_k} e_i(x) \cdot e_j(x)\,\mathrm{d}x}{V'_k} \tag{5-91}$$

式中，$c_{ij}(x_k)$ 为矩阵 $C(x_k)$ 中第 i 行第 k 列的元素；$e_i(x)$ 为第 i 个组分代理模型在点 x 处的误差。

获得矩阵 $C(x_k)$ 后，针对 LMSE 建立最小化优化问题：

$$\min_w E_{\mathrm{LMSE}}(x_k) = w(x_k)^{\mathrm{T}} C(x_k) w(x_k) \tag{5-92}$$

其约束为

$$\mathbf{1}^{\mathrm{T}} w(x_k) = 1 \tag{5-93}$$

该优化问题的解可以通过拉格朗日算子法获得

$$w(x_k) = \frac{C(x_k)^{-1}\mathbf{1}}{\mathbf{1}^{\mathrm{T}} C(x_k)^{-1}\mathbf{1}} \tag{5-94}$$

需要指出的是，通过式(5-94)计算得到的权重，与式(5-79)类似，可能会出现权重小于 0 或大于 1 的现象。Viana 等建议在求解式(5-79)时仅采用矩阵 C 的对角矩阵，本书在求解式(5-94)时，当出现权重的数值小于 0 或大于 1 的情况时，采用矩阵 $C(x_k)$ 的对角矩阵重新计算权重，当权重的数值在合理范围内时，则正常采用矩阵 $C(x_k)$ 进行计算。

矩阵 $C(x_k)$ 中的元素采用 5.4.4 节中建立的误差估计向量 $e_i^*(x_k)$ 来计算：

$$c_{ij}(x_k) \approx \frac{e_i^*(x_k)^{\mathrm{T}} \cdot e_j^*(x_k)}{m} \tag{5-95}$$

式中，$e_i^*(x_k)$ 为第 i 个组分代理模型在第 k 个样本点 x_k 处的局部误差估计向量；m 为向量 $e_i^*(x)$ 的长度。

非样本点处的权重采用欧式距离平方反比的方式确定：

$$w_i(x) = \left(\sum_{k=1}^{n} \frac{w_{ik}}{\| x - x_k \|_{p=2}^2} \right) \Big/ \left(\sum_{k=1}^{n} \frac{1}{\| x - x_k \|_{p=2}^2} \right) \tag{5-96}$$

式中，$w_i(x)$ 为第 i 个组分代理模型在点 x 处的权重；w_{ik} 为第 i 个组分代理模型在第 k 个样本点处的权重。

5.4.5 基于组合代理模型的建模算例测试

1. 数值算例测试

为了对本书提出的两种组合代理模型的精度进行测试，在此选择了六个在组合代理模型研究领域中常用的数值测试函数。

1) Branin-Hoo 二维测试函数

$$y(x_1, x_2) = (x_2 - 5.1x_1^2/4\pi^2 + 5x_1/\pi - 6)^2 + 10(1 - 1/8\pi)\cos(x_1) + 10 \tag{5-97}$$

式中，$x_1 \in [-5, 10]$；$x_2 \in [0, 15]$。

2) Camelback 二维测试函数

$$y(x_1, x_2) = (4 - 2.1x_1^2 + x_1^4/3)x_1^2 + x_1x_2 + (-4 + 4x_2^2)x_2^2 \tag{5-98}$$

式中，$x_1 \in [-3, 3]$；$x_2 \in [-2, 2]$。

3) Glodstein-Price 二维测试函数

$$\begin{aligned} y(x_1, x_2) = &[1 + (x_1 + x_2 + 1)^2 \times (19 - 4x_1 + 3x_1^2 - 14x_2 + 6x_1x_2 + 3x_2^2)] \\ &\times [30 + (2x_1 - 3x_2)^2 \times (18 - 32x_1 + 12x_1^2 + 48x_2 - 36x_1x_2 + 27x_2^2)] \end{aligned} \tag{5-99}$$

式中，$x_1 \in [-2, 2]$；$x_2 \in [-2, 2]$。

4) Colville 四维测试函数

$$\begin{aligned} y(x) = &100(x_1^2 - x_2)^2 + (x_1 - 1)^2 + (x_3 - 1)^2 \\ &+ 90(x_3^2 - x_4)^2 + 19.8(x_2 - 1)(x_4 - 1) \\ &+ 10.1[(x_2 - 1)^2 + (x_4 - 1)^2] \end{aligned} \tag{5-100}$$

式中，$x_i \in [-10, 10]$。

5) Extended Rosenbrock 八维测试函数

$$y(x) = -\sum_{i=1}^{m-1}[(1 - x_i)^2 + 100(x_{i+1} - x_i^2)^2] \tag{5-101}$$

式中，$x_i \in [-5, 10]$。

此处采用了八维($m=8$)的 Extended Rosenbrock 测试函数。

6）Dixon-Price 十二维测试函数

$$y(x) = (x_1 - 1)^2 + \sum_{i=2}^{m} i[2x_i^2 - x_{i-1}]^2 \qquad (5-102)$$

式中，$x_i \in [-10, 10]$。

此处采用了十二维（$m=12$）的 Dixon-Price 函数。

本书针对这六个数值测试函数建立了不同的数值测试算例，在建立数值测试算例时，参考了 Viana 等和 Acar 等建立的数值测试算例，表 5-20 中给出了数值测试算例的基本信息。针对所有二维数值测试函数分别建立了三个数值测试算例，在这三个数值测试算例中，用于建立代理模型的样本集的大小不同，分别为数值测试函数的维度的 6 倍、12 倍和 18 倍；针对其余数值测试函数分别建立了两个数值测试算例，在这两个数值测试算例中，用于建立代理模型的样本集的大小不同，分别为数值测试函数的维度的 6 倍和 12 倍。需要额外说明的是，由于在建立组合代理模型时选择了 PRS 代理模型作为组分代理模型之一，PRS 代理模型对样本点的个数存在最小数量要求，对于 Dixon-Price 这个十二维数值测试函数，建立 PRS 代理模型最少需要 91 个样本点，而在建立组合代理模型时，需要计算组分代理模型在各个样本点处的交叉验证误差，计算交叉验证误差需要去除一个样本点并建立代理模型，因此在采用 Dixon-Price 测试函数建立数值测试算例时，其最小样本集大小提升至 92。

表 5-20　数值测试算例的基本信息

数值测试算例	维　度	样本集大小	测试集大小	独立运行次数
Branin-Hoo	2	12/24/36	1 000	10
Camelback	2	12/24/36	1 000	10
Glodstein-Price	2	12/24/36	1 000	10
Colville	4	24/48	1 000	10
Extended Rosenbrock	8	48/96	1 000	10
Dixon-Price	12	92/144	1 000	10

在所有数值测试算例中，均采用拉丁超立方采样（Latin hypercube sampling，LHS）技术生成建立代理模型所需的样本集，采用"极大极小"准则并设置迭代次数上限为 1 000 次。用于测试组合代理模型的精度的测试集大小为 1 000，在测试组合代理模型的精度时，首先计算组合代理模型和各个组分代理模型的均方根误

差(root mean square error, RMSE):

$$E_{\text{RMSE}} = \frac{1}{n-1}\sqrt{\sum_{i=1}^{n}(y_i - y_i')^2} \tag{5-103}$$

式中,n 表示测试集大小;y_i 表示第 i 个测试点处的目标函数的真实值;y_i' 表示第 i 个测试点处的代理模型的预测值。

然后采用最精确的组分代理模型的 RMSE,对组合代理模型的 RMSE 进行归一化,将组合代理模型的归一化均方根误差(normalized root mean squared error, NRMSE)作为其性能指标:

$$E_{\text{NRMSE}} = \frac{E_{\text{RMSE, e}}}{E_{\text{RMSE, best}}} \tag{5-104}$$

式中,$E_{\text{RMSE, e}}$ 表示组合代理模型的 RMSE;$E_{\text{RMSE, best}}$ 表示最精确的组分代理模型的 RMSE。

由于生成样本集的过程具有随机性,为了降低该随机性对测试结果造成的影响,每个数值测试算例均独立运行 10 次,将 10 次运行结果的 NRMSE 取均值作为最终的性能指标。

在建立组合代理模型时使用了三种不同的组分代理模型,分别是 Kriging 代理模型、RBF 代理模型和 PRS 代理模型。在建立 Kriging 代理模型时,分别使用了常数趋势模型和线性趋势模型建立了两个不同的 Kriging 代理模型,分别记为 KRG0 和 KRG1。在建立 RBF 代理模型时,分别使用了逆多次(inverse multi-quadric, IMQ)基函数、薄板样条(thin-plate spline, TPS)基函数、高斯(Gaussian, G)基函数,以此建立的 RBF 代理模型分别记为 IMQ、TPS 和 G。因此,最终形成的组合代理模型共由六个组分代理模型组合而成。在测试组合代理模型的精度时,不仅选择了本书建立的两种组合代理模型,还从公开文献中,选择了两种平均组合代理模型和两种逐点组合代理模型作为对比。其中,Goel 等提出的平均组合代理模型标记为 EG,Viana 等提出的平均组合代理模型标记为 Od,Acar 等提出的逐点组合代理模型标记为 SP,Liu(Liu, 2016)等提出的逐点组合代理模型标记为 OP,本书提出的平均组合代理模型和逐点组合代理模型分别标记为 AE 和 PE。

图 5-25 中给出了在所有数值测试算例中,各个组合代理模型的 NRMSE 条形图。表 5-21 中给出了在所有数值测试算例中各个组分代理模型和组合代理模型的 NRMSE,其中括号中的数字代表组合代理模型的 NRMSE 的排序。在每个数值测试算例中,最精确的组合代理模型用下划线和加粗的方式突出标记,次精确的组合代理模型用加粗的方式突出标记。

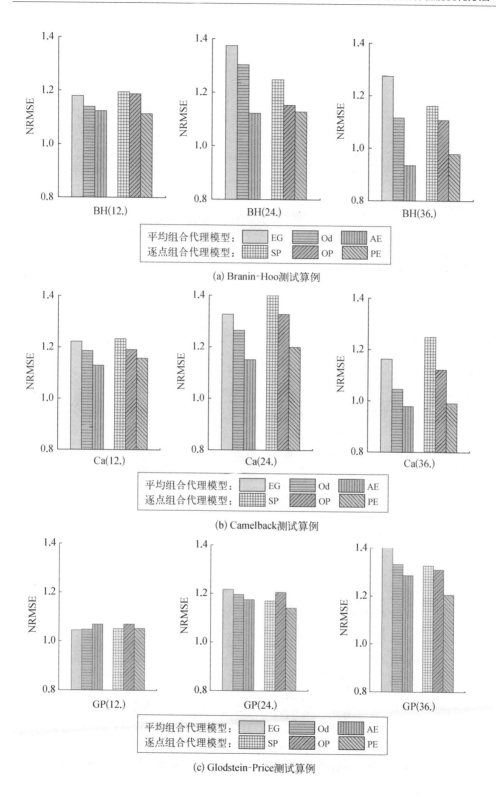

(a) Branin-Hoo测试算例

(b) Camelback测试算例

(c) Glodstein-Price测试算例

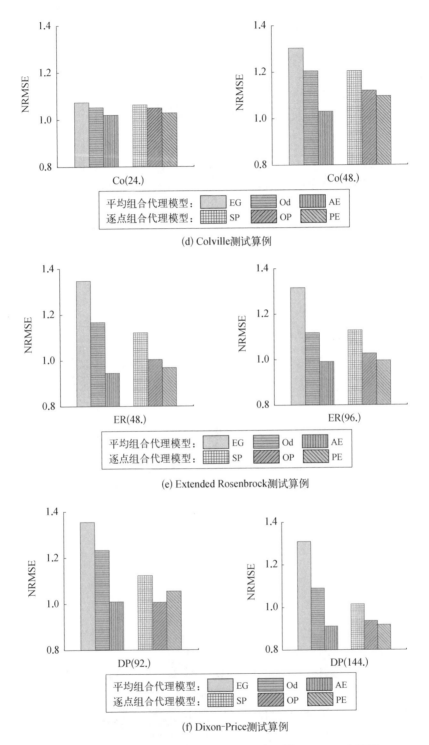

图 5－25   数值测试算例中各个组合代理模型的 NRMSE 条形图

表 5-21　组分代理模型和组合代理模型在所有数值测试算例中的 NRMSE

数值测试算例	归一化数值	组分代理模型						组合代理模型					
		IMQ	TPS	G	KRG0	KRG1	PRS	EG	Od	SP	OP	AE	PE
BH(12.)	19.06	1.79	1.19	2.25	1.02	1.00	1.56	1.18(4)	1.14(3)	1.19(5)	1.19(5)	1.12(2)	**1.11(1)**
BH(24.)	11.59	2.13	1.00	2.96	1.99	2.05	2.43	1.37(6)	1.30(5)	1.25(4)	1.15(3)	**1.12(1)**	1.13(2)
BH(36.)	8.76	2.23	1.00	3.25	1.97	1.96	3.10	1.27(6)	1.12(4)	1.16(5)	1.11(3)	**0.94(1)**	0.98(2)
Ca(12.)	15.41	1.44	1.00	1.51	1.47	1.54	1.18	1.22(4)	1.19(3)	1.23(5)	1.19(3)	**1.13(1)**	1.16(2)
Ca(24.)	10.22	1.68	1.00	1.71	1.97	2.02	1.51	1.33(4)	1.27(3)	1.43(5)	1.33(4)	**1.15(1)**	1.20(2)
Ca(36.)	6.13	2.27	1.09	2.10	1.00	1.03	2.44	1.16(5)	1.05(3)	1.25(6)	1.12(4)	**0.98(1)**	0.99(2)
GP(12.)	7.57×10⁴	1.19	1.00	1.18	1.04	1.03	1.14	**1.05(1)**	**1.05(1)**	**1.05(1)**	1.07(5)	1.07(5)	**1.05(1)**
GP(24.)	3.72×10⁴	1.72	1.29	1.48	1.00	1.01	2.12	1.22(6)	1.20(4)	**1.17(2)**	1.21(5)	1.18(3)	**1.14(1)**
GP(36.)	1.95×10⁴	2.46	1.68	1.59	1.00	1.01	3.87	1.42(6)	1.33(4)	1.33(4)	1.31(3)	1.29(2)	**1.21(1)**
Co(24.)	1.99×10⁵	1.19	1.10	1.26	1.40	1.49	1.00	1.07(6)	1.05(3)	1.06(5)	1.05(3)	**1.02(1)**	1.03(2)
Co(48.)	1.34×10⁵	1.46	1.36	2.05	1.72	1.78	1.00	1.30(6)	1.20(4)	1.20(4)	1.12(3)	**1.03(1)**	1.10(2)
ER(48.)	2.59×10⁵	2.09	1.00	2.31	2.14	1.59	2.93	1.35(6)	1.17(5)	1.12(4)	1.00(3)	**0.95(1)**	0.97(2)
ER(96.)	2.22×10⁵	2.25	1.00	2.69	2.26	1.65	1.11	1.32(6)	1.12(4)	1.13(5)	1.03(3)	**0.99(1)**	1.00(2)
DP(92.)	1.55×10⁵	1.72	1.00	1.75	1.74	1.86	5.31	1.36(6)	1.23(5)	1.12(4)	**1.01(1)**	**1.01(1)**	1.06(3)
DP(144.)	1.27×10⁵	2.06	1.00	2.15	2.12	2.17	1.06	1.31(6)	1.09(5)	1.02(4)	0.94(3)	**0.91(1)**	0.92(2)
均值	/	1.85	1.11	2.02	1.59	1.55	2.12	1.26(6)	1.17(4)	1.18(5)	1.12(3)	**1.06(1)**	1.07(2)
方差	/	0.15	0.04	0.35	0.22	0.17	1.48	0.01	0.01	0.01	0.01	0.01	0.01

首先,从表 5-21 中可以看出,各个组分代理模型在不同数值测试算例中,其 NRMSE 变化较大。如果以 Kriging 代理模型、RBF 代理模型和 PRS 代理模型对各个组分代理模型进行分组的话,这三种单一代理模型均至少在一个数值测试算例中,其精度高于其他两种单一代理模型。例如在 Extended Rosenbrock 和 Dixon-Price 测试算例中,RBF 代理模型的精度最高,在 Colville 测试算例中,PRS 代理模型的精度最高,而在 Glodstein Price 测试算例中,Kriging 代理模型的精度最高。这说明最精确的组分代理模型会随着数值测试算例的不同而发生变化,在所有组分代理模型中,从 NRMSE 的均值和方差来看,TPS 代理模型的精度和稳定性均最好。而且 TPS 代理模型的 NRMSE 的均值也优于 EG、Od、SP、OP,但是组合代理模型的 NRMSE 的方差更低,预测稳定性更好。而本书建立的组合代理模型 AE 和 PE,则在 NRMSE 的均值和方差上,均优于其他组合代理模型和各个组分代理模型,这说明 AE 和 PE 的综合精度性能不仅优于其他组合代理模型,还优于各个组分代理模型。

另外,在采用相同数值测试函数建立的数值测试算例中,当样本集大小不同时,最精确的组分代理模型也可能有所不同。例如,在 BH(12.)测试算例中,样本集大小为 12,最精确的组分代理模型为 KRG1;在 BH(24.)和 BH(36.)测试算例中,样本集大小为 24 和 36,最精确的组分代理模型为 TPS。而在样本集大小不同时,组合代理模型的精度更稳定。在代理优化方法中,样本点的数量会随着优化步数的增加而逐渐增多,因此与单一代理模型相比,组合代理模型可以在优化过程中具有更稳定的精度,更适用于建立代理优化方法。

结合表 5-21 和图 5-25 可以明显看出,本书提出的平均组合代理模型 AE 和逐点组合代理模型 PE,其精度均明显高于其他组合代理模型。在大部分数值测试算例中,AE 和 PE 两种组合代理模型的精度排序均占据前两位。对于 AE 而言,即便是在排序相对靠后的 GP(12.)和 GP(24.)测试算例中,其与最精确的组合代理模型之间的差距也较小。对于 PE 而言,在排序相对靠后的 DP(92.)测试算例中,其与最精确的组合代理模型之间的差距也较小。

在平均组合代理模型中,EG 的精度相对较差,本书建立的 AE 是在 Od 的基础上发展而来的,因此主要关注 AE 和 Od 之间的精度差异。AE 与 Od 两种平均组合代理模型之间的差异在于:AE 采用了代理模型的全局误差估计方法 MVE。结合表 5-21 和图 5-25 可以明显看出,除了在 GP(12.)测试算例中,平均组合代理模型 AE 的精度比 Od 稍低,在其他数值测试算例中,AE 的精度均至少不低于 Od,且在大部分数值测试算例中,AE 的精度明显高于 Od。另外,在 BH(36.)、Ca(36.)、ER(48.)、ER(96.)和 DP(144.)测试算例中,AE 的精度比最精确的组分代理模型更高,而 Od 的精度则比最精确的组分代理模型更差。这说明在建立 AE 时采用的 MVE 可以更好地估计代理模型的全局误差,而与已有平均组合代理模型相比,AE

也是一种精度更高的平均组合代理模型。

在逐点组合代理模型中,主要关注本书建立的 PE 和用于对比的 SP、OP 之间的精度差异。OP 和 SP 两种逐点组合代理模型之间的差异在于:SP 采用交叉验证误差来估计组分代理模型的局部误差,而 OP 采用 GMSE 和交叉验证误差的乘积来估计组分代理模型的局部误差。结合表 5-21 和图 5-25 可以看出,OP 在大部分数值测试算例中的精度均高于 SP。这表明在大多数情况下,在现有代理模型的局部误差估计方法中引入全局误差估计信息,有利于提升组合代理模型的精度。PE 在除了 DP(92.)以外的所有数值测试算例中,其精度均不低于 SP 和 OP,而且在 BH(36.)、Ca(36.)和 ER(48.)测试算例中,PE 的精度比最精确的组分代理模型更高,而 SP 和 OP 的精度比最精确的组分代理模型更低。这表明在建立 PE 时采用的局部误差估计方法可以更好地估计代理模型的局部误差,而与已有逐点组合代理模型相比,PE 也是一种精度更高的逐点组合代理模型。

最后,在 GP(12.)测试算例中,各个组合代理模型的精度差异很小,其 NRMSE 均在 1.05 左右,该数值在所有数值测试算例中也属于较高水平,这说明各个组合代理模型在该数值测试算例中的精度均较高。EG、Od 和 SP 中采用的代理模型的误差估计方法均是现有经典方法,这说明现有经典代理模型的全局、局部误差估计方法在面向 GP(12.)测试算例时,可以准确地估计代理模型的全局、局部误差。本书建立的代理模型的全局、局部误差估计方法,均是在经典误差估计方法的基础上引入其他因素或增添修正项,那么在原有误差估计方法已经足够精确的情况下,附加的其他因素或修正项反而会对误差估计的精确性造成不利的影响。这就是在 GP(12.)测试算例中,AE 的精度相对较差,且 PE 的精度并无明显优势的原因。但是,从 GP(12.)测试算例中可以看出,AE 和 PE 的精度与其他组合代理模型非常接近,这说明当原有误差估计方法足够精确时,本书提出的误差估计方法也可以较好地估计代理模型的误差。而且,AE 和 PE 在大部分数值测试算例中的精度均明显更高,这说明在大部分情况下,原有代理模型的误差估计方法不够精确,而本书建立的代理模型的误差估计方法可以通过附加的其他因素或增添的修正项,提升代理模型的误差估计方法的精确性和稳定性。

2. 航空发动机总体性能建模算例

本书采用了两个航空发动机总体性能建模问题对组合代理模型的精度进行测试,包括一个双外涵 CDFS 变循环发动机的设计点性能建模问题,和一个双外涵 CDFS 变循环发动机在亚声速巡航状态($H = 11\,000$ m,$Ma = 0.8$)下的性能建模问题。

本书使用的双外涵 CDFS 变循环发动机总体性能仿真模型如图 5-26 所示。该仿真模型是一种基于部件的航空发动机零维仿真模型,在进行设计点性能仿真时,首先建立发动机各个部件的性能仿真模型,再根据各个部件之间的气路及机械连接方式,构建出发动机整机的性能仿真模型。在设置完发动机在设计点的进气条件和设计参数等之后,依次调用各个部件的设计点性能仿真模型,即可获得各个部件进出口截面的气动热力参数,然后就可以进一步获得发动机的整机性能参数。在进行非设计点性能仿真时,需要根据各个部件之间的共同工作关系建立共同工作方程组,再采用数值求解方法对共同工作方程组进行迭代求解,获得发动机的非设计点性能参数。本书采用的发动机部件级仿真模型、设计点性能仿真方法及非设计点性能仿真方法详见文献(周红,2016),在此不再赘述。

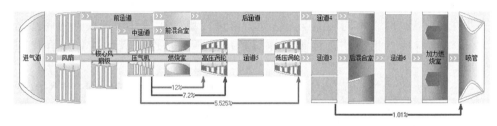

图 5 - 26 双外涵 CDFS 变循环发动机总体性能仿真模型

在建立航空发动机总体性能代理模型时,首先生成建立代理模型所需要的样本点集,样本点集中的每个样本点都包含一组发动机总体性能仿真模型的输入参数,在建立设计点性能代理模型时,这些输入参数包含压缩部件压比、效率及燃烧室出口总温等,在建立非设计点性能代理模型时,这些输入参数包含转子转速、几何调节量等。将样本点中的输入参数输入至发动机总体性能仿真模型,就可以获得发动机总体性能参数,如推力、耗油率等。然后就可以根据这些输入参数和输出参数建立代理模型。

本书在进行双外涵 CDFS 变循环发动机设计点性能建模时,选取的设计参数及其取值范围如表 5 - 22 所示。

表 5 - 22 双外涵 CDFS 变循环发动机设计参数及其取值范围

设 计 参 数	参 数 上 限	参 数 下 限
风扇压比	4	2
风扇涵道比	0.6	0.1
CDFS 压比	1.6	1.1
CDFS 涵道比	0.6	0.1

续 表

设 计 参 数	参 数 上 限	参 数 下 限
总压比	35	25
燃烧室出口总温/K	2 000	1 600

双外涵 CDFS 变循环发动机在设计状态下的其他参数及其取值如表 5-23 所示。

表 5-23 双外涵 CDFS 变循环发动机在设计状态下的其他参数及其取值

设 计 参 数	数 值	设 计 参 数	数 值
发动机进口流量/(kg/s)	130	燃烧室效率	0.99
风扇效率	0.85	高压涡轮效率	0.90
CDFS 效率	0.80	低压涡轮效率	0.91
压气机效率	0.85	喷管流量系数	1.00

本书在进行双外涵 CDFS 变循环发动机在亚声速巡航状态下的性能建模时，选取的控制参数、几何调节参数及其取值范围如表 5-24 所示。

表 5-24 双外涵 CDFS 变循环发动机在亚声速巡航状态下的
控制参数、几何调节参数及其取值范围

控制参数及几何调节参数	参 数 上 限	参 数 下 限
低压转子相对物理转速/%	100	70
CDFS 进口导流叶片角/(°)	0	-45
压气机进口导流叶片角/(°)	10	-10
FVABI 内涵进口相对面积/%	60	-60
RVABI 外涵进口相对面积/%	60	-60
低压涡轮导向器相对面积/%	130	70
喷管喉部截面相对面积/%	130	70

本书选择了双外涵 CDFS 变循环发动机在设计状态和亚声速巡航状态下的推力和耗油率作为代理模型的建模对象,并分别选取样本集大小为维度的 6 倍和 12

倍,针对每个建模对象建立了两个建模算例。即在两个发动机设计点推力和耗油率建模算例中,样本集大小分别为 72 和 144,在两个发动机在亚声速巡航状态下的推力和耗油率建模算例中,样本集大小分别为 84 和 168。样本集和测试集的生成方式与前面相同,但由于发动机性能仿真结果中可能存在不收敛或不合理的结果,因此在生成样本集时需要设置一个稍大的样本集大小,保证最终获得的合理、收敛结果的数量满足实际样本集大小的需求。

图 5 – 27 中给出了在所有发动机总体性能建模算例中,不同组合代理模型的 NRMSE 条形图。表 5 – 25 中给出了在所有发动机总体性能建模算例中,各个组分代理模型和组合代理模型的 NRMSE,其中括号中的数字代表组合代理模型的 NRMSE 的排序。在每个发动机总体性能建模算例中,最精确的组合代理模型用下划线和加粗的方式突出标记,次精确的组合代理模型用加粗的方式突出标记。

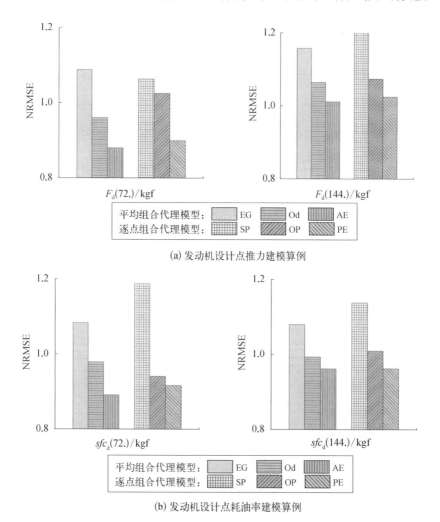

(a) 发动机设计点推力建模算例

(b) 发动机设计点耗油率建模算例

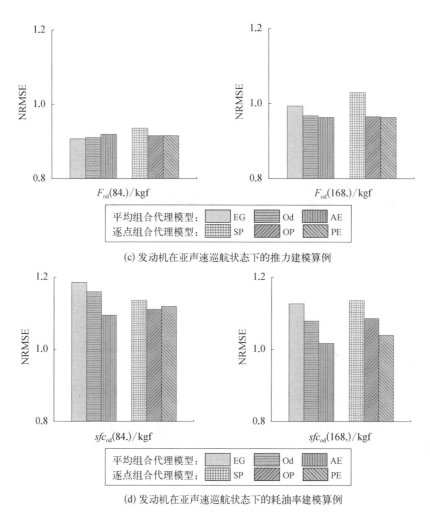

(c) 发动机在亚声速巡航状态下的推力建模算例

(d) 发动机在亚声速巡航状态下的耗油率建模算例

图 5-27 双外涵 CDFS 变循环发动机性能建模算例

从表 5-25 中可以看出,对于发动机总体性能建模算例而言,最精确的组分代理模型总会随着样本点数量的变化而变化。当样本点数量为 72 时,在发动机设计点推力和耗油率建模算例中,最精确的组分代理模型是 PRS 代理模型;当样本点数量为 144 时,在发动机设计点推力和耗油率建模算例中,最精确的组分代理模型是 TPS 代理模型;当样本点数量为 84 时,在发动机在亚声速巡航状态下的推力建模算例中,最精确的组分代理模型是 IMQ 代理模型,在发动机在亚声速巡航状态下的耗油率建模算例中,最精确的组分代理模型是 PRS 代理模型;当样本点数量为 168 时,在发动机在亚声速巡航状态下的推力和耗油率建模算例中,最精确的组分代理模型是 TPS 代理模型。该现象在 5.4.5 节中给出的数值测试算例中并不常见,这是因为这些数值测试算例中的建模对象的计算过程较为简单,且具有确定的

表 5 - 25　组分代理模型和组合代理模型在所有发动机总体性能建模算例中的 NRMSE

建模问题	归一化数值	组分代理模型						组合代理模型					
		IMQ	TPS	G	KRG0	KRG1	PRS	EG	Od	SP	OP	AE	PE
$F_d(72.)$/kgf	103.3	1.56	1.30	1.17	5.66	1.97	1.00	1.09(6)	0.96(3)	1.06(5)	1.03(4)	**0.88(1)**	**0.90(2)**
$F_d(144.)$/kgf	75.7	1.40	1.00	1.15	4.94	2.10	1.26	1.16(5)	1.06(3)	1.25(6)	1.07(4)	**1.01(1)**	**1.02(2)**
$sfc_d(72.)$/[kg/(kgf·h)]	0.009 6	1.50	1.04	1.15	3.61	1.84	1.00	1.08(5)	0.98(4)	1.19(6)	0.94(3)	**0.89(1)**	**0.92(2)**
$sfc_d(144.)$/[kg/(kgf·h)]	0.007 4	1.29	1.00	1.00	3.63	1.99	1.27	1.08(5)	0.99(3)	1.14(6)	1.01(4)	**0.96(1)**	**0.96(1)**
$F_{od}(84.)$/kgf	142.7	1.00	1.17	1.19	3.81	1.18	1.04	**0.91(1)**	**0.91(1)**	0.94(6)	**0.91(1)**	0.92(4)	0.92(4)
$F_{od}(168.)$/kgf	93.2	1.05	1.00	1.33	3.83	1.34	1.29	0.99(5)	0.97(3)	1.03(6)	0.97(3)	**0.96(1)**	**0.96(1)**
$sfc_{od}(84.)$/[kg/(kgf·h)]	0.112 2	1.25	1.16	1.17	1.40	1.41	1.00	1.19(6)	1.16(5)	1.14(4)	**1.11(2)**	**1.09(1)**	1.12(3)
$sfc_{od}(168.)$/[kg/(kgf·h)]	0.071 4	1.15	1.00	1.10	1.77	1.59	1.04	1.13(5)	1.08(3)	1.14(6)	1.09(4)	**1.02(1)**	**1.04(2)**
均值	/	1.28	1.08	1.16	3.58	1.68	1.11	1.08(5)	1.01(3)	1.11(6)	1.02(4)	**0.97(1)**	**0.98(2)**
方差	/	0.04	0.01	0.01	1.79	0.10	0.02	0.01	0.01	0.01	0.00	0.00	0.00

计算公式,而在本节给出的发动机总体性能建模算例中,各个建模对象的计算过程
更加复杂,尤其是发动机在非设计状态下的性能,需要求解共同工作方程组才能获
得,无法给出确定的计算公式,因此建模难度明显更大。所以,针对发动机总体性
能建模算例,无法确定一种最精确的单一代理模型,应选择更稳定、更精确的组合
代理模型。

结合表 5-25 和图 5-27,除了在 $F_{od}(84.)$ 和 $sfc_{od}(84.)$ 测试算例中以外,平均
组合代理模型 AE 和逐点组合代理模型 PE 的精度均优于其他组合代理模型,而在
$F_{od}(84.)$ 和 $sfc_{od}(84.)$ 测试算例中,AE 和 PE 的精度也与其他组合代理模型相近。
另外,除了在 $F_d(144.)$、$sfc_{od}(84.)$、$sfc_{od}(168.)$ 测试算例中以外,AE 和 PE 的精度均
比最精确的组分代理模型更高,而在 $F_d(144.)$ 和 $sfc_{od}(168.)$ 测试算例中,AE 和 PE
的精度也较高,其 NRMSE 均小于 1.05。在发动机总体性能建模算例中,出现 AE
和 PE 的精度高于最精确的组分代理模型的次数明显比 5.4.5 节中给出的数值测
试算例更多。所以,针对发动机总体性能建模算例,本书建立的两种组合代理模型
的精度更高。

5.5　基于组合代理模型的优化方法

5.5.1　序列代理优化方法

5.4 节中给出了一种组合代理模型建模方法,即在建立代理模型时,同时建立
多个组分代理模型,以形成稳定性更强、适用范围更广的组合代理模型。这类在建
立代理模型时采用多个代理模型的方法也被称为多代理模型技术,而多代理模型
技术在优化方法中也存在一些应用。

EGO 方法的基础是 Kriging 代理模型,其需要 Kriging 代理模型提供预测偏差
函数,以此在优化过程中考虑代理模型的不准确性,保证优化方法的全局收敛性。
但是,并非所有代理模型都可以像 Kriging 代理模型一样提供预测偏差函数,这也
就导致了在 EGO 方法中无法引入更多类型的代理模型,也就限制了多代理模型技
术在 EGO 方法中的应用。

目前,多代理模型技术与 EGO 方法相结合主要有以下三种方式。

1. 组合 EGO 方法

在组合 EGO 方法中,会根据相同的初始样本点,建立不同建模参数的
Kriging 代理模型,如不同类型的趋势函数和修正函数,然后再建立这些不同的
Kriging 代理模型建立组合 Kriging 代理模型。由于每个 Kriging 代理模型都可以
提供预测偏差函数,那么组合 Kriging 代理模型也可以将各个组分 Kriging 代理模
型的预测偏差函数,采用加权平均的方式,获得组合 Kriging 代理模型的预测偏
差函数:

$$s_e = \sum_{i=1}^{m} w_i s_i \qquad (5-105)$$

式中，s_i 为第 i 个组分代理模型的预测偏差函数；w_i 为第 i 个组分代理模型的加权系数；s_e 为组合代理模型的预测偏差函数；m 为组分代理模型的个数。

这样，就可以在经典 EGO 方法（图 5－28）的框架下，引入组合 Kriging 代理模型，获得基于组合 Kriging 代理模型的优化方法。

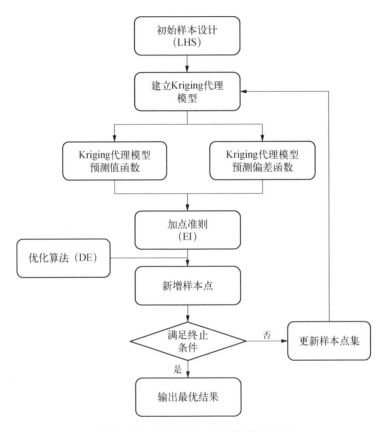

图 5－28 经典 EGO 方法的基本流程

基于组合 Kriging 代理模型的优化方法主要包含以下六个步骤。

（1）利用样本设计方法生成初始样本集，并调用目标函数计算程序获得全部样本点的目标函数值。

（2）基于当前获得的全部样本点及其目标函数值建立 Kriging 代理模型。

（3）获得 Kriging 代理模型的预测值函数和预测偏差函数。

（4）使用 Kriging 代理模型的预测值函数和预测偏差函数获得代理模型的 EI 函数（若采用其他加点准则则建立其他函数）。

在 EGO 方法中,真实模型的目标函数值被假设是一个均值为 Kriging 代理模型的预测值、方差为 Kriging 代理模型的预测偏差的正态分布随机函数 $Y(x)$。 因此,在点 x 处的目标函数的改进量可以定义为

$$I(x) = \max(y_{\text{best}} - Y(x),\, 0)$$
$$Y(x) \in N[y'(x),\, v^2(x)]$$

$$(5 - 106)$$

式中,y_{best} 为当前最优样本点的目标函数值;$y'(x)$ 为 Kriging 代理模型在点 x 处的预测值;$v(x)$ 为 Kriging 代理模型在点 x 处的预测偏差;N 为正态分布函数。

因此目标函数的改进量的期望 EI 可以定义为

$$E[I(x)] = v(x)[u\Phi(u) + \phi(u)]$$
$$u(x) = \frac{y_{\text{best}} - y'(x)}{v(x)}$$

$$(5 - 107)$$

式中,Φ 为正态分布累积密度函数;ϕ 为正态分布概率密度函数。

(5) 采用 DE 方法求解最大化 EI 问题,从而获得新的样本点。

(6) 重新建立 Kriging 代理模型并重复步骤 3 至步骤 5 直到达到优化结束条件。

2. 多代理优化法

在多代理优化法中,也会根据相同的初始样本点,建立不同的代理模型。但是与组合 EGO 方法的区别主要有两点: ① 多代理优化法中会采用多个代理模型构建优化方法,然后同时获得多个推荐新增样本点;② 多代理优化法中不仅只会建立 Kriging 代理模型,还会建立其他类型的代理模型,其他类型的代理模型的预测偏差函数采用 Kriging 代理模型预测偏差函数扩展得到。

由于多代理优化法中可以在一轮优化时获得多个推荐新增样本点,因此在目标函数仿真模型可以并行运行的情况下,具有更高的优化效率。同时与基于单一代理模型的优化方法相比,多代理优化方法在相同目标函数调用次数的情况下,其优化效率也不会变差。

3. 组合代理优化(SEO)法

不论是组合 EGO 方法(图 5-29)和多代理优化法,其本质都依赖于 Kriging 代理模型提供的预测偏差函数,这就导致了这两种方法的适用性不够广泛。在组合代理优化法中,会针对每个组分代理模型,建立通用的代理模型预测偏差函数,这样就可以在 EGO 方法的框架下,引入任意类型的代理模型,也可以引入采用任意类型的代理模型建立的组合代理模型,形成组合代理优化方法。与 EGO 方法和基于单一代理模型的优化方法相比,组合代理优化方法的优化性能明显更好。

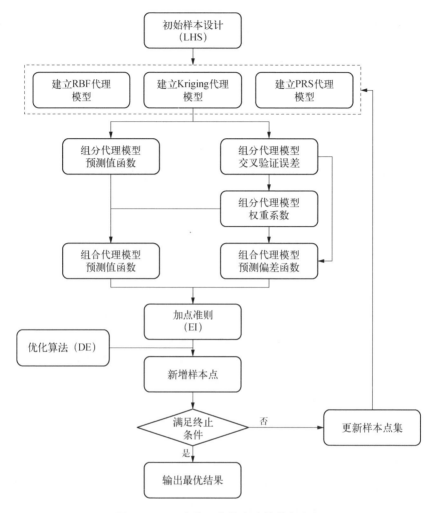

图 5‑29   组合代理优化方法的基本流程

组合代理优化方法主要包含以下八个步骤：

（1）利用样本设计方法生成初始样本集,并调用目标函数计算程序获得全部样本点的目标函数值。

（2）基于当前获得的全部样本点及其目标函数值构建用于建立组合代理模型的各个组分代理模型。

（3）计算各个组分代理模型在各个样本点处的交叉验证误差。其中,第 i 个样本点处的交叉验证误差的计算公式为

$$E_{\mathrm{CV},i} = y_i - y'_{-i} \qquad (5-108)$$

式中,$E_{\mathrm{CV},i}$ 为代理模型在第 i 个样本点处的交叉验证误差;y_i 为第 i 个样本点处的

真实目标函数值; y'_{-i} 为通过除了第 i 个样本点以外的所有样本点建立的代理模型在第 i 个样本点处的预测值。

（4）基于各个组分代理模型的交叉验证误差计算用于构建组合代理模型的权重，然后通过加权求和的方式将各个组分代理模型组成组合代理模型：

$$y'_e = \sum_{j=1}^{m} y'_j w_j \tag{5-109}$$

式中, y'_e 为组合代理模型的预测值函数; y'_j 为第 j 个组分代理模型的预测值函数; w_j 为第 j 个组分代理模型的权重; m 为组分代理模型的个数。

（5）为了避免重复建立组合代理模型消耗较长的时间，组合代理模型的交叉验证误差利用各个组分代理模型的交叉验证误差计算：

$$E_{\mathrm{CV},e} = \frac{\sum_{j=1}^{m} |E_{\mathrm{CV},j}| w_j}{m} \tag{5-110}$$

式中, $E_{\mathrm{CV},e}$ 为组合代理模型的交叉验证误差; $E_{\mathrm{CV},j}$ 为第 j 个组分代理模型的交叉验证误差; w_j 为第 j 个组分代理模型的权重; m 为组分代理模型的个数。

（6）基于组合代理模型的交叉验证误差，采用如下方法获得其预测偏差函数：

$$v_i(x) = \frac{\sum_{j=1,j\neq i}^{n} E_{\mathrm{CV},j} \cdot d_j^{-2}(x)}{\sum_{j=1}^{n} d_j^{-2}(x)} \tag{5-111}$$

式中, v_i 为代理模型在第 i 个样本点 x_i 附近区域的局部预测偏差函数; n 为样本点的个数; $E_{\mathrm{CV},j}$ 为代理模型在第 j 个样本点处的交叉验证误差; $d_j(x)$ 为点 x 和第 j 个样本点之间的欧几里得距离。

（7）使用组合代理模型的预测值函数和预测偏差函数获得组合代理模型的 EI 函数，并且采用 DE 方法求解最大化 EI 问题，从而获得新的样本点。

（8）重复步骤 2 至步骤 7 直到达到优化结束条件。

5.5.2 代理优化方法测试

1. 数值测试算例

在测试 SEO 方法的性能时，采用了和 5.4 节中进行组合代理模型建模方法研究时相同的数值测试函数，以便在分析某一代理优化方法的性能时，可以同时参考其采用的代理模型在面向给定优化问题时的精度，以确定代理模型的精度和代理优化方法的性能之间的关系。针对这六个数值测试函数建立了不同的数值测试算例，数值测试算例的基本信息如表 5-26 所示。

表 5 - 26　数值测试算例的基本信息

数值测试算例	维　度	初始样本集大小	优化循环步数	独立运行次数
Branin-Hoo	2	12	36	10
Camelback	2	12	36	10
Glodstein-Price	2	12	36	10
Colville	4	24	48	10
Extended Rosenbrock	8	48	96	10
Dixon-Price	12	92	144	10

　　在所有数值测试算例中,初始样本集的大小均设置为数值测试函数的维度的 6 倍。对于三个二维数值测试算例,最大优化循环步数设置为维度的 18 倍;对于其他数值测试算例,最大优化循环步数设置为维度的 12 倍。另外,由于在建立组合代理模型时选择了 PRS 代理模型作为组分代理模型之一,PRS 代理模型对样本点的个数存在最小数量要求,因此 Dixon-Price 测试算例的初始样本集大小提升至 92。另外,由于初始样本设计和代理优化方法中均存在随机过程,为了降低随机性对优化结果的影响,在所有数值测试算例中,均采用所有代理优化方法独立运行 10 次。

　　在所有数值测试算例中,采用了 EGO 方法和基于不同代理模型建立的 SEO 方法进行优化,在所有代理优化方法中,均使用 EI 准则来生成新的样本点,并且在每次优化循环中仅增添 1 个样本点。在 EGO 方法中,Kriging 代理模型采用常数趋势函数和高斯修正函数。在建立 SEO 方法时,选择了 Od、AE、OP 和 PE 四种组合代理模型,这四种组合代理模型均在 5.4 节的组合代理模型建模方法研究中进行了测试和分析,其中 Od 和 AE 为平均组合代理模型,OP 和 PE 为逐点组合代理模型,这四种组合代理模型是在 5.4 节的方法测试中精度最高的组合代理模型,而且 AE 和 PE 也是本书建立的组合代理模型。

　　在建立 SEO 方法时,采用的组分代理模型的配置方案与 5.4 节中的组合代理模型建模方法研究时相同,选择了三个 RBF 代理模型、两个 Kriging 代理模型和一个 PRS 代理模型。在建立 Kriging 代理模型时,使用了常数趋势模型和线性趋势模型分别建立了两个不同的 Kriging 代理模型,分别记为 KRG0 和 KRG1。在建立 RBF 代理模型时,分别使用了 IMQ 基函数、TPS 基函数、G 基函数建立了三个不同的 RBF 代理模型,分别记为 IMQ、TPS 和 G。

　　图 5 - 30 中给出了在所有数值测试算例中,EGO 方法、平均组合代理优化方法和逐点组合代理优化方法获得的优化结果随优化循环步数的变化趋势线图。其

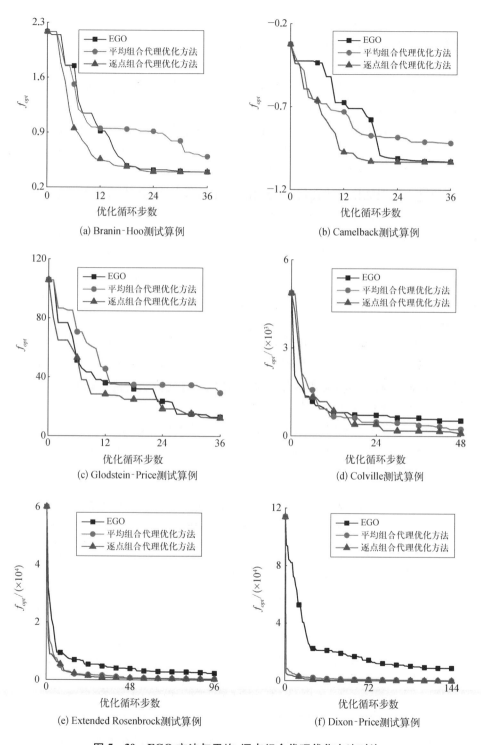

图 5-30　EGO 方法与平均、逐点组合代理优化方法对比

中,平均组合代理优化方法中采用的组合代理模型为 5.4 节中的 AE,逐点组合代理优化方法中采用的组合代理模型为 5.4 节中的 PE。从图中可以看出,在 Branin-Hoo、Camelback 和 Glodstein-Price 这三个二维数值测试算例中,平均组合代理优化方法获得的最终优化结果比 EGO 方法差,而逐点组合代理优化方法不仅获得的最终优化结果与 EGO 方法相近,而且收敛速度也更快。在 Colville、Extended Rosenbrock 和 Dixon-Price 这三个数值测试算例中,平均组合代理优化方法和逐点组合代理优化方法在最终优化结果和收敛速度上均优于 EGO 方法,且数值测试算例的维度越大,两种组合代理优化方法的优势越明显。在四维 Colville 测试算例中,两种组合代理优化方法在优化初期的优化结果与 EGO 方法相近,随着优化循环步数的增大,两种组合代理优化方法的优化结果逐渐优于 EGO 方法。在八维 Extended Rosenbrock 测试算例中,两种组合代理优化方法在优化初期的优化结果就明显优于 EGO 方法,且随着优化循环步数的增大,两种组合代理优化方法获得的优化结果一直优于 EGO 方法。在十二维 Dixon-Price 测试算例中,两种组合代理优化方法的优势更加明显,在优化初期获得的优化结果就已经优于 EGO 方法的最终优化结果。

综上所述,逐点组合代理优化方法在所有数值测试算例中均展现出了比 EGO 方法更好的性能,而平均组合代理优化方法则在二维数值测试算例中的性能表现不佳,且数值测试算例的维度越大,两种组合代理优化方法的优势越明显。

2. 航空发动机设计点性能优化算理测试

本节使用的双外涵 CDFS 变循环发动机总体性能仿真模型与 5.4 节中相同,在进行双外涵 CDFS 变循环发动机设计点性能优化研究时,选取的优化变量及其取值范围如表 5-27 所示。

表 5-27 双外涵 CDFS 变循环发动机的设计参数及其取值范围

设 计 参 数	参 数 上 限	参 数 下 限
风扇压比	4	2
风扇涵道比	0.6	0.1
CDFS 压比	1.6	1.1
CDFS 涵道比	0.6	0.1
总压比	35	25
燃烧室出口总温/K	2 000	1 600

表 5-27 中给出了风扇压比、CDFS 压比及总压比的取值范围,在进行发动机

设计点性能仿真时,通过这三个参数计算得到压气机压比。另外,双外涵 CDFS 变循环发动机在设计状态下的其他参数取值如表 5 - 28 所示。

表 5 - 28　双外涵 CDFS 变循环发动机在设计状态下的其他参数及其取值

设 计 参 数	数　值
发动机进口流量/(kg/s)	130
风扇效率	0.85
CDFS 效率	0.80
压气机效率	0.85
燃烧室效率	0.99
高压涡轮效率	0.90
低压涡轮效率	0.91
喷管流量系数	1.00

在进行双外涵 CDFS 变循环发动机设计点性能优化时,将发动机设计点的飞行条件设置为地面起飞状态,优化目标为设计点推力最大,优化约束为设计点耗油率不高于 0.7 kg/(kgf · h)。表 5 - 29 中给出了双外涵 CDFS 变循环发动机设计点性能优化问题的基本信息。

表 5 - 29　双外涵 CDFS 变循环发动机设计点性能优化问题的基本信息

飞行高度/m	飞行马赫数	优化目标	优 化 约 束
0	0	推力最大	耗油率不高于 0.7 kg/(kgf · h)

在优化过程中,耗油率约束采用惩罚函数的方式集成至优化目标中。另外,在优化过程中总体性能仿真模型可能会因为不合理的设计参数而出现计算不收敛的现象,此时参照文献(Alexander, 2008)的处理方式为不可行解插补数据:

$$y_{add}(x) = y'(x) + s^2(x) \qquad (5-112)$$

式中,$y_{add}(x)$ 表示点 x 处的插补数据;$y'(x)$ 表示代理模型在点 x 处的预测值;$s^2(x)$ 表示代理模型在点 x 处的预测偏差的平方。

通过这样的处理方式,可以使代理优化方法的优化进程不受仿真不收敛的影响,还可以使代理模型在不可行解和可行解的交界面处保持光滑性,从而使不可行解对可行解在目标空间中的代理模型的曲面构建不产生较大的影响,以保证优化效率。

另外,由于发动机设计点性能仿真模型需要消耗的时间极短,而代理优化方法进行一步优化需要消耗的时间明显更长,所以直接采用 SEO 方法进行发动机设计点性能优化,会导致在优化过程中大部分时间都被用于执行代理优化过程,而只有较短的时间被用于运行发动机设计点性能仿真模型,从而导致优化效率降低。因此,针对发动机设计点性能优化问题,本书还建立了一种单轮多点代理优化方法,即在进行一步代理优化后,同时增添多个样本点。具体来说,在单轮多点代理优化方法中,在子优化问题求解完成后(SEO 方法的第 7 步中),不仅只将最终种群中最好的结果输出并调用发动机设计点性能仿真模型,而是将最终种群中的所有结果按照目标函数进行排序后,挑选最好的数个结果输出再调用发动机设计点性能仿真模型,将这一方法标记为 SEO - MP。

表 5 - 30 中给出了在双外涵 CDFS 变循环发动机设计点性能优化算例中,采用不同优化方法时的目标函数的调用次数、优化时间以及最终优化结果。

表 5 - 30 不同优化方法的性能对比

	SEO	EGO	SEO - MP	DE
目标函数的调用次数	36+72	36+72	36+1 536	36+12 000
优化时间/s	48.97	41.17	78.5	14.3
相对优化时间/%	62.4	52.4	100	18.2
优化后的推力/kgf	9 256.6	9 165.7	9 350.2	9 350.5

从表 5 - 30 中可以看出,DE 方法在面向发动机设计点性能优化问题时展现出了最好的性能,尽管目标函数调用次数最多,但是由于发动机设计点性能仿真需要消耗的时间极短,而且 DE 方法本身的算法执行时间也极短,因此其总优化时间最短,而且获得了最好的优化结果。与 DE 方法相比,SEO 方法和 EGO 方法的目标函数调用次数极少,但优化结果稍差,而且由于代理优化方法本身的算法执行需要耗费较长的时间,因此其优化过程的总消耗时间反而更长。SEO - MP 方法的目标函数调用次数多于 SEO 和 EGO 方法,少于 DE 方法,而且 SEO - MP 方法获得了和 DE 方法相近的优化结果,但也是总时间消耗最长的优化方法。

表 5 - 31 中给出了在双外涵 CDFS 变循环发动机设计点性能优化算例中,采用不同优化方法获得的优化结果。

表 5 – 31　采用不同优化方法获得的优化结果

参数名称	SEO	EGO	SEO – MP	DE
风扇涵道比	0.302	0.345	0.6	0.6
风扇压比	3.52	3.35	3.73	3.712
CDFS 涵道比	0.542	0.463	0.232	0.232
CDFS 压比	1.1	1.23	1.1	1.1
压气机压比	8.60	8.48	8.53	8.57
涡轮前温度/K	2 000	1 980	2 000	2 000
推力/kgf	9 273.2	9 165.7	9 350.2	9 350.7
耗油率/[kg/(kgf·h)]	0.700	0.699	0.700	0.700

从表 5 – 31 中可以看出,EGO 方法获得的设计方案中的所有设计参数均与 DE 方法获得的设计参数存在较大的差异,SEO 方法获得的设计参数稍好,在风扇压比、CDFS 压比、压气机压比及涡轮前温度上的优化结果与 DE 方法较为接近,但是所有涵道比的优化结果存在较大的差异,SEO – MP 方法获得的优化结果与 DE 方法最为接近。

在面向给定的优化问题时,某种优化方法的最终优化结果的质量主要受两方面因素影响:首先是在整个优化过程中获得的目标函数信息量,获得的目标函数信息量越多,优化结果的质量就越好,在计算资源不受限的极端情况下,只需要采用穷举法就一定可以获得优化问题的全局最优解;然后是优化方法的优化效率,即优化方法是否能够在优化过程中,根据当前已获得的目标函数信息,尽可能快地找到最优解的位置。与启发式优化方法相比,代理优化方法可以在调用目标函数次数更少的情况下获得更好的优化结果,因此其优化效率明显更高。但是在实际应用中,代理优化方法由于其本身算法执行需要一定的时间,因此在给定总优化时间的情况下,代理优化方法能够获得的目标函数信息量一定少于启发式优化方法,当目标函数调用需要的时间很短时,启发式优化方法反而可以获得更好的优化结果。

在双外涵 CDFS 变循环发动机设计点性能优化算例中,发动机设计点性能仿真本身需要的时间极短,甚至比代理优化方法单次运行消耗的时间还要小数个数量级,在相同优化时间内,DE 方法可以调用大量次数的发动机设计点性能仿真模型,而代理优化方法能够调用的发动机设计点性能仿真模型的次数则明显更少,而且发动机设计点性能优化问题本身较为简单,DE 方法仅需要较少的优化步数就可

以获得足够好的优化结果,所以 DE 方法能够在更短的时间内获得更好的优化
结果。

随着优化问题的复杂度的提升和单次仿真所需要消耗的时间的变长,代理优
化方法的优势就会逐渐凸显出来。在后续章节中,将代理优化方法应用在航空发
动机多工作点优化这一复杂度更高的优化问题,以及航空发动机过渡态控制规律
优化这一单次仿真所需要消耗的时间更长的优化问题中。

第6章
航空发动机多学科设计优化方法

6.1 引　言

本章主要对多学科设计优化(multidisciplinary design optimization, MDO)算法框架中的求解算法进行介绍。按照优化层次的分解方式不同可将 MDO 求解算法分为单级求解算法和两级求解算法。

目前常用的单级求解算法有：多学科可行方法(multidisciplinary feasible method, MDF, 也称为 All-In-One)、同时分析法(simulation analysis and design, SAD, 也称为 All-At-Once)、单学科可行方法(individual disciplinary feasible method, IDF)(张科施 等, 2008; 李响 等, 2003)。

MDF 算法将各个学科的设计变量和约束均集成到系统级进行优化, 仅有一个优化器。MDF 算法原理如图 6-1 所示, 其中 X_D 为设计变量, Y 为状态变量, C 约束变量。它通过一个分析模块将各学科分析连接起来。优化过程中首先给出初始的设计变量, 通过执行一个完整的系统分析得到目标函数与约束条件, 再反馈给优化器, 整个过程迭代进行。可以看出这种方法接口简单, 易于实现, 且对于原有系统结构不需进行过多改动, 同时还可以借助现有成熟的优化平台组成优化器, 实现快速建模。

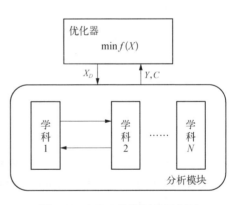

图 6-1　MDF 算法原理示意图

MDF 算法由于优化过程中系统分析在学科间进行迭代计算, 使得分析结果更加准确, 一般能得到较好的优化结果。然而迭代每次均需要进行完整系统分析, 使得计算量很大; 同时, 学科间的耦合及关联关系使得学科分析只能顺序执行。可见 MDF 算法效率较差, 因而一般只适合于简单的中小规模系统优化, 对复杂工程系统的优化设计不太适合。为了弥补单级求解算法计算量大的不足, 在实际系统设

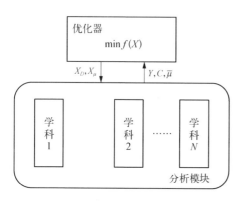

图 6 - 2　SAD 算法原理示意图

计中,可以采用近似建模技术建立响应面来选择性代替系统分析,以减少系统分析的次数。

SAD 算法和 MDF 算法类似,也将各个学科中的所有设计变量及约束集成到系统级进行优化,迭代每一步中直接进行学科分析计算。SAD 算法原理如图 6 - 2 所示,其中 X_D 为设计变量,Y 为状态变量,C 约束变量,X_μ、$\bar{\mu}$ 为引入的辅助变量用来建立一致性约束。该方法的关键是通过加入辅助变量解除了学科间的耦合关系,使得各个学科能够相对独立进行学科分析,学科间的平衡通过在优化模块中引入约束来实现。该方法每次迭代过程中系统分析的结果不要求是可行解,只要在优化结束时达到可行就可以,从而避免每次迭代中确定一个可行解的系统分析过程。

和 MDF 算法相比,SAD 算法将原来由系统分析中执行一致性分析改为通过优化模块中的一致性约束来完成,这样学科间避免了学科分析顺序执行的限制,有利于并行设计分析。然而该方法由于辅助变量及一致性约束的引入,使得变量和约束数量较大,对于原系统本身设计变量及约束较为复杂的系统来说,由一个系统级的优化器来完成,计算规模也很庞大。

随着 MDO 研究问题复杂性提高、学科数量的增加及学科分析中各模块考虑因素的增加,系统分析中计算量将急剧增加。对于单级求解算法来说,由于将各个学科的所有设计变量均集中在系统级优化,使得迭代每次都要进行完整的一次系统分析,计算效率低下,已不能满足计算需要。两级求解算法将原优化问题转换为各个学科的学科级优化和系统级优化两个层次,系统级通过一定的机制对学科级进行协调,这样可以减少系统分析的次数。同时,也有利于各学科自治,学科分析中也可方便地引入近似模型,可以进一步减少系统分析次数,有效提高优化效率。目前常用的两级求解算法有并行子空间算法(concurrent subspace optimization, CSSO)和协同优化算法(collaborative optimization, CO)(王晓青,2009;赵勇 等,2006)等。下面主要就其中的 CSSO 算法进行分析并给出一些改进方法。

6.2　航空发动机总体设计中的耦合问题

6.2.1　航空发动机总体设计流程

对于航空发动机的研制而言,其过程包括从立项、设计、试制、调试直到正式投产及使用服务,这是一个复杂的系统工程。其中发动机总体设计过程又可分为四个阶段,即需求分析阶段、系统分析阶段、概要设计阶段及详细设计阶段。对于设计的每一阶段,因其对设计方案的需求不同,设计内容也不相同。图 6-3 为发动机总体设计的一般流程(肖国树 等,2001)。

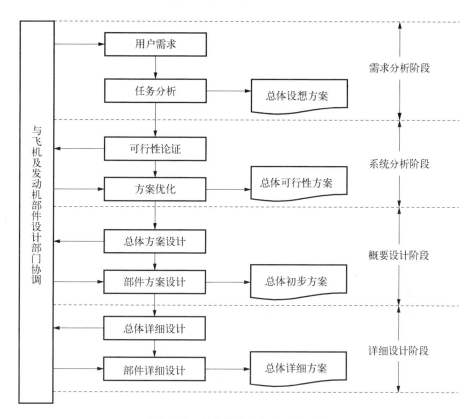

图 6-3　航空发动机总体设计流程

1. 需求分析阶段

空军或飞机设计部门(用户)根据所设计飞机的任务或战术需要,对所需的动力装置的各项指标提出要求,形成需求分析报告。

根据用户提出的需求分析报告,在积累和分析现有各种发动机技术资料的基础上,进行发动机类型选取,确定推力等级及性能、尺寸、重量、寿命、可靠性、维修性、保障性等方面的设计指标。这一阶段形成总体设想方案。

2. 系统分析阶段

根据所选取的发动机类型,选择该类型发动机的热力循环参数,并根据现有设计水平及技术发展,确定这些热力循环参数的选择范围。由发动机性能计算程序,获取发动机热力循环参数对发动机性能参数的影响,根据任务分析的要求,选择热力循环参数的搭配,并分析各种搭配的优缺点。

对由热力循环研究所确定的循环参数,进行发动机设计点的热力计算,获得发动机各主要截面上的气动参数及发动机单位性能参数,根据要求的发动机推力确定发动机总空气流量。根据主要热力循环参数及空气流量,按总结的重量经验公式初步估算发动机总重量(按照文献及行业习惯,本书对于发动机质量用"重量"来表述)。根据设计参数和选取的各部件通用特性,计算发动机高度、速度、温度等特性。根据发动机设计点热力计算结果,估算发动机各主要截面的几何尺寸,进行流道布局。根据流道布局,参考已有经验进行发动机总体结构方案布局。期间通过和飞机部门进行多次协调,最终在由热力循环研究所得到的方案中,优选出一组方案,形成总体可行性方案。

3. 概要设计阶段

根据流路布局及总体结构布局进一步估算发动机重量。在设计点计算、特性计算、流路布局、总体结构布局和重量估算的基础上与飞机部门进行初步协调,检查是否满足用户的基本需求。向发动机部件设计部门下达各部件的热力、尺寸、重量设计指标,并和其协调及进行方案论证。根据各部件方案论证情况修改流路、总体结构布局。期间和飞机部门及部件设计部门之间的协调可能要反复进行。

4. 详细设计阶段

对形成的发动机初步方案进行技术可行性分析,包括:先进性分析;主要技术关键所在及可行性;维修性分析;结构完整性初步分析;制造工艺性分析。用各部件给出的计算特性和协调的调节规律,计算发动机的高度、速度、温度特性。根据各部件方案设计的结果,计算发动机总重量、重心、惯性矩。这一阶段和飞机部门的协调包括:发动机性能、重量、轮廓尺寸、控制规律、操纵方式、安装等。最后进行经费估算、风险评估及各类技术文件编制汇总,形成总体详细设计方案。

可以看出在总体设计的每一阶段都会得到不同的设计方案,且均需要和飞机及发动机部件设计部门进行协调。一般来说协调得越深入、充分,每一阶段的设计内容及细节就越明确,可避免设计的重大反复,后续阶段的设计风险就越小。

6.2.2 航空发动机总体设计中的耦合问题

从发动机总体设计流程中可以看出,总体设计人员需要和飞机设计部门及发动机部件设计部门之间进行多次的反复协调,其目的是得到发动机总体可行方案。可见,这个"协调"的实质是一种人工优选过程,从计算的角度来看这种可行方案只是一个可行解,并非最优解。实际设计中,由于发动机总体各学科间存在着复杂的耦合关系,学科指标要求严重冲突,以及随着发动机结构越来越复杂、设计指标越来越苛刻,使得这种可行解的获得也变得非常困难且十分耗时,严重影响着发动机总体设计的进程。

图6-4为发动机总体设计中典型的耦合问题,如在计算发动机重量时,需要已知发动机主要截面的气动参数,这需要通过发动机性能计算来得到,而发动机重

量又影响飞机任务分析,飞机任务又会再次影响发动机性能计算结果,可见各学科之间存在着复杂的耦合关系。因而系统设计时应力求尽可能低的耦合度。低耦合度使得学科间联系较少,系统的误差、扰动在学科间传播的可能性也随之减小,同时也有利于问题求解。

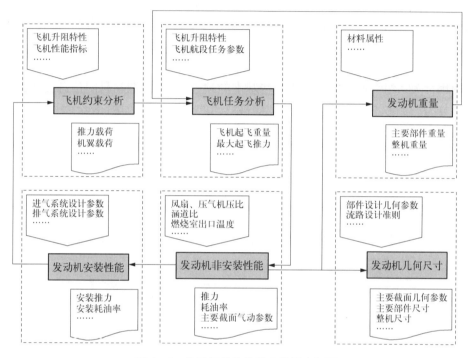

图 6-4　发动机总体设计中的耦合问题

　　对于上述发动机总体设计中的耦合问题,在早期的发动机总体设计中由于考虑因素较少,涉及的子系统也不多,使得子系统之间的耦合变量也较少,这样易于系统框架构建。再者计算模型本身精度也不高,对于存在耦合关系的状态变量按照经验公式给出可以满足计算要求。

　　随着发动机设计水平的提高,发动机总体设计中对计算模型提出了更多的需求,发动机总体设计系统子系统数量也大大增加,耦合关系变得错综复杂。为了获得更优的设计方案,总体设计中需要同时综合考虑多个子系统之间的关系,全局把握,这就产生了的一体化设计概念。然而目前所发展的一体化设计方法中,如飞机/发动机一体化设计,进排气系统一体化设计等,只是将发动机总体设计中涉及的众多子系统中很少几个集成起来进行设计。在这些一体化设计中,所采用的方法往往还是早期的大系统优化理论,通常对整个系统不进行分解,所有子系统均在一个层次下进行优化。由于没有对系统进行分解,也未对子系统间的耦合关系进行有效处理,使得一体化设计的求解比较困难。

与这些方法不同的是 MDO 方法通过分解、协调、集成等几个过程,结合 MDO 研究所发展的近似建模、优化算法、求解算法等技术方法,为大系统优化求解给出了新的理论框架。和一体化设计方法相比,MDO 方法一般将系统分为系统级和学科级两级进行优化,这样便于组织管理;通过系统分解及对耦合变量的有效处理,使得学科间可以并行设计,学科的增加或减少易于实现;通过近似建模、优化算法、求解算法等技术方法能够有效减少计算量,提高计算效率。

按照 MDO 方法,上述发动机总体设计中的复杂耦合关系可以看作是由一些基本的耦合关系组合形成的。对于这些基本的耦合关系,按照学科间信息交流的方式可分为三类。不失一般性,以两个学科之间的耦合关系为例,图 6-5 给出了上述问题中学科之间存在的这三种耦合关系。

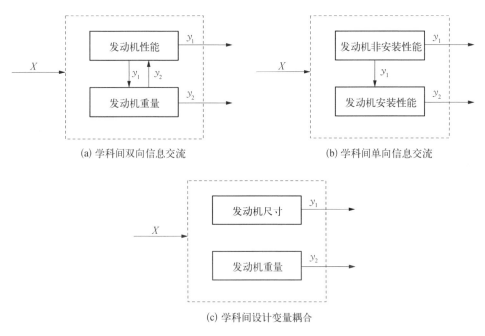

图 6-5　发动机总体设计中的耦合关系

图 6-5(a)表示发动机性能和发动机重量计算两个学科之间的耦合关系。该类问题可用下面的方程来描述:

$$
\begin{aligned}
&\min\ F(X,\ y_1,\ y_2) \\
&\text{s.t.}\ \ C(X,\ y_1,\ y_2) \leqslant 0 \quad \text{(a)} \\
&\qquad y_1 = f_1(X,\ y_2) \quad\quad\ \text{(b)} \\
&\qquad y_2 = f_2(X,\ y_1) \quad\quad\ \text{(c)}
\end{aligned}
\qquad (6-1)
$$

其中,X 为设计变量;F 为目标函数;C 为约束关系;y_1 为性能学科状态变量;y_2 为重量学科状态变量;f_1 为性能学科分析;f_2 为重量学科分析。

　　以常规涡扇发动机为例,在进行发动机性能和重量(部件级计算方法)计算时,对于如风扇压比、涵道比、压气机压比及涡轮前温度等均为两个学科的设计变量,即存在设计变量的耦合。重量计算中需要已知各部件主要截面上的温度、压力及流量等参数,而这些参数属于性能计算的状态变量,需要通过性能计算来得到。同时,性能计算中又需要重量计算的结果,以确定发动机重量、推重比是否满足,以及各部件设计指标是否分配合理,这样就形成了状态变量上的双向信息交流,即存在反馈。显然这类问题耦合度最高,而实际设计中往往同时涉及更多学科之间存在反馈的耦合关系。对于该类问题求解目标变量一般需要迭代计算,加上优化过程本身也需要迭代计算使得计算量非常大。

　　图 6-5(b)表示发动机非安装性能计算和发动机安装性能计算两个学科之间的耦合关系。该类问题可用下面的方程来描述:

$$
\begin{aligned}
&\min F(X, y_1, y_2) \\
&\text{s.t. } C(X, y_1, y_2) \leqslant 0 \quad (a) \\
&\qquad y_1 = f_1(X) \qquad\qquad (b) \\
&\qquad y_2 = f_2(X, y_1) \qquad (c)
\end{aligned} \qquad (6-2)
$$

其中,y_1 为非安装性能学科状态变量;y_2 为安装性能学科状态变量;f_1 为非安装性能学科分析;f_2 为安装性能学科分析。

　　其他变量表示含义同式(6-1)。

　　对于发动机性能计算本身来说,又可分为非安装性能计算和安装性能计算。安装性能计算时需要用到大量的非安装性能计算得到的状态变量,单从发动机性能计算局部来看非安装性能计算过程不受安装性能计算影响。可见非安装性能计算是安装性能计算的先决条件,两者之间存在着单向的信息交流,在这种情况下需要按照先后顺序依次进行计算。与双向信息交流相比,由于此类问题系统分析过程不需要迭代,因而计算量相对较少。

　　图 6-5(c)表示发动机尺寸和发动机重量两个学科之间的耦合关系。该类问题可用下面的方程来描述:

$$
\begin{aligned}
&\min F(X, y_1, y_2) \\
&\text{s.t. } C(X, y_1, y_2) \leqslant 0 \quad (a) \\
&\qquad y_1 = f_1(X) \qquad\qquad (b) \\
&\qquad y_2 = f_2(X) \qquad\qquad (c)
\end{aligned} \qquad (6-3)
$$

其中,y_1 为发动机尺寸学科状态变量;y_2 为发动机重量学科状态变量;f_1 为发动机尺寸学科分析；f_2 为发动机重量学科分析。

其他变量表示含义同式(6-1)。

和前面两种耦合关系相比,上式所描述的发动机尺寸和重量两个学科模型之间不再含有学科间状态变量的耦合关系,这样有利于各学科自治和并行分析。同时系统分析中也不需要迭代,计算量也相对较小,这使得计算效率大大提高。需要注意的是在这种模型中,学科间不存在状态变量的耦合不是说学科间没有任何耦合关系,设计变量之间还存在着耦合关系。设计变量之间的耦合也直接影响着系统分析及各学科分析的结果,即仍然是个耦合问题,只是耦合度低些而已。

6.3　航空发动机总体 MDO 框架

6.3.1　航空发动机总体 MDO 研究内容

按照 MDO 方法的计算框架,发动机总体 MDO 系统的实现至少应包括学科建模、优化方法和学科之间的耦合分析与处理三个基本环节。结合 MDO 方法的研究内容及发动机总体研究本身的特点,本书确定的发动机总体 MDO 研究内容如图 6-6 所示。

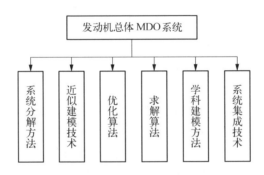

图 6-6　发动机总体 MDO 研究内容

对于图 6-6 所确定的六项关键研究内容,其中,系统分解是 MDO 解决复杂问题的重要手段。通过一定的分解方法,对研究系统进行学科划分或重组,合理地划分和分配设计变量及学科状态变量,可以大大降低学科间的耦合度,有利于问题的求解。系统分解是进行 MDO 其他计算分析的前提。

近似建模技术、优化算法及求解算法是 MDO 进行求解的主要方法和手段,也是 MDO 研究最为核心的内容。这几项技术方法均自成体系,且和发动机总体具体模型计算过程相对独立,因而在发动机总体 MDO 研究中,对于这几项技术方法都是分别来分析研究的,并通过分析比较来选择更适合发动机总体设计的方法。同时,结合发动机总体设计的特殊要求,对其中的一些方法进行改进,以便获得更好的计算性能。

学科建模方法,即对所研究对象按照由系统分解所划分的学科,进行具体的模型建立过程。学科建模涉及具体领域的技术方法,这个过程需要相应领域专家或专业人员按照研究对象的物理过程进行详细的模型建立,或对已存在的学科模型按照 MDO 设计的要求进行模型改造。需要注意的是,当系统所包含的学科模型较多,且这些学科模型分散度高,计算精度差异性大时,对 MDO 系统的计算有很大的影响。可以说,MDO 系统最终建立的好坏,很大程度上取决于学科模型建立的过程。对于具体的 MDO 应用系统来说,学科建模是整个系统设计中最为耗时的步骤。

系统集成和系统分解相互对应,它是将经过系统分解和学科建模所完成的各个学科子系统、MDO 技术方法对应的模块、整个计算框架所依赖的接口、数据库系统及其他外部软件调用等所有和 MDO 系统所关联的单元进行有效整合形成完整的 MDO 计算框架的过程。对于发动机总体 MDO 系统来说,经系统集成后最终形成可进行发动机总体方案设计、评估及管理的发动机总体 MDO 设计平台。

6.3.2　航空发动机总体 MDO 框架设计

发动机总体设计是一个复杂的过程,其中包含性能、气动、结构、传热、强度、材料等众多学科。在实际发动机总体设计中同时考虑这么多个学科显然是不现实的,对众多学科进行学科建模是非常困难和耗时的。因而在发动机总体 MDO 系统设计初期,可先以发动机总体性能、重量、尺寸等学科为基础进行 MDO 系统设计,同时根据研究目的的不同,对发动机总体设计中关注较少的学科可以采用简化模型,甚至经验公式等,后续随着设计的积累逐步完善整个发动机 MDO 设计系统。

对于复杂系统的设计首先需要确定系统顶层结构,顶层结构设计的主要目的是为后续的分析和设计建立一种结构和划分,随着框架内容的不断明确、细化,最终转变为完整的 MDO 设计系统。

系统顶层结构的确定通常是结合实际需求,可以从既往的设计经验模式中选取适当的,再进行局部修改。顶层结构主要有分层模式、流程处理模式等。其中,分层模式通过将整个系统分为若干个层次,可有效降低系统的耦合度,得到了普遍应用。实际设计中,大型系统的顶层结构往往采用分层模式,而在各子系统中可再分别有针对性地采用其他模式。层次划分的主要原则是:较易变化的部分置于较高的层次,较稳定的部分则置于较低的层次,各层为紧邻其上的层次提供支持。

顶层结构确定时,需要考虑以下因素:

(1)系统中学科的数量。当某个学科中包含的功能模块数量过多时,应考虑将其进一步细化。反之,当包含的模块数量过少时,与之对应学科的数量则会增加,这表明系统框架过早地陷入了细节。同时,由于学科之间的相对独立性,也不合理地限制了后续分析和设计的自由度。可见,实际设计中应统筹考虑确定学科的数量。

(2)系统中学科之间的耦合。学科之间的依赖关系和连接关系应尽量简单、稀疏。

(3)系统元素的稳定性。尽量抽取不稳定的系统元素中的相对稳定部分,将不稳定的元素或不成熟的类聚集在少数学科中,以提高系统的可维护性。

图 6-7 为结合 MDO 分解方法所确定的发动机总体 MDO 系统顶层结构。模型之间通过数据库相互关联,通过用户平台组织管理。

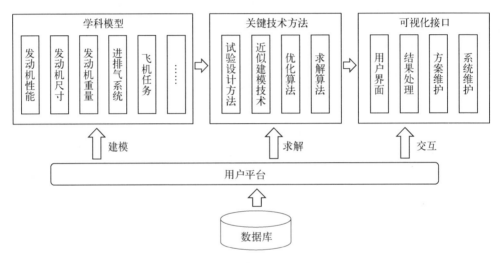

图 6-7　发动机总体 MDO 结构

学科模型中包含的每一项为按照层次划分的发动机总体设计系统下的子系统,每个子系统构成 MDO 设计中的一个学科。完成系统划分以后,就可以对各个学科进行具体学科建模,这个过程一般需要各个学科领域人员的参与。对于学科间的耦合关系在学科建模中可先不予考虑,最终在 MDO 系统求解中按照一定的方法进行协调处理。在去除耦合关系后,各学科建模过程可以认为是个相对独立的过程,这样就有利于学科自治。

关键技术方法包含 MDO 研究所涉及的主要技术方法,是构成 MDO 系统最为核心的内容。对于发动机总体 MDO 系统来说需要发展适合发动机总体计算的相关方法。这些方法的获得可以直接应用目前发展成熟的方法或通过改造这些已有方法得到计算性能更好的方法,也可结合研究对象有针对性地提出新的方法。

可视化接口为最终 MDO 系统的集成、使用、维护提供用户接口。可视化接口应具有可控可视功能,能全程通过用户接口对设计过程进行控制,能够进行算法选择、计算流程设计、计算过程监控等,并对计算结果进行可视化分析。

　　在确定了发动机总体 MDO 结构后,对于 MDO 系统的详细设计可以按照图 6-8 所示的设计流程进行。图中学科模型为发动机总体设计系统所建立的各个学科的具体计算分析过程。学科模型的建立过程中应考虑同时进行精确模型、简化模型及经验公式模型等多种模型建立方法的应用,以便适用于不同计算分析的要求;学科模型的组织应考虑有利于学科的增加与减少,便于学科模型自由选取,如可以选择分析学科模型中的若干个学科。

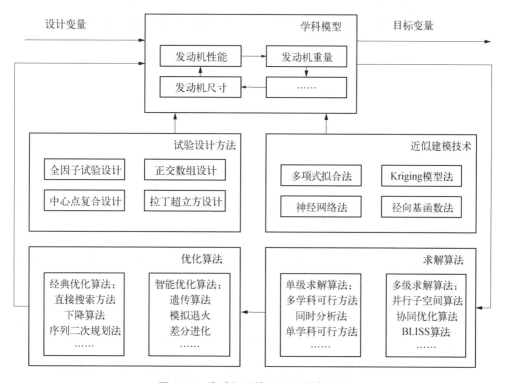

图 6-8　发动机总体 MDO 设计流程

　　对于 MDO 设计中所应用及研究的试验设计方法、近似建模方法、优化算法及求解算法等技术方法,由于这些方法中没有一种方法对于所有问题都是完全有效的,因而在系统设计中应考虑对每一项关键技术应包含多种实现方法,且这些方法之间应保持较大的差异性,以便在计算中根据具体情况可进行针对性的选择。如对于优化算法中,通常包含经典优化算法和智能优化算法,其中经典优化算法又包含大量的具体优化算法,每种优化算法都有其优缺点及适用范围,在不同的测试算例下表现出不同的优劣性。同样,在近似建模方法中,一般认为 Kriging 模型比二次响应面模型(窦毅芳 等,2007)具有更高的计算精度,然而,Kriging 模型却比二次响应面模型花费更高的计算时间代价,在一些对实时性要求较高的系统中则就不适用。因此,MDO 研究中对于这些技术方法均需要全面评估合理选择,并在某些情况下,可以组合使用多种方法来满足计算需要。

6.4　CSSO 算法

6.4.1　CSSO 算法框架

CSSO 算法是由 Sobiesli 提出的,它将 MDO 问题分为系统级和学科级两个层次,学科级采用精确模型进行分析,系统级采用学科近似模型进行优化。

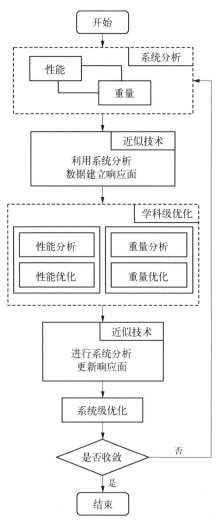

为了方便叙述,以包含性能和重量两个学科的发动机总体优化问题为例,其数学模型可用下式表示:

$$\min F(X, y_1, y_2)$$
$$\text{s.t. } C(X, y_1, y_2) \leqslant 0 \quad \text{(a)}$$
$$y_1 = f_1(X, y_2) \quad \text{(b)}$$
$$y_2 = f_2(X, y_1) \quad \text{(c)}$$
$$(6-4)$$

其中,X 为设计变量;F 为目标函数;C 为约束关系;y_1 为性能学科状态变量;y_2 为重量学科状态变量;f_1 为性能学科分析;f_2 为重量学科分析。

按照 CSSO 算法框架的思想,上述优化问题可分为性能和重量两个学科级优化问题,和一个系统级优化问题。该优化问题所对应的 CSSO 算法框架如图 6-9 所示。

对于图 6-9 中所示的发动机总体优化问题的 CSSO 算法计算框架主要计算步骤说明如下。

1. 初始化

开始计算时,在设计空间内随机给出 n 组设计变量值,记为 $\{X_1, X_2, \cdots X_n\}$。

2. 系统分析

对上述 n 组设计变量进行包含性能及重量两个学科的系统分析,即求解式(6-4)

图 6-9　CSSO 算法框架

(b)、式(6-4)(c)所构成的方程组。由该方程组可以看出,两个学科之间存在状态变量的双向流动关系,需要通过内部迭代求解,因而系统分析是十分耗时的过程。计算完成后分别得到两个学科的 n 组状态变量,记为 $\{y_{11}, y_{12}, \cdots, y_{1n}\}$,$\{y_{21}, y_{22}, \cdots, y_{2n}\}$。

3. 代理模型构造

分别对两个学科由设计变量及其响应量组成的 n 个样本点,进行代理模型构造,得到两个学科的代理模型,记为:$y_1 = NN_1(X)$,$y_2 = NN_2(X)$。其中,NN_1 及 NN_2 分别代表性能和重量学科近似模型。

代理模型的构造是 CSSO 算法中极其重要的步骤之一,系统最终的计算精度及收敛速度很大程度上取决于所构造的代理模型。对于发动机性能和重量两个学科的学科分析计算过程,可选择构造过程简单且计算量小的二次多项式法进行代理模型构造。关于代理模型的具体构造过程可以参考5.3节介绍的相关内容。

4. 学科级优化

得到两个学科近似模型后,用得到的响应面模型分别代替式(6-4)中对应的学科分析过程,得到性能及重量学科优化模型如下。

性能学科优化模型:

$$
\begin{aligned}
& \min F(X, y_1, y_2) \\
& \text{s.t. } C(X, y_1, y_2) \leq 0 \quad (a) \\
& \qquad y_1 = f_1(X, y_2) \quad (b) \\
& \qquad y_2 = NN_2(X) \quad (c)
\end{aligned}
\tag{6-5}
$$

重量学科优化模型:

$$
\begin{aligned}
& \min F(X, y_1, y_2) \\
& \text{s.t. } C(X, y_1, y_2) \leq 0 \quad (a) \\
& \qquad y_1 = NN_1(X) \quad (b) \\
& \qquad y_2 = f_2(X, y_1) \quad (c)
\end{aligned}
\tag{6-6}
$$

对比式(6-4)、式(6-5)、式(6-6)可以看出,这三者之间最大的差异在于对状态变量 y_1,y_2 的处理上。在式(6-4)中对于 y_1,y_2 的求解均要通过各自学科分析来获得,这必然是十分耗时的过程。在式(6-5)中性能学科计算采用本学科的分析过程,这与式(6-4)中的处理方法相同,重量计算则采用二次响应面近似模型来获取;在式(6-6)中重量学科计算采用本学科的分析过程,而性能计算则采用二次响应面近似模型来获取。二次响应面近似模型对学科优化的作用主要表现在以下三个方面。

首先,由前面的分析可知,和精确的学科分析模型相比,二次响应面近似模型计算量是微乎其微的,尤其和一些复杂的计算过程相比较,其计算时间几乎可以忽略不计。这样就大大减少了在优化过程中学科分析所需要的时间。

再者,二次响应面模型具有光滑数值噪声,减少局部震荡的作用,使得原来不易优化的问题变得易于优化,这样和原来优化模型相比又减少了优化过程中迭代的次数,这又进一步加快了收敛速度。

最后,通过观察式(6-4)、式(6-5)、式(6-6)还可以看出,原来在式(6-4)中求解状态变量 y_1,y_2 时,由于两个状态变量存在双向信息流动,耦合度高,需要通过迭代进行求解。而式(6-5)、式(6-6)中已不存在这种耦合关系,取而代之的是单向的信息流动,同时这种单向流动也仅仅在单一学科和响应面模型之间进行,两个学科之间不存在耦合关系,因而可并行优化计算。可见学科间耦合关系的转变,更进一步提高了优化速度。

5. 响应面更新

由前面的分析可以看出,由于采用了二次响应面,样本点是随机选取的,且样本数量有限,这样在优化开始阶段近似模型往往和精确模型存在较大的偏差。因此,需要按照一定的方法对近似模型进行更新,使得近似模型逐渐逼近精确模型,同时也促使采用响应面的学科级优化结果逼近真实值。由于通过学科级优化得到的结果更趋近于系统最优点,因此,需要将这些结果添加到原有样本点中,再对响应面近似模型进行更新。对于更新后的两个学科的响应面近似模型记为:$y_1 = NN_1'(X)$,$y_2 = NN_2'(X)$。

6. 系统级优化

将由学科级优化后更新过的响应面近似模型,代替式(6-4)中性能和重量两个学科分析过程,构成系统级优化问题。其模型如下式所示:

$$
\begin{aligned}
&\min F(X, y_1, y_2) \\
&\text{s.t. } C(X, y_1, y_2) \leqslant 0 \quad\quad (a) \\
&\quad\quad y_1 = NN_1'(X) \quad\quad\quad (b) \\
&\quad\quad y_2 = NN_2'(X) \quad\quad\quad (c)
\end{aligned}
\quad (6-7)
$$

和式(6-4)相比,系统级优化中将原有优化模型中的学科分析均由响应面近似模型替换,不再进行任何学科的学科分析。同时,学科之间不再存在状态变量上的耦合关系,因此计算量非常小,便于求解。

7. 收敛性判断

系统级优化完成后,由于响应面近似模型和系统真实模型之间可能还存在有偏差,因此需要将系统级优化得到的设计变量 X^* 带入到各学科精确模型进行一次完整的系统分析,并将得到的状态变量 Y_{sys}^* 和由系统优化得到的状态变量 Y_{opt}^* 进行对比。若结果满足收敛条件则停止计算。否则,转到步骤2。整个过程迭代进行,直到求解收敛。

6.4.2　CSSO算法特点

由上面算法过程可见,CSSO算法作为MDO求解算法中使用最为广泛的算法之一,通过有效采用近似模型或简化模型,大大减少了学科分析的次数,提高了优化效率。其特点主要体现在以下几个方面:

(1)各学科求解优化问题具有类似性,原问题模型、学科级优化模型及系统级优化模型具有相同的目标函数、约束函数及相类似的学科分析过程,只是CSSO算法在系统级和学科级中不同程度地采用了响应面近似模型。

(2)优化效率高、计算量小。传统优化过程中,由于优化算法需要获取系统中设计变量与响应之间的关系,因而,在优化的每一步都需要进行系统分析过程。而CSSO算法将优化分为两级来进行,学科级优化时,对于本学科的分析采用精确的学科分析过程,对于其他学科分析过程采用响应面近似模型进行。系统级优化时,只采用各学科的响应面模型,不存在学科分析,这使得CSSO算法计算量小。

(3)系统耦合度低,学科级优化具有并行性。学科级优化中的耦合关系已由状态变量的双向流动转换为单向流动,系统级优化中不存在状态变量的耦合关系,使得学科级可以并行进行。

(4)易于优化算法选择及进行优化。CSSO算法中响应面近似模型的引入,将原来不易优化的问题转换为更易于求解的模型,系统级的优化只在仅仅具有数学意义的简单的响应面近似模型之间进行,这样就可以选取更多的优化算法进行求解。对于在采用二次响应面的CSSO算法中,系统级的优化可以选取计算效率更高的经典优化算法(如序列二次规划法等),减少计算效率较差的智能优化算法。这也是CSSO算法计算量小、效率高的主要原因。

6.5　CSSO算法的改进措施

6.5.1　CSSO算法的改进思路

通过上面的分析可见,CSSO算法具有计算量小、计算效率高及收敛性好等优点,同时有几个值得深究的地方:

由CSSO算法的过程可知,系统级优化、学科级优化及原问题优化具有相类似的优化模型,只是对于学科分析中状态变量的获取方式不同。CSSO算法中不同程度地采用了近似模型对精确模型分析进行了代替,减少了计算量,这也是CSSO算法最为主要的方法。既然系统级优化和学科级优化具有相似的计算模型,且最终优化结果由系统级优化决定,是否可以不进行学科级优化呢?

对于这个问题,需要从学科级优化的意义和作用角度进行分析。在初始化后,各学科进行系统分析由得到的初始样本点构造响应面近似模型。而系统级优化正是在响应面模型建立后进行,优化的结果是得到在当前响应面近似模型下各学科级设计变量的最优解,再将这些结果添加在初始样本点中,并对响应面进行更新,最后再进行系统级优化。

可见学科级优化的目的就是获得更优的一个样本点,只不过这个样本点是通过学科级优化所产生的,可能更加接近系统的最优点,以便基于该样本点进行响应面更新后得到更接近精确模型的近似模型,有利于系统级优化。因而,若要去除学科级优化这个环节,则需要引入新的机制来产生新的样本点,以满足响应面近似模型的精度,同时新的机制的引入又不增加额外的计算量。

前面第5.3节代理模型构造方法中讨论过,近似模型的精度很大程度上取决于样本点的选取方式及所选用的近似方法。为保证近似模型精度,对于样本点的选取一般需采用试验设计方法进行,而在CSSO算法中初始样本点是随机给出的,这样响应面模型精度必然不能保证。基于这点考虑,此处提出了基于试验设计的CSSO改进算法。

6.5.2　改进 CSSO 算法框架

基于试验设计方法的 CSSO 算法是将上节所述的 CSSO 算法和试验设计方法相结合所形成的具有更高计算效率的 MDO 求解算法。为了和前文所述方法相区别,对于前文所述的 MDO 求解算法称为"标准 CSSO 算法",此处的 MDO 求解算法称为"改进 CSSO 算法"。仍以上节所述的发动机性能和重量两个学科优化问题为例,按照改进 CSSO 算法的方法,该优化问题包含性能和重量两个学科级分析过程,以及一个系统级优化问题。其对应的改进 CSSO 算法计算框架如图 6-10 所示。

对图 6-10 中所示的发动机总体优化问题的改进 CSSO 算法框架的主要计算步骤说明如下。

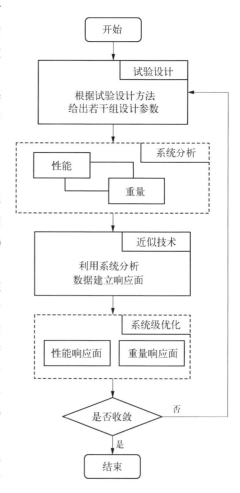

图 6-10　改进 CSSO 算法框架

1. 试验设计

开始计算时,根据设计问题的复杂性,选取相应的试验设计方法(如本书第 5.3.1 节所介绍的中心点复合设计方法、拉丁超立方方法等),使用所选取的试验设计方法在设计空间内产生 n 组设计变量值,记为 $\{X_1, X_2, \cdots, X_n\}$。

在某些试验设计方法下,如中心点复合设计方法、正交数组设计等,受试验设计中因子数及选择的水平数的制约,样本点数 n 的取值不能连续给出。在这种情况下,需要合理确定各因子的水平数使得 n 的取值既能对设计空间实现很好的描述,又能和选取的响应面构造方法相匹配。同时,从计算量角度考虑 n 也不宜选择过大。

初始计算时,试验设计是在设计变量的整个定义空间内进行,随着计算进行可以逐渐缩小试验设计中变量的取值范围,同时选择以系统级优化得到的当前最优设计变量为基准点,在其邻域内进行试验加点。需要注意的是,若响应面构造所采用的是二次多项式法时,由于其可利用的样本点数量有限,需对以前步骤中试验点进行舍弃;若采用 Krigng 方法进行近似建模时,则可以保留整个计算中的试验点。

2. 系统分析

系统分析过程和标准 CSSO 算法相同,因而计算量和标准 CSSO 算法没有差异,只不过使用的设计变量获取方法不同。对由试验设计得到的 n 组设计变量进行完整的系统分析,由于存在状态变量的反馈耦合关系,这个过程需要通过内部迭代来完成。计算完成后分别得到两个学科的 n 组状态变量,记为 $\{y_{11}, y_{12}, \cdots, y_{1n}\}$,$\{y_{21}, y_{22}, \cdots, y_{2n}\}$。

3. 响应面构造

该过程也和标准 CSSO 算法相同,对于构造的两个学科的响应面模型,仍记为 $y_1 = NN_1(X)$,$y_2 = NN_2(X)$。由前面分析已经知道,响应面的近似程度对 CSSO 算法计算的求解过程有至关重要的影响。对于由试验设计得到的样本点,由于在设计空间中分布更加合理,因而得到的响应面近似模型更加逼近精确模型,具有更高的精度,这也是改进算法最核心步骤。具体构造过程和标准 CSSO 算法相类似。需要注意的是,响应面构造方法的选择要和试验设计对样本点处理方法相匹配。

4. 系统级优化

改进算法采用试验设计方法使得近似模型精度得到了保证,由于未经过学科级优化获取"更优"的样本点,因而在系统级优化之前也不存在更新响应面的步骤。完成响应面的构造后就可以直接在各学科所建立的响应面近似模型上进行系统级优化了。系统级优化模型如下式所示:

$$\min F(X, y_1, y_2)$$

$$\text{s.t. } C(X, y_1, y_2) \leqslant 0 \quad (a)$$

$$y_1 = NN_1(X) \quad\quad\quad (b) \quad\quad\quad (6-8)$$

$$y_2 = NN_2(X) \quad\quad\quad (c)$$

系统级优化模型在形式上和标准 CSSO 算法中系统级优化模型[式(6-7)所示]相类似。只是响应面模型使用的是由步骤 3 中直接产生的,未经过学科级优化更新。同时,系统级优化过程仍然保持着原有算法计算量小、易于优化等优点。

5. 收敛性判断

计算收敛判断方法和标准 CSSO 算法相一致,不再复述。

上述步骤 1 至步骤 5 过程迭代计算,直至计算收敛。

6.5.3　改进 CSSO 算法特点

和标准 CSSO 算法相比,改进 CSSO 算法主要特点有以下几点。

(1) 算法过程简单、计算量小。改进 CSSO 算法通过引入试验设计过程,保证了近似模型精度,去除了学科级优化及响应面模型更新等步骤使得算法流程更加简单。对于计算量方面,改进 CSSO 算法在计算过程中不进行学科级优化。学科级计算只负责进行学科分析,且学科分析只在优化外部进行不参与优化,优化过程由系统级完成,这样可以大大减少学科分析的次数,因而计算量小。需要指出的是: 由于改进 CSSO 算法不存在学科级优化,只进行系统级优化,因此,在分类上改进 CSSO 算法已不属于两级优化算法。

(2) 初始点选取更加合理。改进 CSSO 算法中,初始点是根据所采用的试验设计方法确定,而不是随意选取。所得到的样本点能够在设计空间内合理分布,对每个设计变量均能很好分配。这样当在一次迭代中进行完系统分析后,利用近似建模技术所建立的响应面模型就能在设计空间内对原模型进行很好的逼近。而近似模型越接近原模型,系统迭代次数就会越少,进而大大减少学科分析次数,提高计算效率。

(3) 整个求解过程易于优化。改进 CSSO 算法由于不存在学科级优化,只进行系统级优化,系统级优化问题就是整个计算的优化问题。系统级优化问题面对的全部是只具有数学意义的各学科的响应面近似模型,而近似模型进行系统分析的计算量远远小于原模型,且近似模型数学特征比较确定,这些均有利于进行优化计算。

(4) 改进 CSSO 算法具有良好的扩展性。考虑一发动机总体设计中包含性能、重量及尺寸三个学科的优化问题。当完成了一个包含性能和重量两个学科的 MDO 算法框架时,现又需要同时考虑发动机尺寸学科,这时可以按照以下步骤来进行扩展。首先需要通过试验设计方法产生一系列设计点,再在这些设计点上进行尺寸学科分析,然后将形成的完整样本点(设计变量及响应值)构造响应面,最后将构造的响应面近似模型添加到原 MDO 算法框架进行计算即可。可见,整个改进 CSSO 算法扩展过程简单易于实现,同时又保持原来算法框架不变。

6.6　多学科设计优化方法测试

和第 5 章所讨论的智能优化算法相同,MDO 求解算法也需要通过算例计算来进行验证,算例的选择也非常重要。本书所选择算例模型(Sellar et al., 1997; Sellar et al., 1996)是一个 MDO 算法测试的经典问题,具有一定的代表性,能较全面地反映出算法的计算性能,曾被广泛采用来检验 CSSO 算法。虽然该算例模型简单,但却体现了 MDO 的所有特征: 包含两个学科,两个学科之间存在状态变量上的耦合。为了便于比较分析,本书也采用该算例。该算例数学描述如下。

$$\min f = f(X, Y) = x_2^2 + x_3 + y_1 + e^{-y_2}$$

$$\text{s. t.}\quad y_1 = x_1^2 + x_2 + x_3 - 0.2y_2 \qquad (a)$$

$$y_2 = \sqrt{y_1} + x_1 + x_3 \qquad (b)$$

$$c_1 = y_1/8 - 1 \geqslant 0 \qquad (c) \qquad (6-9)$$

$$c_2 = 1 - y_2/10 \geqslant 0 \qquad (d)$$

$$-10 \leqslant x_1 \leqslant 10, \ 0 \leqslant x_2 \leqslant 10, \ 0 \leqslant x_3 \leqslant 10$$

其中,f 为目标函数; X 为设计变量, $X = \{x_1, x_2, x_3\}$; Y 为状态变量, $Y = \{y_1, y_2\}$; C 为约束变量, $C = \{c_1, c_2\}$; (a)、(b)两式为两个学科的系统分析;(c)、(d)两式为两个约束关系。

为了方便叙述,对于(a)、(b)两式代表的学科分别记为学科 a、学科 b。该算例模型数据流图如图 6-11 所示,由图可以清楚地看到两个学科之间存在设计变量及状态变量上耦合,且状态变量有数据反馈。

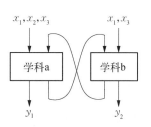

图 6-11　算例模型数据流

文献(Sellar et al., 1996)给出该问题的最优解为: $X = \{3.03, 0, 0\}$, $f_{\min} = 8.01$。 此处计算表明当设计变量取上述值时,按照该优化问题精确计算的目标变量为: 8.098 6。同时,该问题的精确解应为: $X = \{3.013\,020, 0, 0\}$, $f_{\min} = 8.002\,90$。

下面对于该问题按照本书提出的改进 CSSO 算法进行计算,其计算步骤如下:

1. 试验设计

对于该算例模型采用拉丁超立方设计法进行试验设计,根据该问题实际情况选取 10 个样本点,完成试验设计得到样本点如表 6-1 中 2~4 列数据所示。由表可以看出,采用拉丁超立方设计得到的结果对于设计空间有很好的覆盖,三个设计变量均在各自的取值范围内均匀分布,且各变量取值未有重复。

表 6-1　算例模型初始化样本点

样本点	x_1	x_2	x_3	y_1	y_2	c_1	c_2	f
1	10.00	7.78	1.11	104.711 4	21.342 9	12.088 9	−1.134 3	166.349 8
2	−3.33	0.00	5.56	15.505 4	6.167 7	0.938 2	0.383 2	21.067 5
3	1.11	3.33	0.00	4.028 7	3.117 2	−0.496 4	0.688 3	15.161 9
4	−10.00	5.56	3.33	108.233 3	3.733 5	12.529 2	0.626 6	142.500 8
5	−7.78	4.44	8.89	72.029 0	9.597 0	8.003 6	0.040 3	100.632 7
6	−1.11	8.89	2.22	11.531 0	4.505 7	0.441 4	0.549 4	92.794 1
7	7.78	1.11	4.44	62.147 7	20.103 4	6.768 5	−1.010 3	67.819 8
8	5.56	6.67	6.67	40.622 9	18.603 6	4.077 9	−0.860 4	91.781 8
9	3.33	2.22	10.00	19.842 0	17.784 4	1.480 3	−0.778 4	34.770 4
10	−5.56	10.00	7.78	46.968 9	9.073 4	4.871 1	0.092 7	154.749 0

2. 系统分析

对由试验设计得到的 10 个样本点进行系统分析,得到两个学科的状态变量、两个约束变量及系统优化目标变量,结果如表 6-1 中 5~9 列数据所示。由系统分析结果可以看出,目标变量在样本点中间有较大的波动范围,最小值为 15.161 9,最大为 166.349 8。在所有样本点中,样本点 2 为满足约束条件下当前最优点,其对应的目标变量为 21.067 5。可以看出无论是设计变量还是目标变量均与该问题的最终解还存在很大偏差。

3. 构造响应面

根据前两步产生的完整样本点,分别构造两个学科的响应面。由于该问题数学过程简单,本书选用二次多项式建立响应面,其结果如下:

$$
\begin{aligned}
y_1 &= NN_1(X) \\
&= -0.181\,0 - 0.216\,4x_1 + 0.965\,6x_2 + 0.694\,7x_3 \\
&\quad + 0.985\,7x_1^2 + 0.001\,405x_2^2 + 0.006\,517x_3^2 \\
&\quad + 0.001\,207x_1x_2 + 0.001\,537x_2x_3 + 0.000\,174\,7x_1x_3 \\
y_2 &= NN_2(X) \\
&= 1.355\,1 + 1.082\,0x_1 + 0.172\,1x_2 + 1.526\,4x_3 \\
&\quad + 0.071\,62x_1^2 - 0.007\,031x_2^2 - 0.032\,59x_3^2 \\
&\quad - 0.006\,030x_1x_2 - 0.007\,686x_2x_3 - 0.000\,874\,0x_1x_3
\end{aligned}
\tag{6-10}
$$

4. 系统优化

用由式(6-10)表示的响应面模型,代替式(6-9)中的(a)、(b)式,得到系统级优化模型如下:

$$
\begin{aligned}
&\min f = f(X, Y) = x_2^2 + x_3 + y_1 + e^{-y_2} \\
&\text{s. t.}\quad y_1 = NN_1(X) \\
&\qquad\quad y_2 = NN_2(X) \\
&\qquad\quad c_1 = y_1/8 - 1 \geqslant 0 \\
&\qquad\quad c_2 = 1 - y_2/10 \geqslant 0 \\
&\qquad -10 \leqslant x_1 \leqslant 10,\ 0 \leqslant x_2 \leqslant 10,\ 0 \leqslant x_3 \leqslant 10
\end{aligned}
\tag{6-11}
$$

对于上式所表达的系统级优化问题,初始点取表 6-1 中样本点 3 设计变量值,即 $X_0 = \{1.11, 3.33, 0.0\}$,采用 SQP 优化算法进行优化。优化完成得到当前最优解为 $X^* = \{2.992\,8, 0, 0\}$,$f_{\min} = 8.005\,328$。可见无论设计变量还是目标变量值均与原问题的精确解已经非常接近。其中,设计变量只有 x_1 分量存在 0.456% 的相对误差,目标变量只存在 0.030\,3% 的相对误差。图 6-12 给出了本次系统级优化中各变量的变化情况。

由图 6-12 可以看出 SQP 优化算法在求解该系统级优化问题时表现出稳定的计算性能,目标变量有很快的下降速度,经过 21 次迭代后就到达收敛。同时由图 6-12(b)可以看出计算收敛时,在当前系统级优化模型下两个约束条件均满足(大于等于 0),其中 $c_1 = 0$,$c_2 = 0.476$。

5. 收敛性判断

由系统级优化得到的设计变量通过精确模型[式(6-9)]进行完整的系统分析,得到 $f = 7.889\,65$,$c_1 = -0.014\,17$,$c_2 = 0.419\,9$。可以看出存在约束变量不满足的情况,即 $c_1 < 0$。这是因为采用近似模型后,和精确模型计算的状态变量之间存在误差,而在计算约束变量时通过约束关系式将该误差传递下来所造成的。

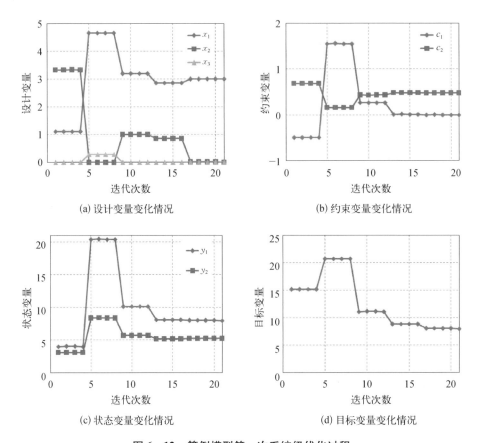

(a) 设计变量变化情况　　　　　　　　　(b) 约束变量变化情况

(c) 状态变量变化情况　　　　　　　　　(d) 目标变量变化情况

图 6-12　算例模型第一次系统级优化过程

　　上述步骤 1 至步骤 5 计算过程只是整个迭代计算的一次计算过程,为此,在下一步迭代中先按照改进 CSSO 算法,缩小试验设计时设计变量空间,并在当前最优点 $X^* = \{2.9928, 0, 0\}$ 邻域内进行试验设计,再进行步骤 1 至步骤 5 计算。整个计算过程经过 4 次迭代计算收敛。其中,迭代每一步试验设计时,对每个设计变量的取值范围均进行减半,并以系统级优化得到的当前最优设计量作为区间中点。表 6-2 给出了 4 次迭代计算中设计变量范围变化。

表 6-2　算例模型设计变量取值范围变化

迭代次数	x_1		x_2		x_3	
	上限	下限	上限	下限	上限	下限
1	−10	10	0	10	0	10
2	−2.0072	7.9928	0	5	0	5

续　表

迭代次数	x_1		x_2		x_3	
	上限	下限	上限	下限	上限	下限
3	0.522 7	5.522 7	0	2.5	0	2.5
4	1.756 5	4.256 5	0	1.25	0	1.25

表 6-3 给出了迭代过程中每次系统级优化完成后各变量变化情况。其中精确计算中的 c_1^*、c_2^*、f^* 表示每次系统级优化完成后,由得到的设计变量采用精确模型进行系统分析得到的结果。由表 6-3 可以看出,在 4 次系统级优化中,设计变量及目标变量变化不是很大,然而随着迭代过程的进行近似模型越来越逼近精确模型,经响应面近似计算得到的约束变量及目标变量和由精确模型计算的结果趋于一致。

表 6-3　算例模型迭代中各变量变化

迭代次数	设 计 变 量			近 似 计 算			精 确 计 算		
	x_1	x_2	x_3	c_1	c_2	f	c_1^*	c_2^*	f^*
1	2.992 8	0	0	4.86e−08	0.476 5	8.005 3	−0.014 17	0.419 89	7.889 7
2	3.022 7	0	0	−1.77e−07	0.386 6	8.002 1	0.006 83	0.413 9	8.057 5
3	3.006 5	0	0	2.01e−08	0.435 5	8.003 5	−0.004 58	0.417 2	7.966 2
4	3.013 0	0	0	2.21e−09	0.415 9	8.002 9	−1.36e−05	0.416 0	8.002 8

图 6-13 给出了近似解和精确解之间的误差。其中图 6-13(a)为两约束变量的相对误差随迭代次数的变化情况,由于算例模型中约束变量均要求大于零,且每次优化收敛时 c_1 均处在 0 附近,因此对于约束变量采用绝对误差来描述近似模型和精确模型之间误差。可以看出两者之间误差越来越小,迭代进行到第 4 次时误差已经非常小了,反映出近似模型已经非常接近精度模型。图 6-13(b)为目标变量之间的误差,以相对误差形式给出,同样两者之间有着和约束变量相同的趋势,迭代进行到第 4 次时相对误差仅有 0.001 373%,可见近似模型精度是非常高的。

计算效率方面,由于迭代计算中每次需要在试验设计完成后对样本点进行系统分析,同时,系统级优化完成后,还需要进行一次系统分析,因此系统分析的次数等于样本点数+1。整个迭代只进行了 4 次,因此总的系统分析为 4×(10+1)= 44 次。

表 6-4 给出了整个迭代计算中每次系统级优化中响应面模型调用的次数。

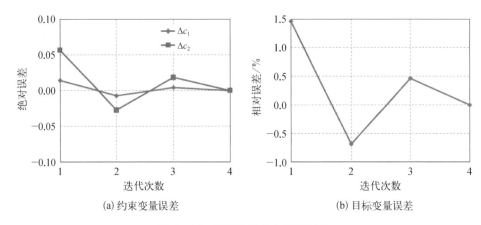

(a) 约束变量误差　　　　　　　　(b) 目标变量误差

图 6 - 13　算例模型代理模型误差

需要指出的是,系统级优化是在近似模型上进行的,不存在系统分析,此处为近似模型调用。由表可以看出,每次迭代中响应面调用次数也非常少,总的调用次数为58 次。

表 6 - 4　算例模型计算过程代理模型调用次数

迭 代 次 数	代理模型调用次数
1	21
2	9
3	11
4	17

　　上述计算中无论是整个计算的迭代次数,还是系统分析的次数及近似模型调用的次数均非常少,计算量很小。

　　为了进一步对比不同算法的计算性能,对于该算例模型本书采用标准 CSSO 算法、SQP 优化算法及前面所讨论的多种差分进化算法分别进行计算,结果如表 6 - 5 所示。

表 6 - 5　算例模型不同算法结果对比

算 法	x_1	x_2	x_3	f	系统分析次数
改进 CSSO 算法	3.013 0	0	0	8.002 8	44
标准 CSSO 算法	3.013 2	0	0	8.003 9	78

算　法	x_1	x_2	x_3	f	系统分析次数
SQP 算法	3.013 0	0	0	8.002 9	106
DE/rand/1 算法	3.013 5	0	0	8.005 6	621
DE/best/1 算法	3.011 1	0	0	8.005 9	219
DE/rb/1 算法	3.013 6	0	0	8.006 0	274

其中,SQP 算法收敛性受初始点影响很大,多次计算有不收敛情况,表中所列为初值取 $X_0 = \{0, 5.0, 5.0\}$ 时的情况。所有差分进化算法计算中,种群数量 N_p 取 25,收敛条件取相对误差 0.000 1。

由计算结果可以看出,在当前算例下,改进 CSSO 算法在表中所列计算方法中系统分析次数最少,表现出具有良好的计算性能;标准 CSSO 算法也同样具有很好的计算效率。可见 CSSO 算法将系统分析过程转换为近似模型的调用过程,能够有效减少计算中系统分析的次数。

改进 CSSO 算法和标准 CSSO 算法相比系统分析明显减少,这主要归功于前者通过试验设计方法得到了更良好的初始点;和 SQP 算法相比,CSSO 算法由于采用了近似建模技术可以明显减少系统分析次数,且计算收敛性不受初值影响;和差分进化算法相比,两种 CSSO 算法均可大幅减少系统分析次数,同时表现出很好的全局寻优能力。

从三种差分进化算法计算结果来看,均存在计算量大的缺点,这也是智能优化算法共有的不足之处。其中,DE/best/1 算法在三种之中效率最高,这与前文的结论是一致的。需要补充的是对于三种差分进化算法本书在该算例模型下分别进行 1 000 次测试,三种算法成功均为 100%,也再次验证了差分进化算法优异的全局寻优能力。

从计算时间来看,对于该算例模型来说,由于系统分析计算量本身非常小,近似模型和精确模型计算复杂度基本相同。单从计算执行时间来说,算例模型计算总时间可以用下式表示(未计试验设计及响应面构造时间):

$$T_{tot} = T_{sys}N_{sys} + T_{appr}N_{appr} \tag{6-12}$$

其中, T_{tot} 为计算总时间; T_{sys} 为系统分析时间; N_{sys} 为系统分析次数; T_{appr} 为近似模型执行时间; N_{appr} 为近似模型调用次数。

在算例模型下,改进 CSSO 算法计算中系统分析时间和近似模型执行时间可认为相等,即 $T_{sys} \approx T_{appr}$,而系统分析次数为 44,近似模型执行次数为 58,则计算总时间为 $T_{tot} = 102 \times T_{sys}$,与表 6-5 中 SQP 算法计算效率相当。这说明对于算例模型改进 CSSO 算法只减少了系统分析次数,计算效率未有显著改变。这是因为算例模型计算规模太小,未能发挥 CSSO 算法的优势。

在实际使用中,精确模型对应的是十分复杂的计算过程,如发动机性能计算中最简单的设计点循环分析和其对应的二次响应面近似模型相比,前者计算量就已达到后者的 10 万倍以上。而对于涉及三维流场计算的一些过程,其相差更是悬殊。在这些计算过程中由于 $T_{sys} \gg T_{appr}$,则计算总时间 $T_{tot} \approx T_{sys} N_{sys}$,即可认为计算总时间和系统分析次数成正比。可见对于求解复杂问题,CSSO 算法可以通过减少系统分析次数来有效提高计算效率,这正是该算法的本质所在,后面将通过发动机计算中的具体实例来进行说明。

6.7　航空发动机多学科设计优化

前面已对变循环发动机设计点性能进行了简单的优化,发动机最终性能不单取决于设计点参数,也取决于尺寸重量设计参数及非设计点调节参数等。为了获取更优的发动机综合性能,采用第 2.6.2 节中介绍的变循环发动机模型,选取发动机性能、尺寸重量学科中的设计变量为优化量,飞机参数保持不变,以发动机亚声速巡航段(高度 11 km,马赫数 0.9)耗油率最低为优化目标,通过优化使得发动机在满足飞机任务需求的前提下,能够有效增加飞机总航程。优化模型中,所选择的设计变量及取值范围如表 6-6 所示,约束变量如表 6-7 所示。

表 6-6　变循环发动机选取的设计变量及取值范围

设 计 变 量	下　限	上　限
设计点风扇压比 $\pi_{f,des}$	2.5	4.2
设计点风扇涵道比 $B_{f,des}$	0.2	0.8
设计点 CDFS 压比 $\pi_{d,des}$	1.2	1.8
设计点 CDFS 涵道比 $B_{d,des}$	0.1	0.6
设计点压气机压比 $\pi_{c,des}$	4	7
设计点燃烧室出口温度 $T_{b,des}$ /K	1 650	1 980
巡航工作点 CDFS 导流叶片角 θ_d /(°)	-40	0
巡航工作点压气机导流叶片角 θ_c /(°)	0	8
巡航工作点前 VABI 外涵进口面积调节 A_{m1} /%	-50	50

续　表

设　计　变　量	下　限	上　限
巡航工作点后 VABI 外涵进口面积调节 A_{m2}/%	−50	50
设计点风扇进口马赫数 $Ma_{f,\ des}$	0.5	0.65
设计点 CDFS 进口马赫数 $Ma_{d,\ des}$	0.5	0.65
设计点压气机进口马赫数 $Ma_{c,\ des}$	0.4	0.55
设计点燃烧室进口马赫数 $Ma_{b,\ des}$	0.2	0.3
设计点前 VABI 出口马赫数 $Ma_{m1,\ des}$	0.3	0.45
设计点后 VABI 出口马赫数 $Ma_{m2,\ des}$	0.2	0.35

表 6-7　变循环发动机约束变量取值范围

约　束　变　量	下　限	上　限
设计点风扇裕度 $SM_{f,\ des}$	20	25
设计点 CDFS 裕度 $SM_{d,\ des}$	20	25
设计点压气机裕度 $SM_{c,\ des}$	18	25
设计点耗油率 sfc_{des} /[kg/(kgf · h)]	—	0.828
设计点推力 $F_{n,\ des}$ /kgf	9 979	—
巡航工作点风扇裕度 SM_f	14	—
巡航工作点 CDFS 裕度 SM_d	14	—
巡航工作点压气机裕度 SM_c	14	—
巡航工作点高压转子相对物理转速 n_h	—	103
巡航工作点低压转子相对物理转速 n_l	—	105
巡航工作点燃烧室出口温度 T_b /K	—	2 050
巡航工作点推力 F_n /kgf	3 256	—
发动机总重量 W_{eng} /kg	—	1 700
发动机长度 L_{eng} /m	—	5
径向最大尺寸 D_{eng} /m	—	1.0

按照 MDO 方法,需要对表 6-6 和表 6-7 中的设计变量及约束变量进行学科分解,可以看出,发动机设计点状态变量与设计变量 $\{\pi_{f,des}$、$B_{f,des}$、$\pi_{d,des}$、$B_{d,des}$、$\pi_{c,des}$、$T_{b,des}$、$T_{ab,des}\}$ 相关;发动机非设计点状态变量与设计变量 $\{\theta_d$、θ_c、A_{m1}、$A_{m2}\}$ 相关,同时受发动机设计点变量影响;发动机尺寸重量状态变量与设计变量 $\{\pi_{f,des}$、$B_{f,des}$、$\pi_{d,des}$、$B_{d,des}$、$\pi_{c,des}$、$T_{b,des}$、$Ma_{f,des}$、$Ma_{d,des}$、$Ma_{c,des}$、$Ma_{b,des}$、$Ma_{m1,des}$、$Ma_{m2,des}\}$ 相关。

优化中需要将各学科的试验设计分开进行,试验设计仍然采用拉丁超立方设计,发动机设计点计算中选取 80 个样本点、发动机非设计点计算及尺寸重量计算中均选取 100 个样本点。系统级优化中需对表 6-7 中列出的每一个变量建立响应面模型,计算中采用二次响应面模型,样本点生成及响应面构造具体过程与 6.6 节中方法一致,此处不再详细给出。选用改进 CSSO 算法对整个优化问题进行求解,各设计变量初值取原设计方案值。系统级优化迭代每一步试验设计中,均以系统级优化得到的当前最优设计量作为中点,对每个设计变量的取值范围进行减半。系统级经过 5 次迭代后收敛。

表 6-8 给出了系统级 5 次迭代中设计变量的变化情况。由表 6-8 可以看出,对于发动机设计点参数来说,综合考虑设计点性能、工作点性能、尺寸、重量后和只进行设计点性能优化的方案相比,结果存在较大差异。其中,CDFS 压比由 1.224 提高至 1.375 2,CDFS 涵道比由 0.100 提高至 0.232 5,压气机压比由 6.917 下降至 5.891,风扇压比、风扇涵道比及燃烧室出口温度基本保持不变。

表 6-8 系统级优化过程设计变量变化情况

设计变量	第 1 次	第 2 次	第 3 次	第 4 次	第 5 次
$\pi_{f,des}$	3.921 4	3.996 9	4.066 7	4.190 8	4.200 0
$B_{f,des}$	0.311 15	0.314 57	0.311 16	0.243 98	0.200 1
$\pi_{d,des}$	1.373 0	1.373 1	1.373 5	1.375 7	1.375 2
$B_{d,des}$	0.134 87	0.131 26	0.133 18	0.189 2	0.232 5
$\pi_{c,des}$	6.221 2	6.165 2	6.108 0	5.935 8	5.891 0
$T_{b,des}$	1 804.8	1 804.8	1 804.8	1 803.1	1 803.2
θ_d	−10.845	−11.124	−11.109	−11.049	−11.068
θ_c	3.765 2	4.225 0	4.176 6	4.385 4	4.221 0
A_{m1}	−9.078 2	−10.887	−11.024	−10.942	−10.852

续　表

设计变量	第 1 次	第 2 次	第 3 次	第 4 次	第 5 次
A_{m2}	−48.623 3	−45.725 8	−49.995 2	−48.755 0	−49.544 3
$Ma_{f,des}$	0.559 21	0.562 85	0.566 34	0.543 35	0.544 52
$Ma_{d,des}$	0.517 92	0.518 80	0.519 67	0.646 96	0.646 78
$Ma_{c,des}$	0.413 67	0.414 60	0.415 51	0.547 09	0.546 92
$Ma_{b,des}$	0.206 17	0.206 55	0.206 91	0.203 91	0.204 08
$Ma_{m1,des}$	0.307 52	0.307 82	0.308 13	0.302 77	0.302 93
$Ma_{m2,des}$	0.205 89	0.206 25	0.206 60	0.202 89	0.203 05

　　图 6 - 14、图 6 - 15 给出了第 5 次系统级优化中主要变量变化情况,由于涉及的参数较多,图中只给出了部分主要参数的变化。

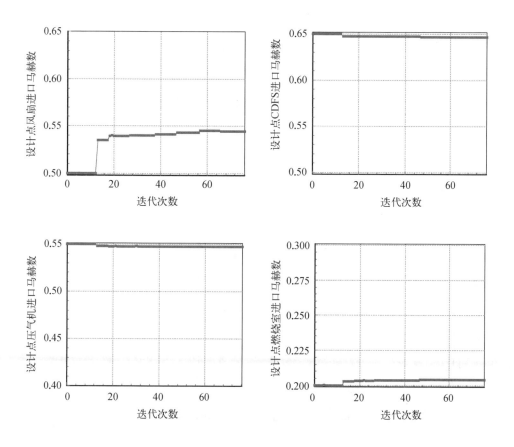

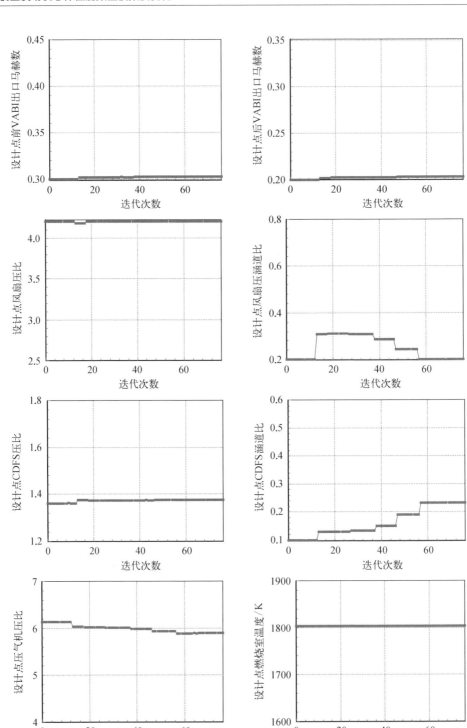

图 6 - 14　变循环发动机方案优化中设计变量变化

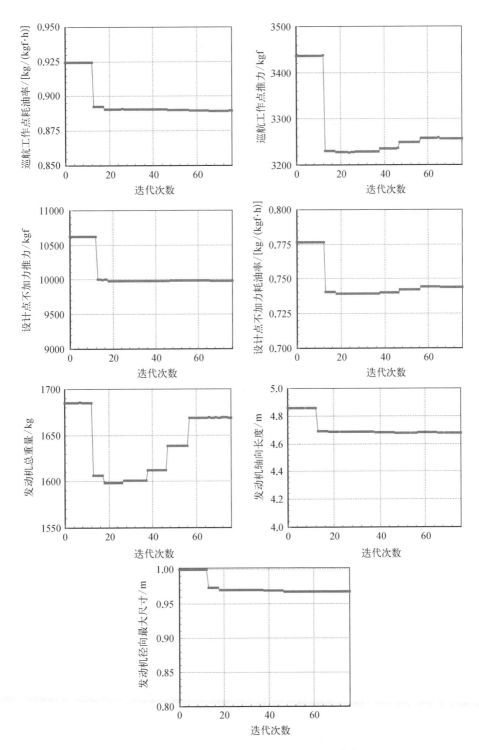

图 6-15　变循环发动机方案优化中状态变量变化

表 6-9 给出了优化前后发动机总体主要参数,从计算结果可以看出,优化后方案和原设计方案相比发动机总重量下降 3.345%;轴向长度减少 5.855%;径向最大尺寸有所增加,增加 3.326%;总航段提高 7.792%。总体来看,优化后方案使得发动机综合性能提高显著。

表 6-9 优化前后总体主要参数对比

	发动机总重量/kg	轴向长度/m	径向最大尺寸/m	总航段/km
优化前	1 726.66	4.970	0.965 0	2 668.28
优化后	1 668.90	4.679	0.997 1	2 876.18
改变量/%	-3.345	-5.855	3.326	7.792

第 7 章
航空发动机总体性能仿真系统设计

7.1 引　　言

获得航空发动机总体性能数值模拟及优化方法后,需要借助程序设计方法建立航空发动机总体性能仿真系统,才能开展航空发动机总体性能数值模拟及优化。一款成熟的航空发动机总体性能仿真系统除需具备功能完善、性能稳定、结果可靠外,还需具备通用性强、扩展性好及人机交互性友好等特点。这就要求不单要开展发动机整机、各部件、各系统等计算模型及各类求解算法、优化算法等先进算法模型研究,还需要借助当前发展的先进程序设计方法,考虑航空发动机总体性能仿真的特殊需求,深入开展仿真系统结构框架设计、功能模块划分、算法模型封装、数据流控制及用户接口设计等研究。基于此考虑,本章在前几章所述的数值模拟及优化方法的基础上,介绍了仿真系统设计的一般性流程,并给出了仿真系统设计示例。

7.2　仿真系统需求分析

在进行航空发动机总体性能仿真系统设计时,最开始需要开展仿真系统需求分析,需要从航空发动机总体性能仿真系统所需要具备的功能开始,对总体功能进行分析,拆解出功能模块,梳理各个功能模块所应具备的能力,梳理各个功能模块之间的数据交互关系,从而获得接口需求和数据需求分析结果。下面给出一套航空发动机总体性能仿真系统需求分析范例。

7.2.1　系统能力需求

航空发动机总体性能仿真系统需要包含部件功能模块、发动机性能计算模块、发动机总体方案设计与评估模块。

1. 部件功能模块

该模块基于整机性能计算模型,再由稳态性能计算模块、过渡态性能计算模块和模式切换计算模块实现涡喷、涡扇和变循环/自适应循环发动机的稳态性能、过渡态性能、模式切换性能的计算。该系统能够满足涡喷、涡扇等常规类型发动机及变循环/自适应循环等新型发动机稳态、过渡态性能仿真需求。

本模块基于面向对象的设计思想,在现有成熟的发动机部件级模型基础上进行适应性改进,在部件层面,建立模块化的适应大范围调节的精细化部件模型,在整机层面,建立灵活可靠的整机匹配模型,最后基于部件模型,考虑大气湿度、大气温度、雷诺数、功率提取与引气系统等因素对发动机部件与整机性能的影响,建立可考虑多种使用因素的适应于宽调节范围的航空发动机稳态数学模型,建立能够真实反映涡喷、涡扇和变循环/自适应循环等航空发动机总体性能和宽调节范围的部件级模型,发展出完整发动机总体性能评估系统。

发动机总体性能评估系统能够反映各部件的先进技术特征,结合发动机各个部件工作原理及涡喷、涡扇和变循环/自适应循环等发动机特点,考虑整个系统的层次布局,建立合理的类结构及类与类之间的关系,从而实现涡喷、涡扇和变循环/自适应循环等绝大部分航空发动机整机稳/动态性能仿真,可以通过在已有模型的基础上修改来获得新的模型或由发动机部件自行搭建新的模型,最终使用所开发的模型对不同类型的航空发动机进行循环参数匹配及稳态、动态、模式切换过渡态调节特性研究,能实现涡喷、涡扇和变循环/自适应循环等绝大部分航空发动机整机稳/动态性能仿真。

该模块具备良好的人机交互界面,主要通过从软件界面输入各部件参数和读取各个部件的特性图来进行输入,支持通过部件拖拽等模式构建发动机整机模型,其输出参数用户可以根据具体的计算和目的自行选取,模型求解方法不少于2种,输出的形式可以是表格、文件和图像等多种格式。

2. 发动机性能计算

发动机总体性能评估系统的发动机特性计算考虑湿度、温度、雷诺数、功率提取等多种因素,包括发动机设计点计算,发动机非设计点稳态性能计算和发动机过渡态性能计算。

1) 稳态性能计算

稳态性能计算模块包括设计点性能计算和非设计点性能计算,基于已有的部件模型,根据各种航空发动机总体性能计算的需求,梳理出需要扩展及重新开发的部件模型。针对这些部件开展部件性能计算的原理分析,提出相应的部件性能计算方法,使得部件模型可以适应涡喷、涡扇和变循环/自适应循环等航空发动机的性能计算支持单设计点计算、循环参数研究功能,从而建立适应大范围调节的部件模型。同时,考虑大气湿度、大气温度、雷诺数、功率提取与可调引气系统等因素对发动机部件与整机性能的影响,支持高度特性、速度特性、节流特性的计算功能,可选取涡轮前温度、转子转速作为控制规律。针对大气温度修正,本系统采用大气模型对发动机入口总温进行修正,支持冷天、热天及自定义大气温度的大气修正模式。针对雷诺数对发动机性能的影响,本模块引入雷诺数系数,采用雷诺数修正模型考虑雷诺数对旋转部件效率的影响。针对功率提取对发动机性能的影响,采用变功率提取建模方法,从而允许用户方便地研究功率提取对发动机性能的影响。

2)过渡态性能计算

本模块有加减速、加力通断、模式切换等,在整机稳态匹配模型的基础上,考虑转动惯量、容腔效应等影响因素对整机及部件的性能影响,将过渡态微分方程中的动态项与稳态整机平衡方程耦合,在保证模型的收敛性及精度的同时又使得模型简单且便于进行过渡态控制规律的设计,从而建立整机动态数学模型。此外,本系统针对自适应循环航空发动机模态切换计算中产生不收敛或参数的变化不够平稳的现象,深入分析模态切换关键部件的性能计算方法,提升其在不同模式下性能计算的稳定性与连续性,同时解决不同模式下整机匹配模型不匹配的问题,最终建立适应于宽调节范围的动态/模态切换过程数学模型。

特性计算模块的输入主要是通过界面输入参数、通过特性图选择输入各部件相关的特性,其大部分数据在界面上输入。特性计算的输出为各级部件的进出口参数,包括推力、马赫数、耗油率等,运算速度快,过渡点单个工况点计算时间不超过 2 分钟。参数可以直接输出到界面上便于观察和分析,支持多种格式输出,支持自定义参数输出,同时可以以图、表等多种方式直观显示。

该模块的性能参数主要包括计算残差,精度等。发动机稳态模型计算残差不大于 0.001,动态计算残差不大于 0.005,同时,常规类型发动机计算的推力、耗油率,稳态模型计算精度大于 98%,动态模型计算精度大于 96%,变循环/自适应循环发动机计算的推力、耗油率,稳态模型计算精度大于 95%,动态模型计算精度大于 90%。

3. 总体方案设计与评估

发动机总体性能评估系统包括发动机控制规律设计、引气方案设计、模型求解模块设计与结果处理模块设计等。

1)控制模块

该模块包括发动机总体控制规律和主要可调部件控制规律,通过调节发动机构型及各个部件参数实现涡喷、涡扇和变循环/自适应循环等绝大部分航空发动机整机稳/动态性能仿真,从而对不同类型的航空发动机进行循环参数匹配及稳态、动态、模式切换过渡态调节特性研究。同时,针对非设计点性能计算模块,提供三种控制基本参数:涡轮前温度、转子转速、燃烧室供油量,以及由基本控制参数组成的组合控制规律;针对过渡态性能计算模块,提供五种控制参数:主燃烧室供油量、高压相对物理转速、低压相对物理转速、加力燃烧室供油量及模态转换阀门开度。

2)引气模块

在引气系统方面,由于航空发动机为了保证在各飞行航段性能最优,其引气系统也需要随着飞行条件的变化而不断调整,从而在保证发动机性能的前提下尽可能地减少引气量,这就需要灵活可调的引气模型。引气模型描述了发动机单元或部件间的相互引气的过程。各式各样的发动机引气方式要求引气模型足够灵活,极易扩展,易于实现任意单元及部件之间引气,可以按照特性控制引气量及引气修正参数等,可支持任意部件之间的引气建立及部件向外引气的功能,最终可以实现发动机设计人员的任何合理的引气方案。

3)模型求解模块

本模块在自适应循环航空发动机整机稳态匹配模型的基础上,考虑转动惯量、容腔效应等影响因素对航空发动机整机及部件的性能影响,针对整机模型生成的非线性方程组,在增强求解算法收敛性的同时提高算法的计算效率。在整机动态匹配模型方面,本研究为了避免动态微分方程求解时的迭代过程,在整机稳态匹配模型的基础上,将动态微分方程中的动态项耦合到发动机平衡方程中,这样过渡态性能匹配模型就是含有动态项的非线性方程组,求解时仍可以采用常用的非线性方程组求解算法,使得发动机动态匹配模型结构简单且易于实现,最终在保证发动机动态匹配模型的收敛性与精度的同时又使得模型简单清晰且便于进行动态控制规律的设计。针对变循环/自适应循环发动机的特点,分析变循环/自适应发动机和常规发动机的差异,建立变循环/自适应发动机动态模型和模式切换过程数学模型。

4)结果处理模块

该模块结合发动机各个部件工作原理及涡喷、涡扇和变循环/自适应循环等发动机特点,考虑整个系统的层次布局,建立合理的类结构及类与类之间的关系。建立端口类来实现不同单元之间的数据传递,支持用户通过模块搭接的方式自定义发动机构型。同时开发可视化功能,用户能够以图形化形式显示发动机各部件连接、引气布局。分析和建立输入输出类,结合开发的可视化功能实现计算结果以图、表等多种方式显示,支持多种格式输出,支持自定义参数输出,支持部件特性图、工作线、控制规律等图像化显示,从而实现良好的人机交互和可视化。

该模块主要通过从界面输入参数和读取各个部件的特性图来进行输入,其输出参数用户可以根据具体的计算和目的自行选取,来实现引气方案设计、控制规律研究、模型求解和结果处理等功能,输出的形式可以是表格、文件和图像等多种格式,解决用户需求。

7.2.2 接口需求

1. 人机交互界面

发动机总体性能评估系统具有良好的人机交互界面,支持用户自定义发动机构型,能以图形化形式显示发动机各部件连接、引气布局,也可以通过在已有模型基础上修改获得新的模型或自行搭建发动机模型,用户可以根据具体需求和目的自行选取参数输出形式,输出的形式可以是表格、文件和图像等多种格式,支持部件特性图,工作线,控制规律等图像化显示。

2.　内部接口

发动机总体性能评估系统模型搭建模块中,部件基类是所有部件类的父类,发动机所有部件类都是由部件基类直接或间接所派生的子类。这些子类在继承部件基类属性和方法的基础上根据需要又增加了各自专有的属性和方法。通过这种方法使得系统具有很强的扩展性。后续的发展中可以根据需要由部件基类派生出更多、更为灵活的部件类。部件类之间也存在着继承关系和依赖关系。发动机模型类则可以看作是多个部件类的集合。

该系统和外部除了与用户交互之外,没有其他的外部接口。在系统的内部,具备完整的数据输入输出接口,可通过数据文件实现计算参数的输入和计算结果的输出,同时,输入和输出文件格式统一,并在软件使用说明中对输入输出内容及物理含义作了详细解释,便于用户操作。

7.2.3　数据需求

系统中包含各个部件的特性文件,这些文件都是以 txt、data 等格式存放在某个文件夹中,在软件计算之前或者计算之时读取数据,存储到定义的各个变量中。在计算完成或者是建模完成之后,可以保存模型到设定的地址,下次计算或者建立模型之前打开。计算之后的结果数据,也可以存储的指定的地址。对于系统内部定义传递的变量,这类数据要留在设计时再考虑。

在本系统中,发动机特性计算中,可以给定指定的飞行条件,包括飞行高度,飞行马赫数,飞行温度等参数,同时可以由用户自行选择风扇、压气机、涡轮的特性图等。在总体方案设计与评估模块,可以由用户给定发动机各部件的总压恢复系数,等特性参数,并可以自行选定不同的引气方案,自行确定引气部件并指定流量等引气特性参数,给用户留有很大的自主设计和评估的空间。

7.3　仿真系统设计原理

对于航空发动机,通过对其工作过程和各部件之间的气动和机械联系及各部件气动热力过程等进行分析和归类,可以看成是一个由不同状态的工质、部件及系统构成的一个抽象系统。因此实现面向对象的航空发动机性能仿真的前提是对航空发动机进行类的划分,然后对每个部件进行相应的属性和操作的封装,形成部件类。完成部件类后,通过抽象部件按照逻辑关系搭建发动机模型,再进行性能计算。

7.3.1　部件管理和通信方法

程序通过扩展数据结构中双向链表技术对抽象部件进行动态管理,部件之间建立双向连接确保了连接的可靠性,也方便了部件之间数据通信。链表中一个节点对应一个发动机抽象部件,如图 7-1 所示,每个节点除了数据域外,还至少包括一个指向前驱(前一节点)的指针和一个指向后继(后一节点)的指针。如风扇部件后继部件有两个,因此除了指向内涵的指针外(Next),还有一个指向外涵的指针(SubNext);混合室部件前驱有两个,除指向内涵的指针(Prior)外,还有一个指向外涵的指针(SubPrior)。除此之外旋转部件还有一个指向轴部件的指针(Shaft),这样就能通过轴部件很方便地建立压缩部件和膨胀部件之间的流量平衡和功率平衡等关系。

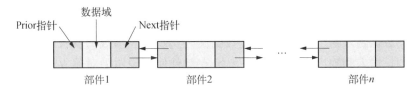

图 7-1　部件连接示意图

当用户在界面上搭建完成发动机抽象模型后,系统就按照用户所搭建部件的逻辑顺序通过各个部件的指针建立部件之间的气流通路连接、轴连接等,以方便后面在流路计算时,确定部件运算顺序,功率平衡判断等。

发动机部件之间不单存在流路上的气动依赖,也有功率、转速上的依赖,这些相互之间的依赖关系就使得在发动机流路计算时部件之间需要频繁传递参数。系统是通过部件中所包含的端口实现部件之间通信的。端口是抽象出来用于存储和传递部件参数的类,部件类具有多个可以和外部部件通信的端口(如图 7-2)。系统中采用"部件-端口-部件"的方式传递参数,部件从端口中获取参数方便、可靠,避免使用大量的全局变量,也使部件计算过程相对独立,原则上每一部件只要给定进口端口参数就能很方便地完成该部件从进口到出口的一次计算。这样就使部件形成一个相对完整的功能模块,一个部件算法的更新、功能的扩展等都不会影响到流路中其他部件的计算。

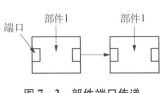

图 7-2　部件端口传递参数示意图

7.3.2　仿真系统计算原理

对于用户所建立的发动机模型,由于其包含部件类型、部件数量及发动机构型等都事先未知,系统必须确定出部件计算的过程、部件计算的顺序等以确保模型仿真的有效性。

1. 部件计算方法

系统在部件基类中设计了虚函数 Run( )函数,Run( )函数在部件类继承部件基类时进行具体计算过程的实现。这样就实现了不同部件使用同名函数进行计算,对外提供一致的接口,使计算过程方便、简洁。Run()函数在部件类中封装了所对应部件从进口到出口的全部计算过程,Run()函数主要计算过程如图7－3。

2. 整机计算方法

清楚了部件计算逻辑后,完成发动机进口到出口的一次计算过程就非常清晰了。程序只需确定出整机计算中部件的计算顺序,然后依次调用各个部件的 Run()函数即可。确定部件计算顺序是保证整机计算逻辑正确的前提。对于构建任意类型的发动机模型,部件计算顺序必须按照以下逻辑过程执行。

（1）初始化全局变量。

（2）找到进气道部件,即链表的头结点。用一个部件指针 p 指向头结点,p＝Head。

（3）若当前部件(p 所指向的部件)的类型为风扇,则先计算内涵道。

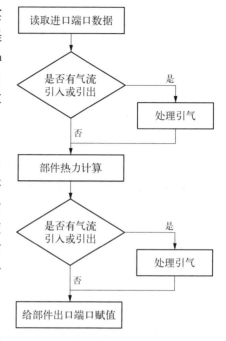

图 7－3　部件计算流程

（4）若当前部件类型为混合室,检查混合室内外涵是否都已计算,如均已计算则计算混合室[p->Run()],否则通过混合室外涵指针向前查找（p ＝ p->prior）,直到找到分流部件出口,再进行外涵计算。

（5）若当前部件为喷管,检查是否所有分流支路是否均已计算,若均已计算则结束流路计算,否则向前查找到风扇外涵进口部件计算外涵道。

（6）若当前部件为除步骤(3)、步骤(4)、步骤(5)以外的部件,先进行该部件计算[p->Run()],然后使当前部件指针指向下一部件（p＝p->next）,跳转到步骤(3)。

建模完成后,模型初始化时系统会按照上述逻辑确定部件计算顺序,形成整机计算的单向链表。在后续整机计算时,只需按照该链表的连接顺序依次调用各部件的 Run()函数即可,计算流程如图7－4。

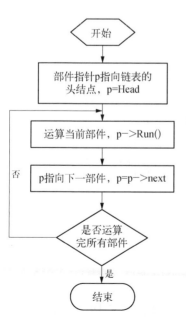

图 7－4　整机计算流程

7.4　仿真系统结构设计

7.4.1　仿真系统结构框架

本书所研究的系统框架如图7－5,系统由用户层和开发层所构成。其中,用户层包括:物理模型构建、各种状态下性能仿真及仿真结果的查看分析等,开发层包括:仿真模型和数据库。在开发层可以完成系统的维护和二次开发。也可以对已封装的组件修改,或构建新的组件。用户层通过程序中所定义的接口和开发层进行访问。用户层所定义的接口主要有对仿真模型进行部件添加、部件参数设置及模型状态控制等操作的接口,对数据库进行数据存储、查询、修改及删除等操作的接口。

7.4.2　功能模块划分

通过对由需求分析得到的功能要求进行总结,按照功能任务进行分类,划分出系统的主要功能模块,如图7－6所示。

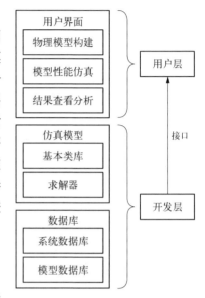

图7－5　仿真系统结构

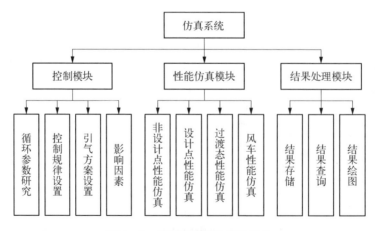

图7－6　仿真系统功能模块划分

由图可以看出仿真系统主要由控制模块、性能仿真模块和结果处理三个大的模块所组成。每一个大的模块又分为多个小的模块,通过一个个小的功能模块的完成就完成了大的功能模块,最后形成这个系统。

7.4.3 仿真系统类划分

对于航空发动机,通过对其工作原理和各部件之间的气动和机械联系、各部件功能及各部件气动热力过程等进行分析和归类,可以看成是一个由不同状态的工质、部件及系统构成的一个抽象系统。因此,实现面向对象的航空发动机性能仿真的前提是对航空发动机进行仿真系统类的划分,如图 7-7。

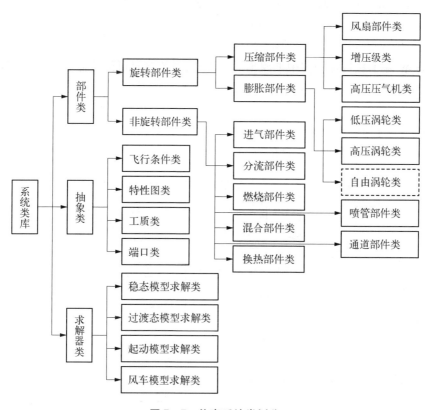

图 7-7 仿真系统类划分

7.5 仿真系统类设计

面向对象的方法通过数据抽象、封装、继承以实现代码最大重用率。要使系统具有良好的扩展性、灵活性,关键是要设计出合理的类层次,类结构。在分析阶段,所有问题都是参照现实世界的对象来进行抽象的,通过抽象将现实问题化解为它们各自的组成类。但此时类创建的重点在于全面、合理地描述现实事物,因此在设计阶段仍然要对这些类仔细研究和分析,从中归纳出一些共同的属性和方法,形成一个或多个基类,在基类的基础上,派生出整个程序的类体系结构。在类结构创建的过程中可能会有以下两种情况。

（1）在一个类所包含的属性中，有些和其他类的相关属性按相同的方式处理，有些需要特殊处理，这样的类就要分解成基类和派生类，由基类提供公共属性和方法，又派生类处理各自的特殊要求。

（2）在有些类中总包含有其他类的属性，这时就要考虑是否将所包含的属性作为一个公共属性来处理，从而建立该类与另一个类的逻辑关系。

类体系的设计，是面向对象程序设计的出发点，对软件开发过程至关重要，关系到软件开发的成败。建立合理的类体系结构，就能够在开发过程中收到事半功倍的效果。

另外，除了从目标问题中抽象出的类以外，系统自身可能还需要建立一些内部类，比如，对于那些之间没有访问权利、但又需要互相通信的类，可以建立接口类实现它们的通信。

按照上述原则对前文所划分的类进行细化，再对其属性和方法进行完善，设计出仿真系统的基本类库。设计的发动机仿真系统类的结构如图7-8所示。

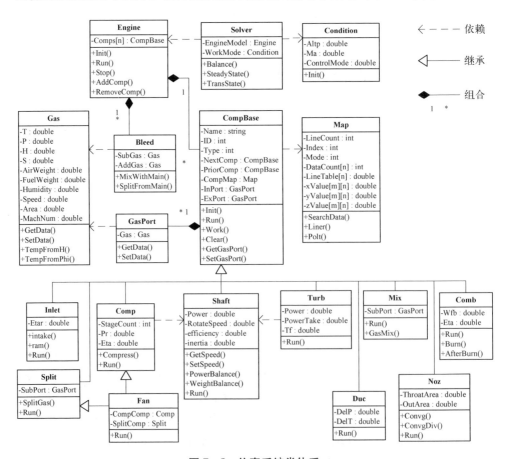

图7-8　仿真系统类体系

由图可以看出部件基类(CompBase)是所有部件类的父类,发动机所有部件类都是由部件基类直接或间接所派生的子类。这些子类在继承部件基类属性和方法的基础上根据需要又增加了各自专有的属性和方法。通过这种方法使得系统具有很强的扩展性。后续的发展中可以根据需要由部件基类派生出更多、更为灵活的部件类。部件类之间也存在着继承关系和依赖关系。发动机模型类(Engine)则可以看作是多个部件类的集合。

7.5.1　部件基类

部件基类(CompBase)描述发动机各部件所共同具有的属性及处理这些属性方法。部件基类设计好坏直接关系到后面部件类实现是否灵活,因为部件类对部件基类的属性和方法进行了继承。部件基类依赖于特性图类(Map)和部件端口类(Port),部件基类的主要属性如表7-1。

表 7-1　部件基类主要属性

属　　性	类　　型	属　性　描　述
Name	字符类型 String	部件名称
Type	枚举类型 enum	部件类型
ID	整型 int	部件编号
NextComp	部件类指针 * CompBase	指向下一个部件的指针
PriorComp	部件类指针 * CompBase	指向前一个部件的指针
Map	特性图类 Map	用于保存部件特性图
InPort	部件端口类 Port	部件进口端口
ExPort	部件端口类 Port	部件出口端口
InBleedGas	引气类指针 * Bleed	指向部件引入引气对象
OutBleedGas	引气类指针 * Bleed	指向部件引出引气对象

* 为 C++程序设计语言中指针变量的表示方法。

部件基类的主要方法:

Work(),虚函数 Work()在基类中为空函数,在部件类中通过重载完成具体部件的气动热力计算过程;

Run(),虚函数 Run()在基类中只是将进口参数传向出口,即 ExPort = InPort。在部件类中通过重载完成具体部件的由进口到出口的一次计算;

GetGasPort(),从部件端口中读取参数值;

SetGasPort( ),将部件参数赋给部件端口;

SplitToBleedGas( ),对由 OutBleedGas 指向的部件引出气流的引气类对象,进行参数赋值。如从部件出口引出气流(其他部位引出类似),处理过程如下。

$$P_{\text{Bleed}} = P_{\text{ExPort}} \tag{7-1}$$

$$T_{\text{Bleed}} = T_{\text{ExPort}} \tag{7-2}$$

$$Far_{\text{Bleed}} = Far_{\text{ExPort}} \tag{7-3}$$

$$Q_{\text{Bleed}} = \xi \times Q_{\text{ExPort}} \tag{7-4}$$

MixWithBleedGas( ),对由 InBleedGas 指向的部件引入气流的引气类对象,进行处理。如向部件进口引入气流(其他部位引入类似),处理过程如下。

$$H = (Q_{\text{InPort}} \times H_{\text{InPort}} + Q_{\text{Bleed}} \times H_{\text{Bleed}})/(Q_{\text{InPort}} + Q_{\text{Bleed}}) \tag{7-5}$$

$$Far = Far_{\text{InPort}} \times Q_{\text{InPort}}/\left[Q_{\text{InPort}} + Q_{\text{Bleed}} \times (Far_{\text{InPort}} + 1) \right] \tag{7-6}$$

$$T = f(H,\ Far) \tag{7-7}$$

$$Q = Q_{\text{InPort}} + Q_{\text{Bleed}} \tag{7-8}$$

GetInPortBleed( ),处理部件进口端口处引入、引出气流;

GetExPortBleed( ),处理部件出口端口处引入、引出气流。

7.5.2　部件类

部件类包括和实际发动机部件所对应的标准部件类及系统中因建模需要所扩展的部件类。系统中标准部件类有:进气部件类、压缩部件类、燃烧部件类、膨胀部件类、混合部件类、喷管部件类、管道部件类等。扩展部件类有:增压级部件类、分流部件类、轴部件类、连接部件类等。

部件类描述了发动机部件所具有的属性和处理这些属性的方法。部件类在继承部件基类的基础上,又根据具体所要描述的部件需要对其属性和方法进行扩充。部件类属性主要包括从部件基类继承来的属性及每个部件新增的专属属性。部件类的方法继承了部件基类所有公有方法,对部件基类的虚函数进行了重载,如 Work( )、Run( )、Clear( )方法等。Run( )方法封装了具体部件从进口到出口的全部计算过程,为操作部件提供统一的接口。部件类之间也是按照类层次划分的,存在继承、派生等关系,如增压级类,就是从压气机类继承来的。

下文就上述的部件类中几个典型部件类进行叙述,其他部件类或因和这些部件类定义方法类似不再详述。

1. 进气部件类

进气部件类(Inlet)描述了进气道部件的属性和方法。主要完成外界气流从发动机进口处流入的过程。

主要属性：总压恢复系数、飞行高度、飞行速度及从部件基类继承来的属性等。

主要方法：

（1）按照军标 Mil – E – 5008B 计算总压恢复系数。

$$\begin{cases} Ma \leqslant 1.0, \ \sigma_i = 1.0 \\ Ma > 1.0, \ \sigma_i = 1.0 - 0.075 \times (Ma - 1)^{1.35} \end{cases} \tag{7-9}$$

（2）按照用户在特性图中自定义的总压恢复系数，进行特性插值计算总压恢复系数。

（3）出口气流参数计算过程。

$$Q_2 = (1 - \xi_B) \times Q_1 \tag{7-10}$$

$$T_{t2} = T_{t1} \tag{7-11}$$

$$P_{t2} = \sigma_i \times P_{t1} \tag{7-12}$$

式中，ξ_B 表示放气量系数。

2. 压缩部件类

压缩部件类（Comp）描述了压缩部件，如风扇、高压压气机、增压级、外涵风扇等这些部件的属性和方法。压缩部件类主要完成气流在压缩部件中压缩过程的计算和模拟。同时也封装了压缩部件中间级引气的计算方法，雷诺数对压缩部件性能影响的修正方法及不同导流叶片角下的三维特性插值算法。

主要属性：进口空气流量、增压比、绝热效率、转速、特性图及从部件基类继承来的属性等。

主要方法：由特性插值计算压比、流量和效率的方法；计算压气机功的方法；对部件特性进行修正的方法等。

3. 分流部件类

分流部件类（Split）描述了分流部件的属性和方法，主要完成气流在分流部件中的分流计算过程。气流经过分流部件按照分流比分为内、外涵两路气流，分别根据压力损失计算出口压力、温度等。

主要属性：分流比、内涵压力损失系数、外涵压力损失系数。

主要方法：计算分流部件内、外涵出口气流参数。

$$Q_{21} = Q_1 / (B + 1) \tag{7-13}$$

$$Q_{22} = Q_1 - Q_{21} \tag{7-14}$$

$$P_{21} = \sigma_{21} P_1 \qquad\qquad (7-15)$$

$$P_{22} = \sigma_{22} P_1 \qquad\qquad (7-16)$$

式中,B 表示分流比;σ 表示压力损失系数;Q 表示流量;P 表示压力。

4. 膨胀部件类

膨胀部件类(Turb)描述了膨胀部件,如低压涡轮、高压涡轮等这些膨胀部件的属性和方法。膨胀部件类主要完成气流在膨胀部件中膨胀过程的计算。同时也封装了雷诺数对膨胀部件性能影响的计算方法。

主要属性:进口空气流量、膨胀比、绝热效率、转速及从部件基类继承来的属性等。

主要方法:计算气流膨胀过程,计算涡轮功等。

5. 轴部件类

轴部件类(Shaft)描述了轴部件,如高压转子、低压转子等这些轴部件的属性和方法。轴部件类主要完成由其连接的压缩部件和膨胀部件之间的转速平衡及功率匹配。

主要属性:机械功(率)、机械效率、转动惯量、转速、传动比及从部件基类继承来的属性等。

主要方法:

1) 稳态轴部件计算方法

发动机处于稳态时由转速平衡和功率平衡可得

$$n_{\text{turb}} = r \cdot n_{\text{comp}} \qquad\qquad (7-17)$$

$$W_{\text{turb}} = W_{\text{comp}} / \eta_m + W_{\text{take}} \qquad\qquad (7-18)$$

式中,n_{turb} 表示膨胀部件转速;n_{comp} 表示压缩部件转速;r 表示传动比;η_m 表示机械效率;W_{comp} 表示压缩部件功;W_{take} 表示涡轮提取功;W_{turb} 表示涡轮功。

2) 过渡态轴部件计算方法

发动机处于过渡态时,考虑转子动能变化则功率平衡为

$$W_{\text{turb}} = W_{\text{comp}} / \eta_m + W_{\text{take}} + \left(\frac{\pi}{30}\right)^2 Jn \frac{\mathrm{d}n}{\mathrm{d}t} \qquad\qquad (7-19)$$

式中,J 表示转动惯量。

6. 燃烧部件类

燃烧部件类(Comb)描述了主燃烧室、加力燃烧室及外涵加力燃烧室等这些燃烧室部件的属性和方法。燃烧部件类主要完成气流进入燃烧室燃烧的过程。支持燃料选取,热值修正。

主要属性：供油量、燃烧低热值、燃烧效率及从部件基类继承来的属性等。

主要方法：根据加热温度计算供油量的方法；根据余气系数计算供油量的方法等；根据供油量计算加热温度的方法等。

7. 混合部件类

混合部件类（Mix）描述了混合室的属性和方法。混合室中主要完成气流由两股气流混合为一股气流的计算过程。

主要属性：混合效率、混合方式、外涵气流、内涵气流及从部件基类继承来的属性等。

主要方法：平行进气的计算方法；由流速计算面积的方法。

8. 喷管部件类

喷管部件类（Nozz）描述了如收敛喷管、收扩喷管等喷管部件的属性和方法。完成气流在喷管中膨胀的过程。

主要属性：喷管类型、速度系数、流量系数、喉部面积、出口面积及从部件基类继承来的属性等。

主要方法：收敛喷管的计算方法；收扩喷管的计算方法等。

7.5.3　抽象类

1. 流体工质类

流体工质类（Gas），描述了流体工质所具有的属性及方法。在流体工质类中，封装了用于计算燃气变比热过程的函数。

主要属性：流量、总温、总压、静温、静压、焓、熵、马赫数、油气比、水气比、比热比等。

主要方法：由温度和油气比计算焓、气体常数、比热比、熵函数、相对增压比、由焓和油气比计算温度等；由熵函数和压力计算熵；由相对增压比和油气比计算温度。

2. 引气类

引气类（Bleed）描述了发动机部件之间的相互引气的过程，引气类可以直接对部件端口进行气流的引入和引出。支持任意部件之间的引气；支持压气机等压缩部件的中间级引气；支持部件向外界放气等。

主要属性：温度、压力、流量、油气比、温升、压降、引气量。

主要方法：计算引气气流的温度、压力等参数变化的方法。

3. 部件端口类

部件端口类（Port），描述了航空发动机部件端口所具有的属性和方法，用于相连接的部件之间数据的传递。端口类是为部件传递参数方便所设计的抽象类。

主要属性：气体的总压、静压、总温、静温、熵、焓、速度、流量、油气比及部件的面积等。

主要方法：等号（=）运算符重载函数方法，即通过端口之间简单语句（如，ExPort=InPort）实现多个参数赋值等。

4. 特性图类

特性图（Map）描述了发动机部件计算过程中插值所需的特性数据。特性图类派生出了一元数据类和二元数据类，分别用于存储和处理一元、二元函数插值。

主要属性：插值方式，数据列表等。

主要方法：计算插值的方法；数据绘图的方法。

5. 一元数据类

一元数据类（DataLine）描述了 n 维一元数据表的属性及方法。通过创建动态数组方便数据的存储，提供线性、二次等多种插值方法。每一个数据点都是形如点 $P(x_1, x_2, \cdots, x_n)$ 的 n 维数据。一元数据类用于存储形如下式所描述的 n 维一元函数的离散点及按照用户所定义的自变量（$x_1, x_2, \cdots, x_n$，均可作为自变量）计算插值结果。

$$\begin{cases} y_1 = f_1(x) \\ y_2 = f_2(x) \\ \cdots \\ y_n = f_n(x) \end{cases} \tag{7-20}$$

主要属性：数据点数、数据维数、结果数组、自变量索引。

主要方法：一元一次插值法；一元二次插值法。

以线性插值为例，输入自变量索引 index、x，插值求解 $P_x(x_1, x_2, \cdots, x_{\text{index}}, \cdots, x_n)$ 的过程如下：输入自变量所在的列，即索引 index 和自变量 x_{index} 的值。找到点 $P_1(x_{1,1}, x_{1,2}, \cdots, x_{1,\text{index}}, \cdots, x_{1,n})$ 和点 $P_2(x_{2,1}, x_{2,2}, \cdots, x_{2,\text{index}}, \cdots x_{2,n})$，使得 x_{index} 在 $x_{1,\text{index}}$ 和 $x_{2,\text{index}}$ 之间。

计算插值系数：

$$k = (x_{\text{index}} - x_{1,\text{index}}) / (x_{2,\text{index}} - x_{1,\text{index}}) \tag{7-21}$$

计算：

$$P_x = k \times (P_2 - P_1) + P_1 \tag{7-22}$$

得到最终插值结果 $P_x(x_1, x_2, \cdots, x_{\text{index}}, \cdots, x_n)$。

6. 二元数据类

二元数据类（DataTable）描述了 n 维二元数据表的属性及方法，通过创建动态数组实现数据的存储,提供线性、二次等多种插值方法。每个一维数据都是一个一元数据对象。二元数据类用于存储形如下式所描述的 n 维二元函数的离散点及计算插值结果。

$$\begin{cases} z_1 = f_1(x, y) \\ z_2 = f_2(x, y) \\ \cdots\cdots \\ z_n = f_n(x, y) \end{cases} \tag{7-23}$$

主要属性:一元数据对象、每个一元数据对象的特征值、一元数据对象个数、自变量索引。

主要方法有:二元一次插值法;二元二次插值法。

以线性插值为例,输入自变量索引 index、x、y,插值求解 $P_x(x_1, x_2, \cdots, x_{\text{index}}, \cdots, x_n)$ 的过程如下:

从一元数据对象的特征值数组中找到第 i 个点 y_i 和第 j 个点 y_j,使得 y 在 y_i 和 y_j 之间。

计算插值系数:

$$k = (y - y_i)/(y_j - y_i) \tag{7-24}$$

对第 i 个、第 j 个一元数据对象以自变量 x 及索引 index 按照前一节所述一元数据插值方法求出 $P_i(x_1, x_2, \cdots, x_{\text{index}}, \cdots, x_n)$、$P_j(x_1, x_2, \cdots, x_{\text{index}}, \cdots, x_n)$。

计算:

$$P_x = k \times (P_j - P_i) + P_i \tag{7-25}$$

得到最终插值结果 $P_x(x_1, x_2, \cdots, x_{\text{index}}, \cdots, x_n)$。

7. 求解器类

求解器类(Solver)描述了发动机各种工况下求解的属性和方法。

主要属性:发动机模型、飞行条件、工作模式、控制规律等。

主要方法:

1)非设计点性能求解方法

发动机在进行非设计点性能计算时,需要对采用各个部件的输入参数及性能参数,根据各部件共同工作关系建立的共同工作方程组进行求解,一般采用 Newton-Raphson 法对非线性方程组进行求解。关于非线性方程组的 Newton-Raphson 求解方法已在第 2.4 节中给出,在此不再赘述。

2)过渡态性能求解方法

发动机在进行过渡态性能计算时,需要在非设计点共同工作方程组的基础上增添如转动惯量、容积效应等过渡态影响因素模型,这些模型一般采用 Euler 法进行求解。关于过渡态影响因素模型的 Euler 求解方法可参考第 2.5 节中给出的方法。

7.6　仿真系统设计示例

　　前面给出了航空发动机总体性能仿真系统设计的一般流程,结合本书所述的航空发动机总体性能数值模拟方法和航空发动机总体性能优化方法,即可构建出具备航空发动机总体性能数值模拟及优化功能的仿真系统。图 7-9 所示为西北工业大学喷气推进理论与工程研究所基于本书所讲述方法建立的航空发动机总体性能仿真系统。需要说明的是,本书中所有的发动机性能计算及优化范例均采用该仿真系统计算获得。

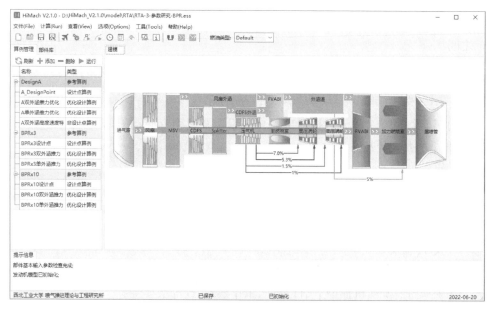

图 7-9　航空发动机总体性能仿真系统主界面

　　该仿真系统基于面向对象的程序设计方法所建立,具有很强的通用性和灵活性,能够开展涡喷、涡扇等常规构型的航空发动机及变循环发动机、自适应循环发动机、涡轮基组合循环发动机等多种新概念发动机总体性能仿真计算。用户可以基于系统中通用部件的"积木式"搭建,来建立不同构型的航空发动机仿真模型,如图 7-10 所示。目前,该仿真系统对于搭建的任意构型发动机,可开展稳态性能、动态性能、起动性能、风车性能、安装性能、循环参数研究、飞/发性能一体化、综

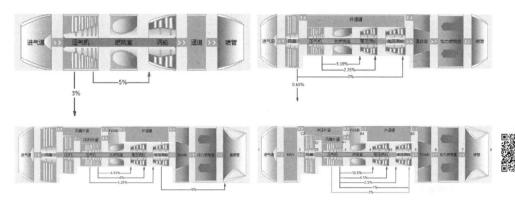

图 7-10　仿真系统中搭建的不同发动机仿真模型

合性能优化等计算与分析。

　　初步搭建完成发动机仿真模型后,通过仿真系统中设计的人机交互界面可以完成发动机各部件参数设置、各部件特性选择、控制规律设计、引气方案设计等参数输入后(如图 7-11 所示),即可进行发动机仿真计算及分析。图 7-12 以表格、图的形式在仿真系统中展示出了发动机性能计算结果。

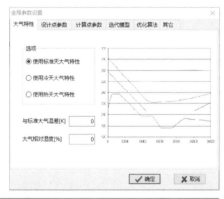
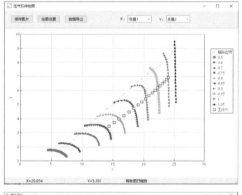

图 7-11　仿真系统中部分参数设置界面

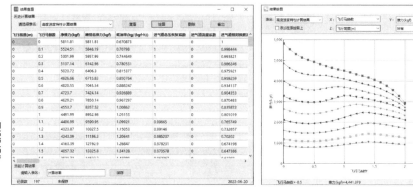

图 7 - 12　仿真系统中计算结果示例

第8章
航空发动机总体性能优化设计

8.1 引　言

本章基于前面介绍的航空发动机总体性能数值模拟及优化方法,采用发动机实例介绍了发动机设计点性能优化、非设计点性能优化、过渡态性能优化及多工作点综合性能优化,分别给出了各优化模型和优化范例,并对计算结果进行了对比分析。为了说明本书所发展的数值模拟方法及建立的仿真系统的通用性及适用性,本章在所有优化问题介绍中均计算了混排涡扇发动机及变循环发动机,这并不表示这些方法及模型仅适用于这两类发动机总体性能仿真。鉴于篇幅原因,对于其他类型的发动机总体性能优化设计未进行介绍,若读者关注这类发动机总体性能,可以参照本章所给的优化范例自行开展相应的优化计算分析。

8.2　航空发动机设计点性能优化

8.2.1　设计点性能优化模型

本书对优化模型的定义是:目标函数仿真模型与优化变量、优化目标及优化约束的集合体。在进行设计点性能优化时,需要首先选取设计点性能优化变量、优化约束及优化目标,其中优化变量一般是设计点性能仿真模型的输入量,而优化约束和优化目标则一般是设计点性能仿真模型的输出量。优化方法会根据给定输入量所对应的输出量,逐步获得目标参数更优且约束参数满足约束的设计参数。在优化模型中,优化方法和仿真模型的关系如图8-1所示。

对于航空发动机设计点性能仿真模型,其关键输入量一般包含:压缩部件压比、压缩部件效率、风扇涵道比、燃烧室出口总温。其中压缩部件效率由设计水平决定,一般不作为优化变量。而在性能优化时所关心的输出量一般包

图8-1　优化模型中优化方法与
仿真模型之间的关系

含：总压比、推力、耗油率。其中总压比与压气机出口温度相关,属于约束参数,而推力则一般是设计点性能优化的目标参数,耗油率可以作为设计点性能优化的约束参数。

以混排涡扇发动机为例,发动机性能优化问题中包含风扇压比、风扇涵道比、压气机压比、燃烧室出口总温四个优化变量,推力作为优化目标,耗油率和总压比则作为优化约束。此时优化变量的数量为4,优化目标的数量为1,优化约束的数量为2。但是,总压比约束与压缩部件压比这两个优化变量之间,存在简单的乘积关系,因此也可以将优化变量更改为风扇压比、总压比、风扇涵道比、燃烧室出口总温,在调用仿真模型之前,先采用总压比和风扇压比计算得到压气机压比,就可以使优化约束的个数减少一个,从而使优化模型的求解难度更低。可见,在建立发动机总体性能优化模型时,如果直接将优化方法和仿真模型进行集成,可能会获得求解难度较高的优化模型。而如果对仿真模型的输入量或输出量,以及优化方法中优化变量、优化目标及优化约束的集成方式,根据具体情况进行改进,则可能获得求解难度更低的优化模型。

以混排涡扇发动机为例,上面所述的改进的发动机设计点性能优化模型可以用式(8-1)表示。

$$\max\ F_{\text{design}}$$
$$\text{s. t.} \begin{cases} sfc_{\text{design}} \leqslant sfc_{\text{design, limit}} \\ X_{\text{low}} \leqslant X \leqslant X_{\text{up}} \end{cases} \quad (8-1)$$

式中,F_{design} 为发动机设计点推力;sfc_{design} 为发动机设计点耗油率;$fc_{\text{design, limit}}$ 为发动机设计点耗油率约束值;X 为设计参数,包含风扇压比、风扇涵道比、总压比、燃烧室出口总温,属于优化变量。

8.2.2　设计点性能优化范例

在此分别采用混排涡扇发动机和带 CDFS 的双外涵变循环发动机为例,建立发动机设计点性能优化问题,并分别采用差分进化(DE)算法和高效全局优化(EGO)方法进行求解。其中,混排涡扇发动机性能仿真模型如图 8-2 所示。

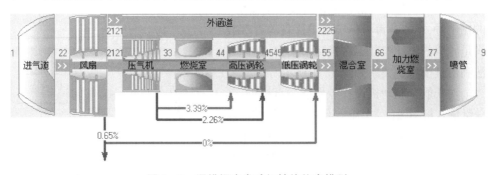

图 8-2　混排涡扇发动机性能仿真模型

在进行混排涡扇发动机设计点性能优化时,优化目标为设计点推力最大,优化约束为耗油率不高于 $0.7\mathrm{kg/(kgf \cdot h)}$,优化变量及其取值范围如表 8-1 所示。

表 8-1　混排涡扇发动机设计点性能优化变量及其取值范围

参 数 名	参 数 下 限	参 数 上 限
风扇压比	2	5
风扇涵道比	0.1	0.6
总压比	25	35
燃烧室出口总温/K	1 600	2 000

图 8-3 中给出了采用 DE 方法对混排涡扇发动机设计点性能优化时,目标及约束性能参数和优化变量随优化迭代步数的变化趋势点线图。其中,DE 方法的初始种群大小为 40,最大迭代步数为 100,每迭代一步会运行发动机设计点性能仿真

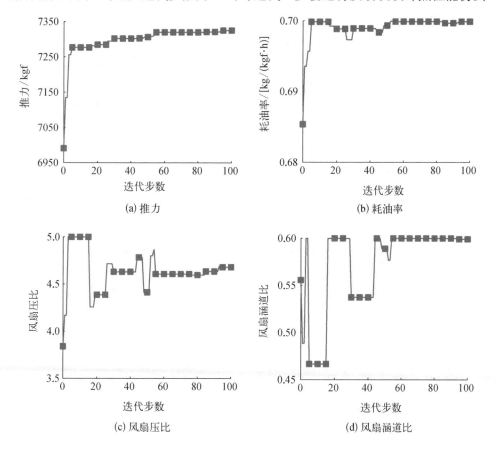

(a) 推力　　　　　　　　　　　　　　(b) 耗油率

(c) 风扇压比　　　　　　　　　　　　(d) 风扇涵道比

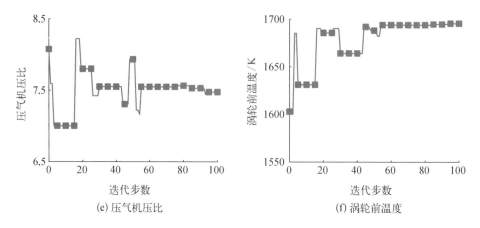

图 8-3　涡扇发动机设计点性能 DE 优化

模型 40 次,整个优化过程需要运行发动机设计点性能仿真模型 4 040 次。图 8-4
中给出了采用 EGO 方法对混排涡扇发动机设计点性能优化时,目标及约束性能参
数和优化变量随优化迭代步数的变化趋势点线图。其中,EGO 方法的初始样本集
大小为 40,最大迭代步数为 100,每迭代一步会运行发动机设计点性能仿真模型 1
次,整个优化过程需要运行发动机设计点性能仿真模型 140 次。

　　从图 8-3 中可以看出,在优化前期,发动机推力很快增大,同时耗油率也随之
增大。在优化中后期,发动机推力缓慢增大,而耗油率则发生波动,但一直维持在
给定限制值以下。风扇压比、风扇涵道比、压气机压比及涡轮前温度这些优化变量
则在优化前期存在较大范围的波动,而在优化中后期则变化幅度较小。

　　从图 8-4 中可以看出,采用 EGO 方法进行优化时,优化目标和优化约束的变
化趋势无明显波动,推力和耗油率均逐渐升高,而且耗油率也一直维持在给定约束
边界以下。

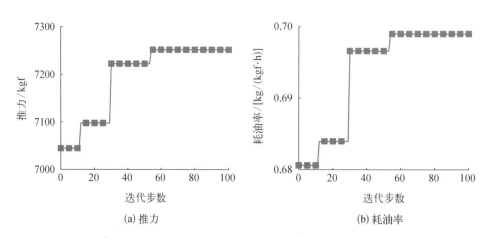

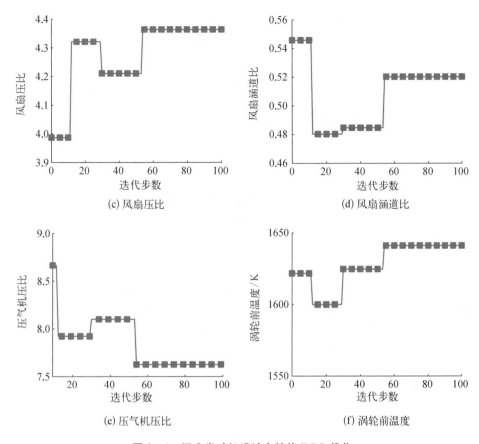

图 8-4 涡扇发动机设计点性能 EGO 优化

结合图 8-3 和图 8-4 可以看出,采用 DE 方法和 EGO 方法在进行发动机设
计点性能优化时,优化变量、约束参数及目标参数在优化结束时的数值较接近,而
DE 方法获得的优化结果在不超出给定耗油率约束的情况下,具有更高的推力。但
是,在 DE 方法中,一步优化迭代循环后会运行 40 次发动机设计点性能仿真模型,
而一步 EGO 方法优化迭代循环后只会运行 1 次发动机设计点性能仿真模型。
EGO 方法迭代 100 步时运行的发动机设计点性能仿真模型的次数,甚至比 DE 方
法迭代 3 步时运行的发动机设计点性能仿真模型的次数还要少,而在迭代 3 步后
的 DE 方法所获得的最优结果和 EGO 方法相近。这说明以发动机设计点性能仿真
模型调用次数为优化方法性能指标时,EGO 方法的优化效率和 DE 方法相近。但
是,EGO 方法本身的算法复杂度要高于 DE 方法,且发动机设计点性能仿真模型的
运算时间极快,一次设计点性能仿真需要消耗的时间往往是毫秒级。采用 DE 方
法对发动机设计点性能进行 100 步优化所需要的时间,反而远小于采用 EGO 方法
进行优化所需要的时间。因此,在面对航空发动机设计点性能优化问题这类仿真

所需时间极小的优化问题时，更适用于采用 DE 方法这类启发式优化方法。

对于变循环发动机设计点性能优化时采用的性能仿真模型如图 8-5 所示。

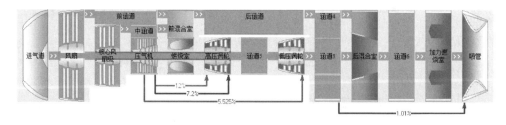

图 8-5　变循环发动机性能仿真模型

在进行变循环发动机设计点性能优化时，优化目标为设计点推力最大，优化约束为耗油率不高于 0.7kg/(kgf·h)，优化变量及其取值范围如表 8-2 所示。

表 8-2　变循环发动机设计点性能优化变量及其取值范围

参 数 名	参 数 下 限	参 数 上 限
风扇压比	2	5
风扇涵道比	0.1	0.6
CDFS 压比	1.1	1.6
CDFS 涵道比	0.1	0.6
总压比	25	35
燃烧室出口总温/K	1 600	2 000

图 8-6 中给出了采用 DE 方法对变循环发动机设计点性能优化时，目标及约束性能参数和优化变量随优化迭代步数的变化趋势点线图。其中，DE 方法的初始种群大小为 60，最大迭代步数为 100，每迭代一步会运行发动机设计点性能仿真模型 60 次，整个优化过程需要运行发动机设计点性能仿真模型 6 060 次。图 8-7 中给出了采用 EGO 方法对变循环发动机设计点性能优化时，目标及约束性能参数和优化变量随优化迭代步数的变化趋势点线图。其中，EGO 方法的初始样本集大小为 60，最大迭代步数为 100，每迭代一步会运行发动机设计点性能仿真模型 1 次，整个优化过程需要运行发动机设计点性能仿真模型 160 次。

结合图 8-6 和图 8-7 可以看出，采用 DE 方法和 EGO 方法在进行变循环发动机设计点性能优化时，DE 方法获得的优化结果明显优于 EGO 方法，同时由于 DE 方法的算法复杂度更低，其整个优化过程消耗的时间明显更少。结合涡扇发动

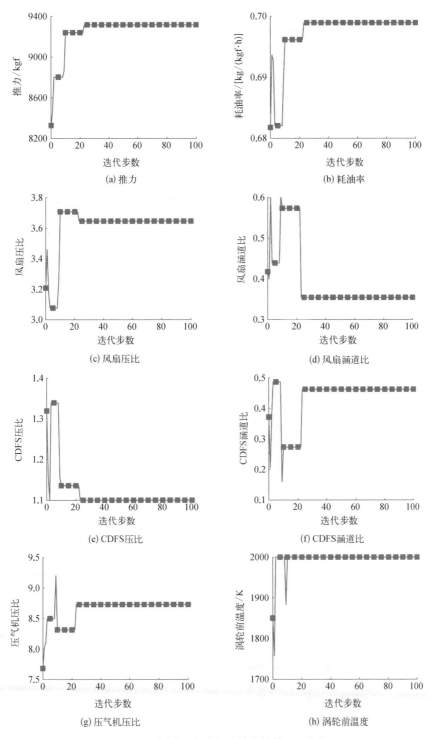

图 8-6　变循环发动机设计点性能 DE 优化

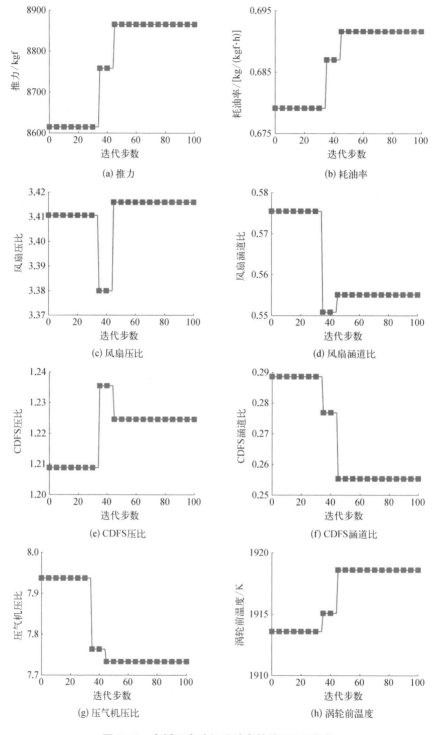

图 8－7　变循环发动机设计点性能 EGO 优化

机设计点性能优化问题的结果来看,在面向发动机设计点性能优化问题时,EGO 方法并没有展现出比 DE 方法更高的优化效率,这是因为发动机设计点性能优化问题的复杂度较低,采用优化效率较差的优化方法也可以很快地获得较好的优化结果。而 DE 方法的算法复杂度又明显低于 EGO 方法,因此优化时间也更短。所以,在面向航空发动机设计点性能优化问题时,应采用 DE 方法这类启发式优化方法。

8.3　航空发动机非设计点性能优化

8.3.1　非设计点性能优化模型

航空发动机非设计点性能仿真模型,其关键输入量一般包含转子转速及可调部件调节量。对于常规混排涡扇发动机而言,其可调部件较少,通常只调节喷管喉部截面面积。而对于变循环发动机而言,其在双外涵工作模式下时的可调部件一般包含: CDFS 和压气机进口导流叶片角、FVABI 内涵及 RVABI 外涵相对面积、低压涡轮进口导向器相对面积及喷管喉部截面面积,而在单外涵工作模式下的可调部件则不包含 FVABI 内涵相对面积。这些仿真模型输入量一般会作为优化模型中的优化变量,另外,由于发动机的设计参数对发动机在非设计工况下的性能也有较大的影响,因此还可以将发动机的设计参数也作为优化变量共同优化。而优化目标参数一般则是发动机在非设计工况下的耗油率,优化约束一般则是发动机在非设计工况下的推力及压缩部件的喘振裕度。

以混排涡扇发动机为例,发动机非设计点性能优化问题中包含风扇压比、风扇涵道比、压气机压比、燃烧室出口总温、低压转子相对物理转速、喷管喉部截面面积六个优化变量,推力作为优化目标,耗油率、风扇及压气机的喘振裕度和高、低压转速相对物理/换算转速则作为优化约束。该发动机非设计点性能优化模型可以用式(8-2)表示。

$$\min \ sfc_{\text{offdesign}}$$

$$\text{s. t.} \begin{cases} F_{\text{offdesign}} \geqslant F_{\text{design, limit}} \\ SM_{\text{fan}} \geqslant SM_{\text{fan, limit}} \\ SM_{\text{hpc}} \geqslant SM_{\text{hpc, limit}} \\ X_{\text{low}} \leqslant X \leqslant X_{\text{up}} \end{cases} \tag{8-2}$$

式中, $sfc_{\text{offdesign}}$ 为发动机的非设计点耗油率; $F_{\text{offdesign}}$ 为发动机非设计点推力; SM_{fan} 为风扇喘振裕度; SM_{hpc} 为压气机喘振裕度; X 为设计参数,包含风扇压比、风扇涵道比、总压比、燃烧室出口总温,属于优化变量。

8.3.2　非设计点性能优化范例

分别以混排涡扇发动机和带 CDFS 的双外涵变循环发动机为例,建立发动机在亚声速巡航和超声速巡航状态下的耗油率优化问题,由于发动机非设计点性能仿真所需要的时间也极短,因此只采用 DE 方法进行求解。

在进行混排涡扇发动机非设计点性能优化时,优化目标为亚声速巡航耗油率最小,其在亚声速巡航状态($H=11\,000\,\text{m}$, $Ma=0.8$)下优化约束如表 8-3 所示,在超声速巡航状态($H=11\,000\,\text{m}$, $Ma=1.6$)下优化约束如表 8-4 所示。

表 8-3　混排涡扇发动机非设计点性能优化约束及其限制值(亚巡)

参　数　名	参 数 下 限	参 数 上 限
推力/kgf	1 500	
风扇喘振裕度/%	10	
压气机喘振裕度/%	10	
高压转子相对物理转速/%		100
高压转子相对换算转速/%		100
低压转子相对物理转速/%		100
低压转子相对换算转速/%		100

表 8-4　混排涡扇发动机非设计点性能优化约束及其限制值(超巡)

参　数　名	参 数 下 限	参 数 上 限
推力/kgf	4 000	
风扇喘振裕度/%	10	
压气机喘振裕度/%	10	
高压转子相对物理转速/%		100
高压转子相对换算转速/%		100
低压转子相对物理转速/%		100
低压转子相对换算转速/%		100

优化变量及其取值范围如表 8-5 所示。

表 8-5　混排涡扇发动机非设计点性能优化变化及其上下限

参 数 名	参 数 下 限	参 数 上 限
风扇压比	2	5
风扇涵道比	0.1	0.6
总压比	25	35
燃烧室出口总温/K	1 600	2 000
低压转子相对物理转速/%	70	100
喷管喉部截面相对面积	0.7	1.3

图 8-8 中给出了采用 DE 方法对混排涡扇发动机亚声速巡航性能进行优化时,目标及约束性能参数和优化变量随优化迭代步数的变化趋势点线图。图 8-9 中给出了采用 DE 方法对混排涡扇发动机超声速巡航性能进行优化时,目标及约束性能参数和优化变量随优化迭代步数的变化趋势点线图。其中,DE 方法的初始种群大小为 60,最大迭代步数为 100,每迭代一步会运行发动机非设计点性能仿真模型 60 次,整个优化过程需要运行发动机非设计点性能仿真模型 6 060 次。

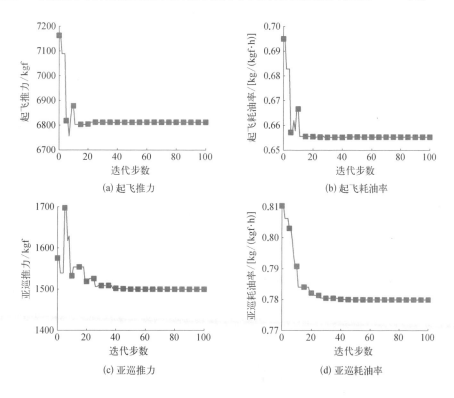

(a) 起飞推力　　　　　　　　　(b) 起飞耗油率
(c) 亚巡推力　　　　　　　　　(d) 亚巡耗油率

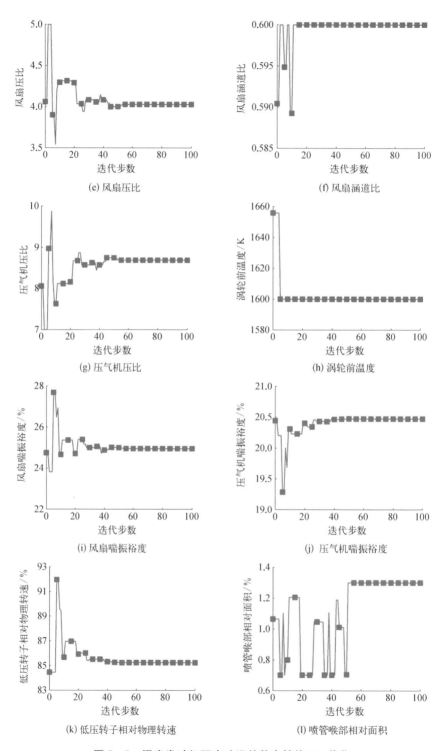

(e) 风扇压比

(f) 风扇涵道比

(g) 压气机压比

(h) 涡轮前温度

(i) 风扇喘振裕度

(j) 压气机喘振裕度

(k) 低压转子相对物理转速

(l) 喷管喉部相对面积

图 8 - 8 涡扇发动机亚声速巡航状态性能 DE 优化

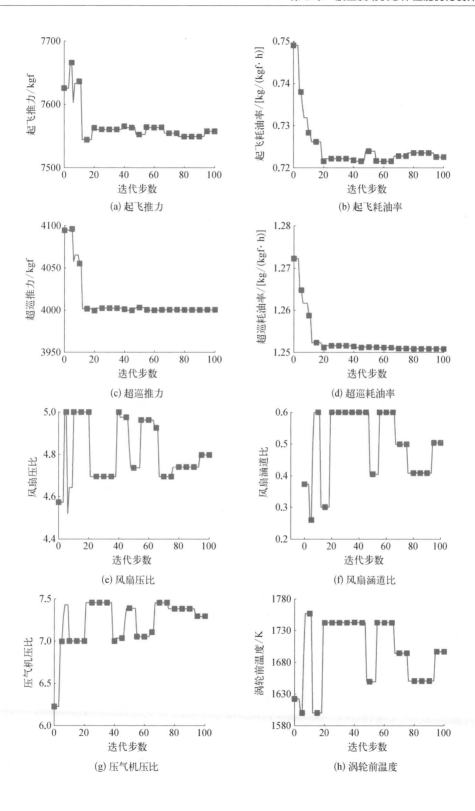

(a) 起飞推力

(b) 起飞耗油率

(c) 超巡推力

(d) 超巡耗油率

(e) 风扇压比

(f) 风扇涵道比

(g) 压气机压比

(h) 涡轮前温度

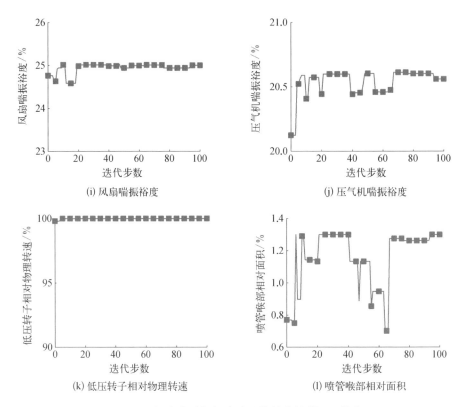

(i) 风扇喘振裕度　　　　　　　　　(j) 压气机喘振裕度

(k) 低压转子相对物理转速　　　　　　(l) 喷管喉部相对面积

图 8 – 9　涡扇发动机超声速巡航状态性能 DE 优化

结合图 8 – 8 和图 8 – 9 可以看出,发动机在巡航状态下的推力会随着优化迭代步数的增加而逐渐减小,但不会低于给定的约束边界,其他约束参数如压缩部件喘振裕度及转子转速也没有超出给定的约束边界,与此同时巡航耗油率也会随之降低。

在不同的巡航状态下,最终优化结果的特征有所不同,亚声速巡航优化结果中的风扇涵道比、喷管喉部截面相对面积都到达了其上边界,而涡轮前温度则到达了其下边界,这说明给定的亚声速巡航推力对于给定设计边界的混排涡扇发动机而言较易达到,而为了获得更高的耗油率,发动机会倾向于大涵道比设计,因此设计风扇涵道比到达了其上边界。而在超声速巡航优化结果中,为了获得更大的巡航推力,低压转子相对物理转速和喷管喉部截面面积都到达了其上边界。

和前文涡扇发动机非设计点优化问题相一致,在进行变循环发动机非设计点性能优化时,亦选择亚声速巡航耗油率最小为优化目标,其在亚声速巡航状态($H=$ 11 000 m,$Ma=0.8$)下优化约束如表 8 – 6 所示,在超声速巡航状态($H=11\ 000$ m,$Ma=1.6$)下优化约束如表 8 – 7 所示。

表 8-6　变循环发动机非设计点性能优化约束及其限制值(亚巡)

参 数 名	参 数 下 限	参 数 上 限
推力/kgf	1 500	
风扇喘振裕度/%	10	
CDFS 喘振裕度/%	10	
压气机喘振裕度/%	10	
高压转子相对物理转速/%		100
高压转子相对换算转速/%		100
低压转子相对物理转速/%		100
低压转子相对换算转速/%		100

表 8-7　变循环发动机非设计点性能优化约束及其限制值(超巡)

参 数 名	参 数 下 限	参 数 上 限
推力/kgf	4 000	
风扇喘振裕度/%	10	
CDFS 喘振裕度/%	10	
压气机喘振裕度/%	10	
高压转子相对物理转速/%		100
高压转子相对换算转速/%		100
低压转子相对物理转速/%		100
低压转子相对换算转速/%		100

在亚声速巡航性能优化时的优化变量及其取值范围如表 8-8 所示。

表 8-8　变循环发动机亚声速巡航性能优化变量及其取值范围

参 数 名	参 数 下 限	参 数 上 限
风扇压比	2	4
风扇涵道比	0.1	0.6

参 数 名	参 数 下 限	参 数 上 限
CDFS 压比	1.1	1.6
CDFS 涵道比	0.1	0.6
总压比	25	35
燃烧室出口总温/K	1 600	2 000
低压转子相对物理转速/%	70	100
CDFS 导流叶片角/(°)	−45	−30
压气机导流叶片角/(°)	−10	10
低压涡轮进口导向器相对面积/%	70	130
FVABI 内涵进口相对面积/%	−60	60
RVABI 外涵进口相对面积/%	−60	60
喷管喉部截面相对面积/%	0.7	1.3

在超声速巡航性能优化时的优化变量及其取值范围如表 8-9 所示。

表 8-9 变循环发动机超声速巡航性能优化变量及其取值范围

参 数 名	参 数 下 限	参 数 上 限
风扇压比	2	4
风扇涵道比	0.1	0.6
CDFS 压比	1.1	1.6
CDFS 涵道比	0.1	0.6
总压比	25	35
燃烧室出口总温/K	1 600	2 000
低压转子相对物理转速/%	70	100
CDFS 导流叶片角/(°)	−30	0
压气机导流叶片角/(°)	−10	10
低压涡轮进口导向器相对面积/%	70	130

续　表

参　数　名	参 数 下 限	参 数 上 限
RVABI 外涵进口相对面积/%	-60	60
喷管喉部截面相对面积/%	0.7	1.3

图 8-10 中给出了采用 DE 方法对变循环发动机亚声速巡航性能进行优化时,目标及约束性能参数和优化变量随优化迭代步数的变化趋势点线图。图 8-11 中给出了采用 DE 方法对变循环发动机超声速巡航性能进行优化时,目标及约束性能参数和优化变量随优化迭代步数的变化趋势点线图。其中,在亚声速巡航性能优化时 DE 方法的初始种群大小为 130,最大迭代步数为 100,每迭代一步会运行发动机非设计点性能模型 130 次,整个优化过程需要运行发动机非设计点性能仿真模型 13 130 次。在超声速巡航性能优化时 DE 方法的初始种群大小为 120,最大迭代步数为 100,每迭代一步会运行发动机非设计点性能仿真模型 120 次,整个优化过程需要运行发动机非设计点性能仿真模型 12 120 次。

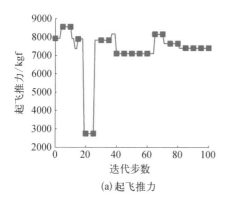

(a) 起飞推力

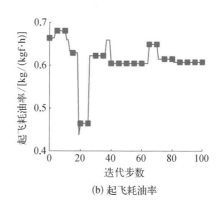

(b) 起飞耗油率

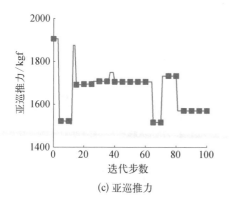

(c) 亚巡推力

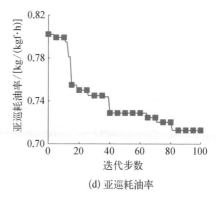

(d) 亚巡耗油率

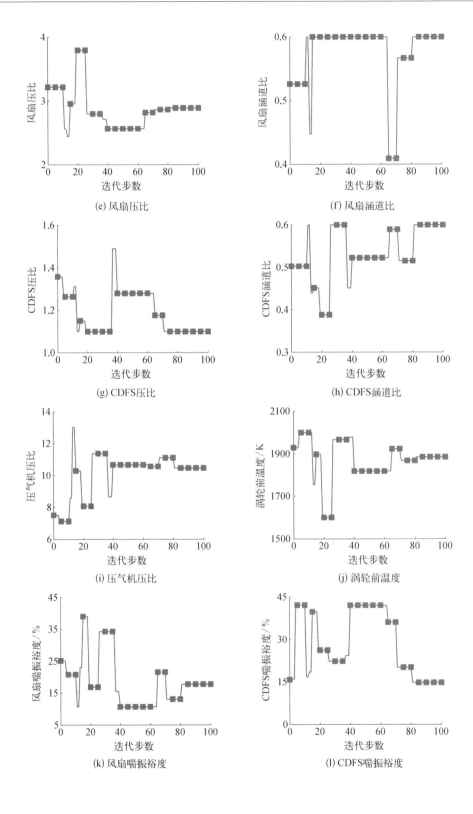

(e) 风扇压比

(f) 风扇涵道比

(g) CDFS压比

(h) CDFS涵道比

(i) 压气机压比

(j) 涡轮前温度

(k) 风扇喘振裕度

(l) CDFS喘振裕度

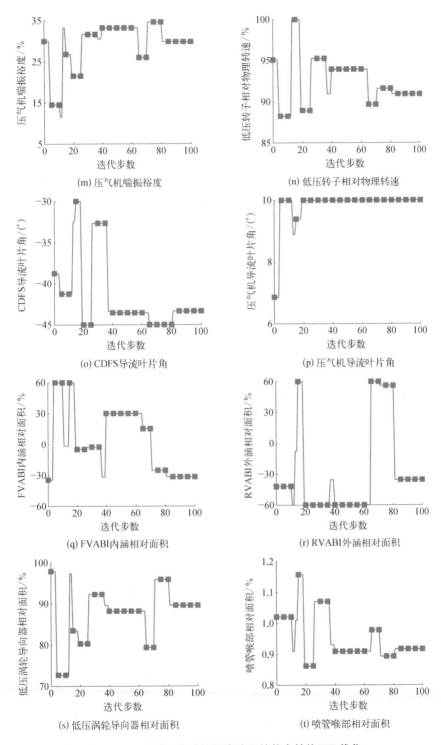

(m) 压气机喘振裕度

(n) 低压转子相对物理转速

(o) CDFS导流叶片角

(p) 压气机导流叶片角

(q) FVABI内涵相对面积

(r) RVABI外涵相对面积

(s) 低压涡轮导向器相对面积

(t) 喷管喉部相对面积

图 8-10　变循环发动机亚声速巡航状态性能 DE 优化

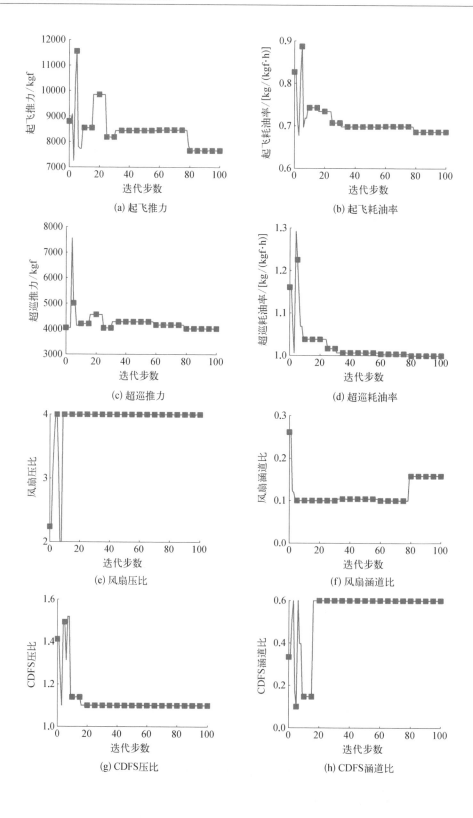

(a) 起飞推力

(b) 起飞耗油率

(c) 超巡推力

(d) 超巡耗油率

(e) 风扇压比

(f) 风扇涵道比

(g) CDFS压比

(h) CDFS涵道比

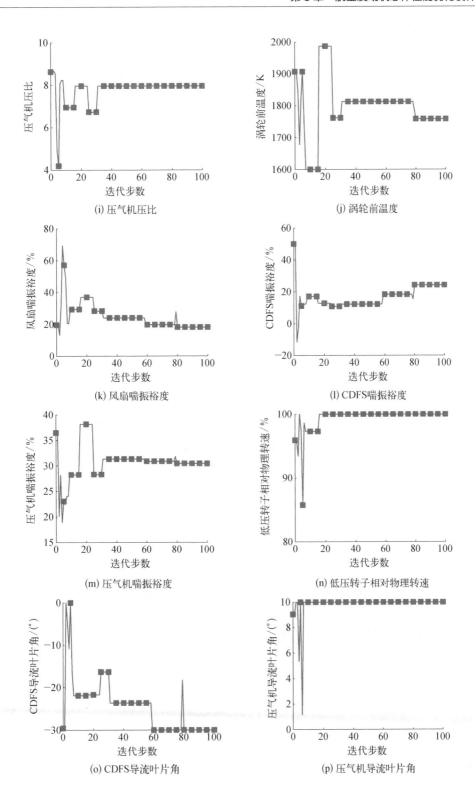

(i) 压气机压比

(j) 涡轮前温度

(k) 风扇喘振裕度

(l) CDFS喘振裕度

(m) 压气机喘振裕度

(n) 低压转子相对物理转速

(o) CDFS导流叶片角

(p) 压气机导流叶片角

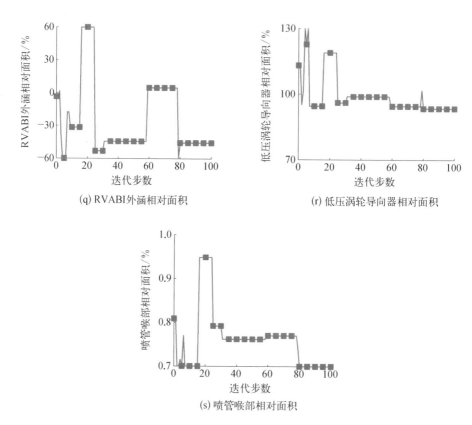

(q) RVABI外涵相对面积　　　　　　(r) 低压涡轮导向器相对面积

(s) 喷管喉部相对面积

图 8 - 11　变循环发动机超声速巡航状态性能 DE 优化

结合图 8 - 10 和图 8 - 11 可以看出,随着优化迭代步数的增加,发动机的巡航推力呈现减少的趋势,但不会低于给定的约束边界;其他约束参数(如压缩部件喘振裕度及转子转速)也没有超出给定的约束边界;巡航耗油率也呈现下降趋势。

8.4　航空发动机过渡态性能优化

8.4.1　过渡态性能优化模型

航空发动机过渡态性能优化模型如式(8 - 3)所示:

$$\min T = f(x)$$
$$\text{s. t.} \begin{cases} Y_{\max} \leqslant Y_{\text{up}} \\ Y_{\min} \geqslant Y_{\text{low}} \end{cases} \qquad (8-3)$$

式中,T 为航空发动机过渡态过程消耗的时间;x 为航空发动机过渡态控制规律;Y

为航空发动机过渡态过程性能参数。

　　在进行航空发动机过渡态控制规律优化时,首要目标是尽可能缩短过渡态过程所消耗的时间,因此发动机过渡态过程消耗的时间是优化模型的优化目标。而且还需要发动机的一些性能参数满足给定的约束条件,如涡轮前温度、压缩部件喘振裕度等。

8.4.2　过渡态性能优化范例

　　由于发动机过渡态性能仿真模型计算所需要的时间一般较长,因此不适合采用 DE 方法等启发式优化方法来求解该优化问题,因此采用 EGO 方法来求解发动机过渡态性能优化问题。图 8 - 12 给出了采用 EGO 方法对不带约束控制的涡扇发动机地面加速控制规律优化问题求解时所获得的优化结果。

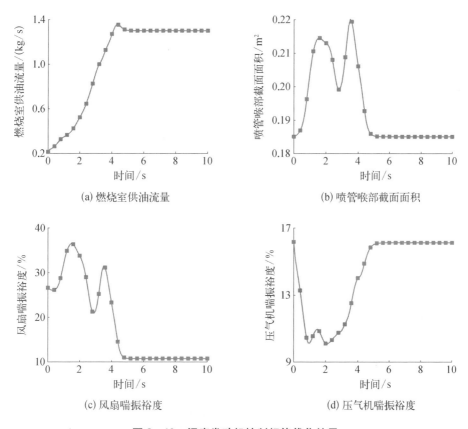

(a) 燃烧室供油流量　　　　　　　(b) 喷管喉部截面面积

(c) 风扇喘振裕度　　　　　　　(d) 压气机喘振裕度

图 8 - 12　涡扇发动机控制规律优化结果

　　从图 8 - 12 中可以看出,在优化后的控制规律控制下,风扇和压气机喘振裕度在整个过渡态期间没有超出给定的约束边界,然而存在波动现象,这说明控制规律没有充分挖掘发动机的加速潜力。可见,对于涡扇发动机过渡态控制规律优化问题而言,尽管其约束个数较少,采用式(8-3)的简单约束控制的优化模型时,未能获得较好的计算结果。这是因为对控制规律及调节量的变化率未进行对应的控制。

图8-13给出了采用EGO方法对带约束控制的变循环发动机地面加速控制规律优化问题求解时所获得的优化结果。

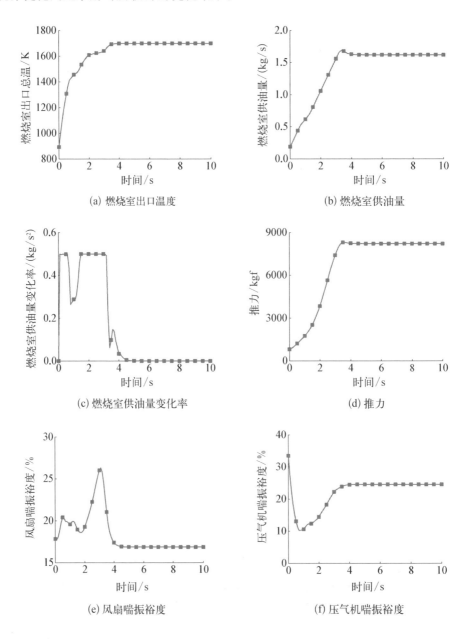

(a) 燃烧室出口温度

(b) 燃烧室供油量

(c) 燃烧室供油量变化率

(d) 推力

(e) 风扇喘振裕度

(f) 压气机喘振裕度

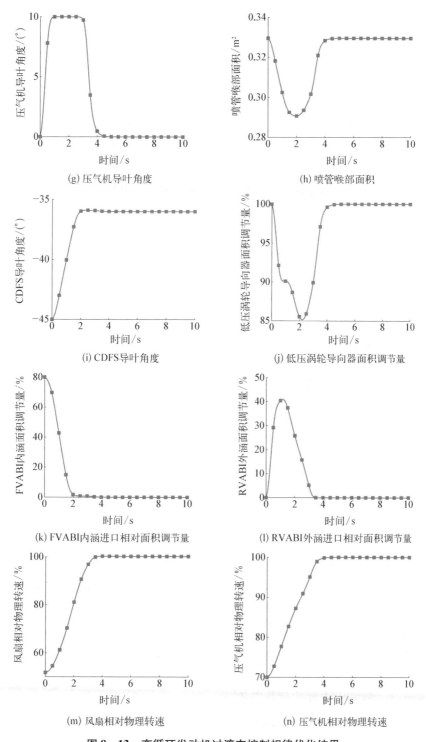

图 8 - 13 变循环发动机过渡态控制规律优化结果

从图 8-13 中可以看出,和涡扇发动机过渡态性能优化类似,在优化后的控制规律控制下,风扇和压气机喘振裕度在整个过渡态期间没有超出给定的约束边界,但是存在波动现象,这是因为均采用了式(8-3)所描述的简单优化模型。后续可通过增加各控制量及调节量的变化关系及变化率约束,设计更为精细的过渡态性能优化模型,以获取更加合理的过渡态控制规律。无论是对涡扇发动机还是变循环发动机过渡态性能优化,仅从优化算法角度来看,EGO 方法还是表现出很好的算法性能。

8.5 航空发动机多工作点性能优化

8.5.1 多工作点性能优化模型

随着航空发动机设计水平的提升,研究人员愈发关注发动机在多个典型工况点上的性能。除了设计状态以外,往往还会关注发动机在典型巡航状态点的经济性和大工况状态点的推力。而发动机的设计参数不仅会影响发动机的设计状态性能,还会影响发动机在非设计状态下的性能。因此需要以发动机在不同工作点的性能需求为优化目标,将发动机的设计参数和控制规律作为优化变量,构建多目标优化问题,通过求解该多目标优化问题以得到可以兼顾多个工作点性能需求的最优设计点集合及与之对应的控制规律。

因此,发动机多工作点性能优化问题是一个多目标优化问题,可以用下式表示:

$$
\begin{cases}
\max F_{\text{takeoff}} \\
\min sfc_{\text{cruise}}
\end{cases}
$$

$$
\text{s. t. } \begin{cases}
F_{\text{cruise}} = F_{\text{cruise, limit}} \\
P_{\text{low}} \leqslant P \leqslant P_{\text{up}} \\
X_{\text{low}} \leqslant X \leqslant X_{\text{up}}
\end{cases} \tag{8-4}
$$

式中, F_{takeoff} 为发动机在地面起飞状态下的推力; sfc_{cruise} 为发动机在巡航状态下的耗油率; F_{cruise} 为发动机在巡航状态下的推力; P 为发动机的部分性能参数,如压缩部件喘振裕度和关键截面马赫数等,属于约束参数; X 为发动机的设计参数及在非设计状态下的控制规律,属于优化变量。

8.5.2 多工作点性能优化范例

由于发动机多工作点性能优化问题属于稳态性能优化问题,发动机稳态性能仿真模型计算所需要的时间较短,因此采用 DE 方法对多工作点性能优化问题进行求解。在此分别针对涡扇发动机和变循环发动机在起飞、亚声速续航、超声速巡航三个工作点上的性能进行优化,其中优化目标分别为起飞推力最大、巡航耗油率最低,优化变量和优化约束的取值范围如表 8－10 至表 8－13 所示。

表 8－10　涡扇发动机多工作点性能优化变量及其取值范围

参 数 名	参 数 下 限	参 数 上 限
风扇压比	2	5
风扇涵道比	0.1	0.6
总压比	25	35
燃烧室出口总温/K	1 600	2 000
低压转子相对物理转速/%	70	100
喷管喉部截面相对面积	0.7	1.3

表 8－11　涡扇发动机多工作点性能优化约束及其取值范围

参 数 名	参 数 下 限	参 数 上 限
亚声速巡航推力/kgf	1 500	
超声速巡航推力/kgf	4 000	
风扇喘振裕度/%	10	
压气机喘振裕度/%	10	
高压转子相对物理转速/%		100
高压转子相对换算转速/%		100
低压转子相对换算转速/%		100

表 8－12　变循环发动机多工作点性能优化变量及其取值范围

参 数 名	参 数 下 限	参 数 上 限
风扇压比	2	4
风扇涵道比	0.1	0.6
CDFS 压比	1.1	1.6

参　数　名	参　数　下　限	参　数　上　限
CDFS 涵道比	0.1	0.6
总压比	25	35
燃烧室出口总温/K	1 600	2 000
低压转子相对物理转速/%	70	100
CDFS 导流叶片角/(°)	−45	−30
压气机导流叶片角/(°)	−10	10
低压涡轮进口导向器相对面积/%	70	130
FVABI 内涵进口相对面积/%	−60	60
RVABI 外涵进口相对面积/%	−60	60
喷管喉部截面相对面积/%	0.7	1.3

表 8‒13　变循环发动机多工作点性能优化约束及其取值范围

参　数　名	参　数　下　限	参　数　上　限
亚声速巡航推力/kgf	1 500	
超声速巡航推力/kgf	4 000	
风扇喘振裕度/%	10	
CDFS 喘振裕度/%		
压气机喘振裕度/%	10	
高压转子相对物理转速/%		100
高压转子相对换算转速/%		100
低压转子相对换算转速/%		100

图 8‒14 和图 8‒15 中给出了采用 DE 方法对涡扇发动机和变循环发动机多工作点性能优化问题进行求解释获得的最终优化结果。

结合图 8‒14 和图 8‒15 可以看出，随着发动机起飞推力的逐渐增大，发动机在亚声速和超声速状态下的耗油率也随之升高，这体现了发动机大推力和低油耗之间的矛盾。另外，与涡扇发动机多工作点性能优化结果相比，变循环发动机多工

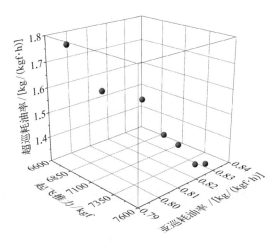

图 8-14　涡扇发动机多工作点性能优化结果

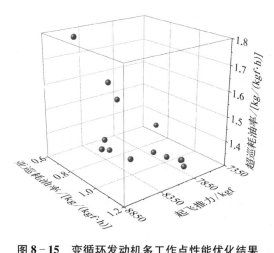

图 8-15　变循环发动机多工作点性能优化结果

作点性能优化结果的最优结果分布不均匀,这是因为变循环发动机的部件数量和可调几何部件数量更多,建立的多工作点性能优化问题的优化变量数量和约束数量也更多,而且由于各部件之间的耦合关系更加复杂,导致优化目标函数最优边界的不规则度和不连续度更高,使得获取的优化结果走势呈现不规则变化。

参考文献

常彦鑫,高正红,2009.自适应差分进化算法在气动优化设计中的应用[J].航空学报,30(9):1590-1596.

陈玉春,贾琳渊,任成,等,2017.变循环发动机稳态控制规律设计的新方法[J].推进技术,38(10):2262-2270.

陈玉春,刘振德,袁宁,等,2008.一种涡轮发动机加速控制规律设计的新方法[J].航空学报,29(2):327-332.

陈玉春,王朝蓬,黄兴鲁,等,2010.功率提取法在涡喷发动机起动特性模拟及控制规律设计中的应用[J].航空动力学报,25(6):1277-1283.

陈玉春,徐思远,刘振德,等,2009.涡扇发动机加减速控制规律设计的功率提取法[J].航空动力学报,24(4):867-874.

池元成,方杰,饶大林,等,2010.自适应中心变异差分进化算法及其在涡轮叶型优化设计中的应用[J].航空动力学报,25(8):1849-1854.

戴朝华,2009.搜寻者优化算法及其应用研究[D].成都:西南交通大学.

丁凯锋,樊思齐,1999.变几何涡扇发动机加速控制规律优化设计[J].推进技术,20(2):17-20.

窦建平,黄金泉,周文祥,2005.基于 UML 的航空发动机仿真建模研究[J].航空动力学报,4:684-688.

窦毅芳,刘飞,张为华,2007.响应面建模方法的比较分析[J].工程设计学报,14(5):359-363.

公茂果,焦李成,杨咚咚,等,2009.进化多目标优化算法研究[J].软件学报,2:271-289.

郭腊梅,樊丁,戚学锋,2004.涡轴发动机最优加速控制研究[J].西北工业大学学报,22(2):137-139.

韩佳,苏桂英,张跃学,2017.基于近似模型的变循环发动机稳态性能分析及优化[J].燃气涡轮试验与研究,30(3):16-20.

韩流,刘振侠,吕亚国,等,2009.基于虚拟现实技术的航空涡扇发动机仿真系统[J].计算机仿真,12:57-61.

韩文俊,李家瑞,王军,等,2015.基于实时模型的涡扇发动机加速供油规律设计方法[J].航空发动机,41(2):1-5.

韩文俊,唐兰,王晨,等,2020.基于遗传算法的涡扇发动机稳态调节规律优化设计[J].航空发动机,45(1):17-21.

韩永志,高行山,李立州,等,2007.基于 Kriging 模型的涡轮叶片多学科设计优化[J].航空动力学报,7:1055-1059.

郝旺,王占学,张晓博,等,2022.变循环发动机模态转换建模及控制规律设计方法研究[J].推进技术,43(1):78-87.

何黎明,樊丁,2001.利用 SQP 控制涡扇发动机加速过程的多目标最优化研究[J].航空动力学报,16(2):179-181.

黄晨,徐蒙,刘智远,等,2019.基于 NSGA II 算法分布度改进的 ATREX 发动机性能优化方法研究[J].推进技术,40(11):2420-2427.

黄涛,王延奎,邓学鎣,2006.尾翼对民机后体流动特性的影响[J].北京航空航天大学学报,32(6):645-648.

贾琳渊,2017.变循环发动机控制规律设计方法研究[D].西安:西北工业大学.

贾琳渊,陈玉春,程荣辉,等,2020.变循环发动机过渡态性能直接模拟方法[J].航空学报,41(12):123901.

贾琳渊,陈玉春,赵强,2012.涡轴发动机闭环过渡态控制规律设计[J].航空科学技术(1):70-73.

姜正行,1989.飞机内流空气动力学[M].北京:航空工业出版社.

琚春光,刘宇,韩非,2005.塞式喷管性能损失分析[J].北京航空航天大学学报,31(11):1222-1225.

乐川,徐大军,蔡国彪,2010.超声速溢流条件下二元超声速进气道附加阻力计算[J].航空动力学报,25(11):2431-2436.

李立君,尹泽勇,乔渭阳,2006.基于多目标遗传算法的航空发动机总体性能优化设计[J].航空动力学报,21(1):13-18.

李响,李为吉,2003.基于序列响应面方法的协同优化算法[J].西北工业大学学报,1:79-82.

李岩,聂聆聪,牟春晖,等,2021.自适应循环发动机性能智能在线寻优算法研究[J].推进技术,42(8):1717-1724.

李勇,韩非非,张昕喆,等,2020.基于遗传算法-序列二次规划的涡扇发动机最低油耗性能寻优控制[J].推进技术,41(7):1638-1648.

廉筱纯,吴虎,2005.航空发动机原理[M].西安:西北工业大学出版社.

梁艳春,2009.群智能优化算法理论与应用[M].北京:科学出版社.

梁煜,程小全,郦正能,等,2010.基于代理模型的气动外形平面参数多目标匹配设计[J].航空学报,6：1141-1148.

刘金辉,乔志德,杨旭东,等,2006.基于响应面法的机翼气动/结构一体化优化设计研究[J].空气动力学学报,3：300-306.

刘楠,黄金泉,2013.应用改进粒子群算法的涡轴发动机性能寻优[J].南京航空航天大学学报,45(3)：303-308.

刘晓路,陈英武,荆显荣,等,2011.优化拉丁方试验设计方法及其应用[J].国防科技大学学报,5：73-77.

刘新亮,郭波,2009.适用于复杂系统仿真试验的试验设计方法[J].国防科技大学学报,6：95-99.

刘旭东,郭迎清,2006.基于遗传算法的涡扇发动机最大状态性能寻优[J].航空计算技术,36(6)：54-58.

栾丽君,谭立静,牛奔,2007.一种基于粒子群优化算法和差分进化算法的新型混合全局优化算法[J].信息与控制,6：708-714.

马松,谭建国,王光豪,等,2018.基于飞发一体化的自适应循环发动机参数优化研究[J].推进技术,39(8)：1703-1711.

聂恰耶夫 IO H,1999.航空动力装置控制规律与特性[M].单凤桐,译.北京：国防工业出版社：153-159.

聂友伟,李秋红,王元,等,2017.基于 SQCQP 算法的变循环发动机性能寻优控制[J].北京航空航天大学学报,43(12)：2564-2572.

戚学锋,樊丁,2005.改进 FSQP 算法的涡扇发动机多变量非线性控制[J].推进技术,26(1)：58-67.

戚学锋,樊丁,陈耀楚,2004a.用多目标 FSQP 算法实现涡扇发动机多变量非线性控制[J].西北工业大学学报,22(5)：644-648.

戚学锋,樊丁,陈耀楚,等,2004b.基于 FSQP 算法的涡扇发动机多变量最优加速控制[J].推进技术,25(3)：233-236.

任志彬,孟光,李防战,等,2005.基于 Modelica 和 Dymola 的航空发动机建模与性能仿真[J].燃气涡轮试验与研究,4：44-48.

施洋,2017.民用大涵道比涡扇发动机全状态性能模型研究[D].西安：西北工业大学.

时瑞军,樊思齐,2003.基于遗传算法的涡扇发动机多变量加速寻优控制[J].推进技术,24(4)：357-360.

宋文艳,黎明,蔡元虎,2004.变几何压气机特性仿真[J].航空发动机,30(3)：31-35.

宋文艳,孟乒乒,柴政,2018.基于飞机/发动机性能一体化的发动机控制规律优化设计方法研究[J].推进技术,39(12):2660-2669.

宋延清,赵康,张强,2012.涡扇发动机最优加速控制规律[J].计算机仿真,29(3):162-166.

随阳,叶志锋,薛益春,2013.基于遗传算法的变循环发动机稳态性能优化[J].航天控制,31(6):17-21,49.

谭荣福,彭炜明,张钧天,等,2016.基于遗传算法的LQG/LTR航空发动机性能优化[J].计算技术与自动化,35(4):33-38.

唐海龙,2000.面向对象的航空发动机性能仿真系统及其应用[D].北京:北京航空航天大学.

王晓锋,席光,王尚锦,2005.Kriging与响应面方法在气动优化设计中的应用[J].工程热物理学报,3:423-425.

王晓青,2009.协同优化方法与并行子空间方法的评估与比较[J].中国科学E辑:技术科学,39(3):509-515.

王新月,胡春波,张堃元,2006.气体动力学基础[M].西安:西北工业大学出版社.

吴亮红,王耀南,袁小芳,等,2006.自适应二次变异差分进化算法[J].控制与决策,8:898-902.

夏飞,黄金泉,周文祥,2007.基于MATLAB/SIMULINK的航空发动机建模与仿真研究[J].航空动力学报,12:2134-2138.

夏露,王丹,2013.基于Kriging自适应代理模型的气动优化方法[J].航空计算技术,43(1):13-17.

肖国树,2001.航空发动机设计手册第5册[M].北京:航空工业出版社.

熊俊涛,乔志德,韩忠华,2006.基于响应面法的跨声速机翼气动优化设计[J].航空学报,3:399-402.

徐鲁兵,潘宏亮,周鹏,2007.基于面向对象技术的航空发动机性能仿真框架设计[J].测控技术,4:83-86.

许小健,黄小平,钱德玲,2008.自适应加速差分进化算法[J].复杂系统与复杂性科学,1:87-92.

闫成,尹泽勇,郭福水,等,2017.基于MDO策略的民用航空发动机概念设计研究[J].航空动力学报,32(8):1911-1921.

杨启文,蔡亮,薛云灿,2008.差分进化算法综述[J].模式识别与人工智能,4:506-513.

姚峰,杨卫东,张明,等,2010.改进自适应变空间差分进化算法[J].控制理论与应用,1:32-38.

袁化成,梁德旺,2006.抽吸对高超声速进气道起动能力的影响[J].推进技术,

(27)6：525-528.

张光澄,2005.非线性最优化计算方法[M].北京：高等教育出版社.

张科施,李为吉,2008.改进的并行子空间优化算法及其在飞机概念设计中的应用[J].西北工业大学学报,26(1)：110-115.

张可村,李换琴,2007.工程优化方法及其应用[M].西安：西安交通大学出版社.

张梅凤,邵诚,甘勇,等,2006.基于变异算子与模拟退火混合的人工鱼群优化算法[J].电子学报,8：1381-1385.

张勇,巩敦卫,张婉秋,2009.一种基于单纯形法的改进微粒群优化算法及其收敛性分析[J].自动化学报,3：289-298.

赵鹤书,潘杰元,钱冀稷,1989.飞机进气道气动原理[M].北京：国防工业出版社.

赵琳,樊丁,2010.基于 SQP 的航空发动机加速规律优化方法[J].推进技术,31(2)：216-218.

赵勇,许林,陈小前,等,2006.基于 MDO 方法的卫星集成设计系统分析与实现[J].国防科技大学学报,28(4)：1-5.

周红,2016.变循环发动机特性分析及其与飞机一体化设计研究[D].西安：西北工业大学.

周建华,董金钟,黄熙君,等,2002.超声速进气道在亚临界条件下的附加阻力的计算[J].航空发动机,3：42-46.

朱玉斌,樊思奇,李华聪,等,2006.航空发动机性能寻优控制混合优化算法[J].航空动力学报,21(2)：421-426.

Acar E, Rais-Rohani M, 2009. Ensemble of Metamodels with Optimized Weight Factors[J]. Structural and Multidisciplinary Optimization, 42：439-896.

Alexander I J F, Andras S, Andy J K, 2008. Engineering Design via Surrogate Modelling：A Practical Guide[M]. University of Southampton：John Wiley and Sons Limited.

Alexiou A, Tsalavoutas T, 2011. Introduction to Gas Turbine Modelling with PROOSIS[M]. Madrid：Empresarios Agrupadas Internacional.

Antonio A G P, 2001. Modeling of a Gas Turbine with Modelica[D]. Lund：Lund University.

Behning F P, Schum H J, Szanca E M, 1974. Cold-Air Investigation of a Turbine for High-Temperature-Engine Application Ⅴ-Two-Stage Turbine Performance as Affected by Variable Stator Area[R]. NASA-TN-D-7571.

Benini E, Toffolo A, 2002. Axial-Flow Compressor Model Based on a Cascade

Stacking Technique and Neural Networks[R]. ASME - GT2002 - 30443.

Berton J J, Guynn M D, 2010. Multi-objective Optimization of Turbofan Design Parameters for an Advanced, Single-Aisle Transport[C]. Texas: 10th AIAA Aviation Technology, Integration, and Operations Conference.

Boeing C, Seattle W, 1977. A Method to Estimate Weight and Dimensions of Aircraft Gas Turbine Engines. NASA - CR - 135170.

Buettner R W, 2017. Dynamic Modelling and Simulation of a Variable Cycle Turbofan Engine Controls[D]. Ohio: Wright State University.

Buhmann M D, 2003. Radial Basis Functions: Theory and Implementations[M]. Cambridge: Cambridge University Press.

Busbey B C, Crall D W, 1999. Blade Assembly with Splitter Shroud: US 5988980 [P]. 1991 - 11 - 23.

Carlson R E, Foley T A, 1992. Interpolation of Track Data with Radial Basis Methods[J]. Computers and Mathematics with Applications, 24: 27 - 34.

Cline S J, Fesler W, Liu H S, et al., 1983. Energy Efficient Engine: High Pressure Compressor Component Performance Report[R]. NASA - CR - 168245.

Converse G L, 1984a. Extended Parametric Representation of Compressors Fans and Turbines Vol. 1 - CMGEN User's Manual[R]. NASA - CR - 174645.

Converse G L, 1984b. Extended Parametric Representation of Compressors Fans and Turbines Vol. 2 - PART User's Manual[R]. NASA - CR - 174646.

Daniele C J, Krosel S M, Szuch J R, et al., 1983. Westerkamp, Digital Computer Program for Generating Dynamic Turbofan Engine Models[R]. NASA - TM - 83446.

Fasshauer G E, 2007. Meshfree Approximation Methods with MATLAB[M]. Singapore: World Scientific Publishers.

Fishbach L H, Caddy M J, 1975. NNEP - The Navy NASA Engine Program[R]. NASA TM - X - 71857.

Fishbach L H, Gordon S, 1988. NNEPEQ - Chemical Equilibrium Version of the Navy/NASA Engine Program[R]. NASA TM - 100851.

Fishbach L H, Koenig R W, 1973. GENENG II - A Program for Calculating Design and Off-design Performance of Two- and Three-spool Turbofans with as many as Three Nozzles[R]. NASA TN D - 6553.

Foley T A, 1994. Near Optimal Parameter Selection for Multiquadric Interpolation [J]. Journal of Application Science Computation, 1: 54 - 60.

Ford S T, 2014. Aerothemodynamic Cycle Design and Optimization Method for

Aircraft Engines[D]. Georgia: Georgia Institute of Technology.

Fornberg B, Wright G, 2004. Stable Computation of Multiquadric Interpolants for all Values of the Shape Parameter[J]. Computers and Mathematics with Applications, 48(5-6): 853-867.

Franke R, 1982. Scattered Data Interpolation: Tests of Some Method [J]. Mathematics of Computation, 38(157): 181-200.

Gamperle R, Dmuller S, Koumoutsakos P, 2002. A Parameter Study for Differential Evolution[C]. International Conference on Advances in Intelligent Systems, Fuzzy Systems, Evolutionary Computation: 293-298.

Ghenaiet A, 2008. Analyses and Optimization of a Propulsion Cycle for Unmixed High Bypass Turbofan[C]. Berlin: Proceeding of ASME Turbo Expo 2008.

Ghenaiet A, 2010. Optimization of Turbofan Propulsion Cycle Using a Genetic Algorithm[C]. Glasgow: Proceeding of ASME Turbo Expo 2010.

Goel T, Haftka R T, Shyy W, et al., 2007. Ensemble of Surrogates [J]. Structural and Multidisciplinary Optimization, 33: 199-216.

Gordon S, 1991. The Navy/NASA Engine Program: Interfacing the Program for the Calculation of Complex Chemical Equilibrium Compositions[R]. NASA-CR-187208.

Gronstedt U T J, Pilidis P, 2002. Control Optimization of the Transient Performance of the Selective Bleed Variable Cycle Engine During Mode Transition[J]. Journal of Engineering for Gas Turbines and Power, 124(1): 75-81.

Hardy R L, 1971. Multiquadric Equations of Topography and Other Irregular Surfaces[J]. Journal of Geophysical Research, 76: 1905-1915.

Hirai K, Kodama H, Miyagi H, et al., 1996. Analysis of Flow in the Front-Mixing Region of Hypersonic Combined-Cycle Engine[R]. AIAA-96-0379.

Holloway P R, Knight G L, Koch C C, et al., 1982. Energy Efficient Engine: High Pressure Compressor Detail Design Report[R]. NASA-CR-165558.

Howell A R, Bonham R P, 1950. Overall and Stage Characteristics of Axial-Flow Compressors[J]. Proceedings of the Institute of Mechanical Engineers, 163(1950): 235-248.

Howell A R, Calvert W J, 1978. A New Stage Stacking Technique for Axial-Flow Compressor Performance Prediction[R]. ASME-78-GT-139.

Huang X, Wang R, Zhao X, et al., 2017. Aero-engine Performance Optimization Based on Whale Optimization Algorithm[C]. Dalian: Proceedings of the 36th Chinese Control Conference.

Jafari S, Nikolaidis T, 2019. Meta-heuristic Global Optimization Algorithms for Aircraft Engines Modelling and Controller Design: A Review, Research Challenges, and Exploring the Future[J]. Progress in Aerospace Sciences, 104: 40-53.

James D G, Rula M C, Surya N P, et al., 1996. Cometboards Users Manual Release 1.0, NASA TM-4537[R]. Washington: NASA.

Jia L, Chen Y, Cheng R, 2021. Designing Method of Acceleration and Deceleration Control Schedule for Variable Cycle Engine[J]. Chinese Journal of Aeronautics, 34 (5): 27-38.

John K L, 1999. The Numerical Propulsion System Simulation: A Multidisciplinary Design System for Aerospace Vehicles. NASA TM-1999-209194.

John K L, 2000. The Numerical Propulsion System Simulation: An Overview[R]. NASA TM-2000-209951.

Justin S G, 2019. Multipoint Variable Cycle Engine Design Using Gradient-based Optimization[C]. California: AIAA SciTech 2019 Forum.

Kim S, Kim D, Kim K, et al., 2015a. New Profile Loss Model for Improved Prediction of Transonic Axial Flow Compressor Performance in Choking Region[R]. ASME-GT2015-42797.

Kim S, Kim D, Son C, et al., 2015b. A Full Engine Cycle Analysis of a Turbofan Engine for Optimum Scheduling of Variable Guide Vanes[J]. Aerospace Science and Technology, 47(2015): 21-30.

Koch C C, Smith L H, 1976. Loss Sources and Magnitudes in Axial-Flow Compressors[J]. Journal of Engineering for Power, 98(3): 411-424.

Koenig R W, Fishbach L H, 1972. GENENG - A program for Calculating Design and Off-design Performance for Turbojet and Turbofan Engines[R]. NASA TN D-6552.

Kowalski E J, Atkins R A, 1979a. A Computer Code for Estimating Installed Performance of Aircraft Gas Turbine Engines: Vol I - Final Report[R]. NASA-CR-159691.

Kowalski E J, Atkins R A, 1979b. A Computer Code for Estimating Installed Performance of Aircraft Gas Turbine Engines: Vol III - Library of Inlet/Nozzle Configurations and Performance Maps[R]. NASA-CR-159693.

Kowalski E J, Atkins R A, 1979c. A Computer Code for Estimating Installed Performance of Aircraft Gas Turbine Engines: Vol II - Users Manual[R]. NASA-CR-159692.

Kurzke J, 1996. How to Get Component Maps for Aircraft Gas Turbine

Performance Calculations[R]. ASME – 96 – GT – 164.

Kurzke J, 2005. GasTurb 10 User's Manual[M]. Aachen: GasTurb GmbH.

Kurzke J, 2017. GasTurb 13: Design and Off-Design Performance of Gas Turbines [M]. Aachen: GasTurb GmbH.

Kurzke J, Haliliwell I, 2018. Propulsion and Power: An Exploration of Gas Turbine Performance Modeling[M]. New York: Springer.

Lander J A, Nash D O, 1975. Augmented Deflector Exhaust Nozzle (ADEN) Design for Future Fighters[C]. AIAA – 75 – 1318.

Leyffer S, 2001. Integrating SQP and Branch and Bound for Mixed Integer Nonlinear Programming[J]. Computational Optimization and Applications, 18: 295 – 309.

Liu H, Xu S, Wang X, 2016. Optimal Weighted Pointwise Ensemble of Radial Basis Functions with Different Basis Functions[J]. AIAA Journal, 54: 3117 – 3133.

Liu Y, Jafari S, Nikolaidis T, 2021a. Advanced Optimization of Gas Turbine Aero-Engine Transient Performance Using Linkage-learning Genetic Algorithm: Part I, Building Blocks Detection and Optimization in Runway [J]. Chinese Journal of Aeronautics, 34(4): 526 – 539.

Liu Y, Jafari S, Nikolaidis T, 2021b. Advanced Optimization of Gas Turbine Aero-engine Transient Performance Using Linkage-learning Genetic Algorithm: Part II, Optimization in Flight Mission and Controller Gains Correlation Development [J]. Chinese Journal of Aeronautics, 34(4): 568 – 588.

MacLallin K L, Kofskey M G, Wong R Y, 1982. Cold-Air Performance of a 15.41-cm-Tip-Diameter Axial-Flow Power Turbine with Variable-Area Stator Designed for a 75-kW Automotive Gas Turbine Engine[R]. NASA – TM – 82644.

Mattingly J D, Heiser W H, Pratt D T, 2002. Aircraft Engine Design[M]. 2nd ed. Virginia: AIAA.

McKinney J S, 1967a. Simulation of Turbofan Engine Part I Description of Method and Balancing Technique[R]. AD – 825197.

McKinney J S, 1967b. Simulation of Turbofan Engine Part II User's Manual and Computer Program Listing[R]. AD – 825198.

Michael T T, Bret A N, 2008. An Object-Oriented Computer Code for Aircraft Engine Weight Estimation[R]. NASA/TM – 2009 – 215656, GT2008 – 50062.

Montazeri-Gh M, Jafari S, 2011. Evolutionary Optimization for Gain Tuning of Jet Engine Min-Max Fuel Controller[J]. Journal of Propulsion and Power, 27(5): 1015 – 1023.

Montazeri-Gh M, Jafari S, Ilkhani M R, 2012. Application of Particle Swarm Optimization in Gas Turbine Engine Fuel Controller Gain Tuning[J]. Engineering Optimization, 44(2): 225 – 240.

Muir D E, Saravanamuttoo H I H, Marshall D J, 1989. Health Monitoring of Variable Geometry Gas Turbines for the Canadian Navy[J]. Journal of Engineering for Gas Turbines and Power, 111(2): 244 – 250.

NLR, 2004. GSP 10 User Manual, Version 10.0.0.7[M]. Amsterdam: National Aerospace Laboratory.

Norton R J G, 1987. Prediction of the Installed Performance of 2D Exhaust Nozzles[C]. AIAA – 87 – 0245.

Osmon R V, 1968. Improved Methods of Spillage Drag Prediction for Two-Dimensional Supersonic Inlets[C]. AIAA – 67 – 449.

Palmer J R, Gu Y G, 1985a. TURBOTEST — A Computer Program for Rig Test Arbitrary Gas Turbine Engine[M]. V.2.27 – 36.

Palmer J R, Yan C Z, 1985b. TURBOTRANS — A Programming Language for the Performance Simulation of Arbitrary Gas Turbine Engines with Arbitrary Control Systems[M]. V.2.19 – 29.

Patnaik S N, Guptill J D, Hopkins D A, et al., 2001. Optimization for Aircraft Engines with Regression and Neural-network Analysis Approximators[J]. Journal of Propulsion and Power, 17(1): 85 – 92.

Peace A J, 1989. Turbulent Flow Predictions for Afterbody/Nozzle Geometries Including Base Effects[C]. AIAA – 89 – 1865.

Perkins S C, Dillenius M F E, 1991. Estimation of Additive Forces and Moments for Supersonic Inlets[C]. AIAA – 91 – 0712.

Plencner R M, Snyder C A, 1991. The Navy/NASA Engine Program – A user's Manual[R]. NASA TM – 105186.

Price K, 1997. Differential Evolution Vs. the Functions of the 2nd ICEO[C]. Proceeding of IEEE International Conference on Evolutionary Computation. Indianapolis: IEEE.

Reed J A, Afjeh A A, 1998. An Object-Oriented Framework for Distributed Computational Simulation of Aerospace Propulsion Systems[R]. Proceedings of the 4th USENIX Conference on COOTS.

Rippa S, 1999. An Algorithm for Selecting a Good Value for the Parameter Cin Radial Basis Function Interpolation[J]. Advances in Computational Mathematics, 11 (2): 193 – 210.

Robert M P, 1989. Plotting Component Maps in the Navy/NASA Engine Program - A Method and Its Usage[R]. NASA TM - 101433.

Robert M P, Christopher A S, 1991. The Navy/NASA Engine Program - A User's Manual[R]. NASA TM - 105186.

Ronald J S, 2009. Design and Control of a Variable Geometry Turbofan with an Independently Modulated Stream[D]. Ohio: The Ohio State University.

Roy-Aikins J E A, 1988. A Study of Variable Geometry in Advanced Gas Turbines [D]. Cranfield: Cranfield University.

Rubio G, Matesanz A, 2001. Plume-On Base Drag Prediction Including Three-Dimensional and Real-Gas Effects[J]. Journal of Spacecraft and Rockets, 38(2): 136 - 142.

Savic S M, Micheli M A, Bauer A C, 2005. Redesign of a Multistgae Axial Compressor for a Heavy Duty Industrial Gas Turbine (GT11NMC)[R]. ASME - GT2005 - 68315.

Schum H J, Moffitt T P, Behning F P, 1968. Effect of Variable Stator Area on Performance of a Single-Stage Turbine Suitable for Air Cooling Ⅵ - Turbine Performance with 70-Percent Design Stator Area[R]. NASA - TM - X - 1697.

Sehonlau M, 1997. Computer Experiments and Global Optimization [D]. Waterloo: The University of Waterloo.

Sellar R S, 1997. Multidisciplinary Design Using Artificial Neural Networks for Discipline Coordination and System Optimization[D]. Indiana: University of Notre Dame.

Sellar R S, Batill S M, Renaud J E, 1996. Response Surface Based Concurrent Subspace Optimization for Multidisciplinary System Design[R]. AIAA - 96 - 0714, Nevada: AIAA.

Sellers J F, Daniele C J, 1975. DYNGEN - A Program for Calculating Steady-State and Transient Performance of Turbojet and Turbofan Engines[R]. NASA TN D - 7901.

Song T W, Kim T S, Kim J H, et al., 2001. Performance Prediction of Axial Flow Compressors Using Stage Characteristics and Simultaneous Calculation of Interstage Parameters[J]. Proceedings of the Institute of Mechanical Engineers Part A, 215(1): 89 - 98.

Spina P R, 2002. Gas Turbine Performance Prediction by Using Generalized Performance Curves of Compressor and Turbine Stages[R]. ASME - GT - 2002 - 30275.

Sriram K R, Dimitri N M, 2008. Simultaneous Airframe and Propulsion Cycle Optimization for Supersonic Aircraft Design[J]. Journal of Aircraft, 45(1): 38 - 55.

Steinke R J, 1982. STGSTK: A Computer Code for Predicting Multistage Axial-Flow Compressor Performance by a Meanline Stage-Stacking Method[R]. NASA - TP - 2020.

Steinke R J, 1986. Design of 9. 271-Pressure-Ratio Five-Stage Core Compressor and Overall Performance for First Three Stages[R]. NASA - TP - 2597.

Storn R, 1996. On the Usage of Differential Evolution for Function Optimization [C]. NAPHIS 1996.

Storn R, Price K, 1996. Minimizing the Real Functions of the ICEC 96 Contest by Differential Evolution [C]. Proceeding of IEEE Conference on Evolutionary Computation. Nagoya: IEEE.

Storn R, Price K, 1997. Differential Evolution - A Simple and Efficient Heuristic for Global Optimization over Continuous Spaces[J]. Journal of Global Optimization, 11(4): 341 -359.

Suder K L, Prahst P S, Thorp S A, 2010. Results of an Advanced Fan Stage Operating Over a Wide Range of Speed & Bypass Ratio - Part I: Fan Stage Design and Experimental Results[R]. ASME - GT2010 - 22825.

Sullivan T J, Parker D E, 1979. Design Study and Performance Analysis of a High-Speed Multistage Variable-Geometry Fan for a Variable Cycle Engine [R]. NASA - CR - 159545.

Tai J, Roth B, Mavris D, 2005. Development of an NPSS Variable Cycle Engine Model[R]. ISABE - 2005 - 1295.

Torella G, Blasi L, 2000. The Optimization of Gas Turbine Engine Design by Genetic Algorithms[C]. Alabama: 36th AIAA/ASME/SAE/ASEE Joint Propulsion Conference.

Urasek D C, Gorrell W T, Cunnan W S, 1979. Performance of Two-Stage Fan Having Low-Aspect-Ratio, First-Stage Rotor Blading[R]. NASA - TP - 1493.

Vdoviak J W, Knott P R, Ebacker J J, 1981. Aerodynamic/Acoustic Performance of YJ101/Double Bypass VCE with Coannular Plug Nozzle[R]. NASA - CR - 159869.

Viana F A C, Haftka R T, 2009. Importing Uncertainty Estimates from One Surrogate to Another [C]. Palm Springs: 50th AIAA/ASME/ASCE/AHS/ASC Structures, Structural Dynamics, and Materials Conference.

Wagenknecht C D, Faust G K, 1979. Individual Bypass Injector Valves for a Double Bypass Variable Cycle Turbofan Engine: US 4175384[P]. 1979 - 11 - 27.

Wendland H, 2005. Scattered Data Approximation[M]. Cambridge: Cambridge University Press.

Whellens M W, Singh R, Pilidis P, et al., 2003. Genetic Algorithm Based Optimization of Intercooled Recuperated Turbofan Design[C]. Nevada: 41st Aerospace Sciences Meeting and Exhibit.

Witherell R E, 1968. Design Point Turbine Engine Performance Program[R]. AFAPL TR 68-88.

Zhang X, Wang Z, Shi J, 2017. Optimization of Cycle Parameters of Variable Cycle Engine Based on Response Surface Model[C]. Atlanta: 53rd AIAA/ASME/SAE/ASEE Joint Propulsion Conference.

Zhang X, Wang Z, Ye Y, 2018. Research on Performance Optimization of Adaptive Cycle Engine Based on Improved Multi-objective Particle Swarm Optimization [C]. Cincinnati: 54rd AIAA/ASME/SAE/ASEE Joint Propulsion Conference.

Zheng Q, Zhang H, 2018. A Global Optimization Control for Turbo-fan Engine Acceleration Schedule Design [J]. Proceedings of the Institution of Mechanical Engineers Part G: Journal of Aerospace Engineering, 232(2): 308-316.

Zhou H, Wang Z, Zhang X, et al., 2014. Optimization of Variable Cycle Engines by Using an Improved Differential Evolution[C]. Ohio: 50th AIAA/ASME/SAE/ASEE Joint Propulsion Conference.